続 いさくの艦艇モデルノロヂオ

考現学

岡部いさく 著

イカロス出版

続 いさくの考現学 艦艇モデルノロヂオ

目次

1章◆日本と周辺海域のできごと

2章◆中国を巡るあれやこれや

3章◆艦艇たちの悲喜こもごも

4章◆世界の海を眺めてみれば

軍艦と「歴史になっていない過去」

小泉 悠（軍事評論家／東京大学先端科学技術研究センター准教授）

過去に起きた主要な出来事は「歴史」として教科書に書いてある。少なくともそういうことになっている。

だが、ほんの数年前に起きた出来事というのは、なかなかこうはいかない。まだ人々の記憶が鮮明で、評価も定まっておらず、そうであるがゆえに教科書に載らないでいるうちにあっさり忘れられていったりする。例えばこの文章を書いている2023年暮の時点で、新型コロナウイルスはもはやほとんど話題になっていない。そういう話である。

いや、一体どういう話なのだといういうツッコミを受けそうだが、本書『続・いさくの艦艇モデルノロヂオ』を読んでいるうちに思い至ったのが、以上で述べたような「歴史になっていない過去」という考えだったわけだ。

まぁモデルノロヂオ＝考現学だから当たり前と言えば当たり前なのだが、例えば、ついに中国の空母機動部隊が本格的な活動を開始したこと、北朝鮮の弾道ミサイル脅威に対抗してイージス・アショアの導入が決定されたこと（その顛末はご承知のとおり）、ロシア海軍の巡洋艦モスクワが黒海で撃沈されたこと……などなど、そういえばつい最近聞いたけどすっかり忘れてたね、という話を本書は次々と蘇らせてくれる。

欧州の艦隊が最近よく日本にやってくる、という話なんかもそうで、なんとなく当たり前のように感じているが、ちょっと前までそうでなかったわけですよ。イギリスの空母機動部隊がアジアに展開してくるなんていうことは。アジアの海はかつてなく熱く、物騒になりつつあるようだ。

言い換えると、海から見た最新の現代史としても読めるのが本書、ということになろう。特に本書で取り上げられるトピックは、日本周辺における各国海軍力の動向そのものといってよいから、パラパラと眺めていくだけでも、我が国の安全保障環境がどういうことになっているのかを大まかに掴むことができてしまう。兵器であると同時に外交の道具でもある軍艦という存在は、時々の世相を映す鏡のようなものであるのかもしれない。

それにしても岡部先生の描く軍艦イラストには、ページをめくるたびに驚嘆させられた。緻密でありながら、軍艦としてのフォルムは非常に大胆に描かれていて、これがまた独特のカッコよさなのである。特に45ページの「JS ASAHI」の図を見よ。うおお、これがニッポンの軍艦だ！　海の男だ！　撃チテシ止マム！　という、熱くたぎる何かが湧いてくるではないか。指差しマークがいっぱいついた手書きの解説も相変わらずで、可愛らしくもマニアック。

このように、本書は読んで感慨深く、眺めて楽しい。あなたの書棚にも是非、一冊の岡部ワールドを。

イラスト／岡部いさく
写真／海上自衛隊，統合幕僚監部，US Navy, Royal Australian Navy, 中国国防部，Jシップス編集部
装丁･本文デザイン／村上千津子（イカロス出版デザイン制作室）

1章
日本と周辺海域のできごと

2021年9月に日米英蘭共同訓練（Pacific Crown21-4）でクイーン・エリザベス空母打撃群と訓練を行う護衛艦「いずも」（写真手前左）と「いせ」（写真手前右）。空母「クイーン・エリザベス」（写真手前中央）を中心に空母打撃群と護衛艦が並んで航行している

第1考

新たな防衛重要拠点イージス・アショア

防衛省でも導入が決まり、配備の調整が続いているイージス・アショア。運用が始まれば、弾道ミサイルへの備えが一段と高まり心強い装備となる。イージス・アショアの搭載するシステムや未来について見てみよう。

ミサイル防衛の新たなる主力 陸上配備型イージス導入決定

日本の弾道ミサイル防衛態勢は、現状ではご存じのように海上自衛隊のイージス護衛艦による洋上配備の中間段階迎撃と、航空自衛隊のパトリオットPAC-3による陸上配備の終末段階迎撃の2層からなっている。4隻の「こんごう」型、2隻の「あたご」型、2隻の「まや」型という計8隻のイージス護衛艦は、発射された弾道ミサイルないしその弾頭が大気圏外を飛翔している段階で、SM-3ブロックⅠA迎撃ミサイルを発射して迎撃する。それで撃ち漏らした弾道ミサイルや弾頭が落下してきた場合、PAC-3が迎撃するのだが、PAC-3の射程と射高はおよそ2万mといわれ、人口密集地や重要施設などに向かってくる弾道ミサイルや弾頭を落下直前に食い止めるのが役目だ。

しかしイージスBMDとPAC-3による2層の迎撃を、さらに多層にすれば、より高い確率で弾道ミサイルを阻止することができる。

イージス艦：強力なフェーズドアレイ・レーダーとコンピューターにより、多数の航空目標を同時に捉え、自動的に脅威度を判定して迎撃する戦闘指揮システム、イージスを搭載した水上戦闘艦。対空戦闘が主な用途だが、対水上・対潜作戦の指揮も行う。アメリカ海軍によって開発されたシステムで、日本の護衛艦をはじめ各国で採用されている。

弾道ミサイル：放物線を描いで飛ぶミサイルで、固体燃料や液体燃料のロケット・エンジンが用いられる。長距離弾道ミサイルの射程は5,500㎞を超え、突入時の速度はマッハ20を超える。短距離～中距離の弾道ミサイルでも速度が高く、長らく迎撃不可能と考えられていた。

NAVAL SUPPORT FACILITY DEVESELU

ルーマニア南部デヴェゼルのイージス・アショア基地は「海軍支援施設デヴェゼル」というのが正式名称だ。

イージス・アショアは洋上のイージス艦みたいに休養や補給のために港に帰ったり、整備や修理でドック入りする必要がない。ほぼ1年365日、常時運用できる、という利点がある。動かないけど。

SPY-1レーダーのアレイは4面にあってやっぱり全周を警戒するらしい。レーダーアレイの上には衛星通信アンテナのドームやマストが並んで、まるでイージス巡洋艦の艦橋みたい。

なぜか1基だけSPG-62目標照射レーダーがある。SM-3にどう使う？

SPY-1のアレイが四角形？

VLSは、このレーダー／指揮管制センターの建物から離れたところに設置されている。陸上だから場所が広いのだ。他にも補助施設や要員宿舎などもある。

窓はないし、ドアも非常に少ない。

奇妙なことに、アメリカ国防省やミサイル防衛庁、海軍の広報画像サイトにも、イージス・アショアの施設の全景や、建物の配置のわかる写真や、内部の写真がほとんどない。保安上の理由なんだろうか？

もちろん、日本のイージス・アショアが、このような形になるかはわからない。

そのために日本政府が導入を決定したのが、陸上配備型イージス、いわゆるイージス・アショアだ。イージス・アショアはその名のとおり、イージス艦と同じＳＰＹ‐１レーダーと、指揮・管制・通信・コンピューターシステム、それにミサイルを発射するＶＬＳを陸上に設置するものだ。本名は「イージス・アショア・ミサイル防衛システムＡＡＭＤＳ」という。実はイージス・アショアは、アメリカがヨーロッパのＮＡＴＯ同盟国をイランの弾道ミサイルから守るために開発したもので、ＥＰＡＡ（European Phased Adaptive Approach：ヨーロッパ段階的対応アプローチ）という計画の一環として、すでにルーマニア南部のデヴェセルに建設され、アメリカ海軍によって２０１６年５月から運用されている。さらにもう１基がポーランド北部、バルト海沿岸のレジコヴォに建設中で、他にはハワイのカウアイ島にあるアメリカ海軍の太平洋ミサイル試験施設に、テスト／開発用のイージス・アショアがある。

イージス・アショアも本体はイージス・システムなので、当然その仕様もイージス・ベースラインに基づいている。現用のイージス・アショアはベースライン９Ｂ１だ。イージス・ベースライン９は、巡洋艦用の弾道ミサイル防衛機能なしのものが９Ａ、巡洋艦用で弾道ミサイル防衛機能つきのものが９Ｂとされていて、駆逐艦用がベースライン９Ｃ、その改良型が９Ｄ、そして以前はイージス・アショア用はベースライン９Ｅとされていた。ところが巡洋艦用のベースライン９Ｂは中止となり、どうやらイージス・アショア用のものにベースライン９Ｂの呼び名が割り当てられたようだ。あるいはイージス・アショアのシステムが、中止になった巡洋艦用の弾道ミサイル防衛機能に近いものであることを示唆しているのかもしれない。

中間段階迎撃：日本やアメリカの弾道ミサイル防衛（BMD）は現状、飛来する弾道ミサイルを2段階で迎撃する。まず弾道ミサイルが発射されて、大気圏外に出ている段階、この「中間段階」で弾道ミサイルや分離した弾頭を迎撃するのがイージス・システムとSM-3ミサイル、それにアメリカ陸軍のTHAADミサイルの役目だ。それで撃ち漏らして大気圏内を落下してくる「終末段階」で弾道ミサイルや弾頭を迎撃するのが地上配備のPAC-3だ。イージス艦が搭載するSM-6対空ミサイルも、この終末段階での迎撃能力がある。

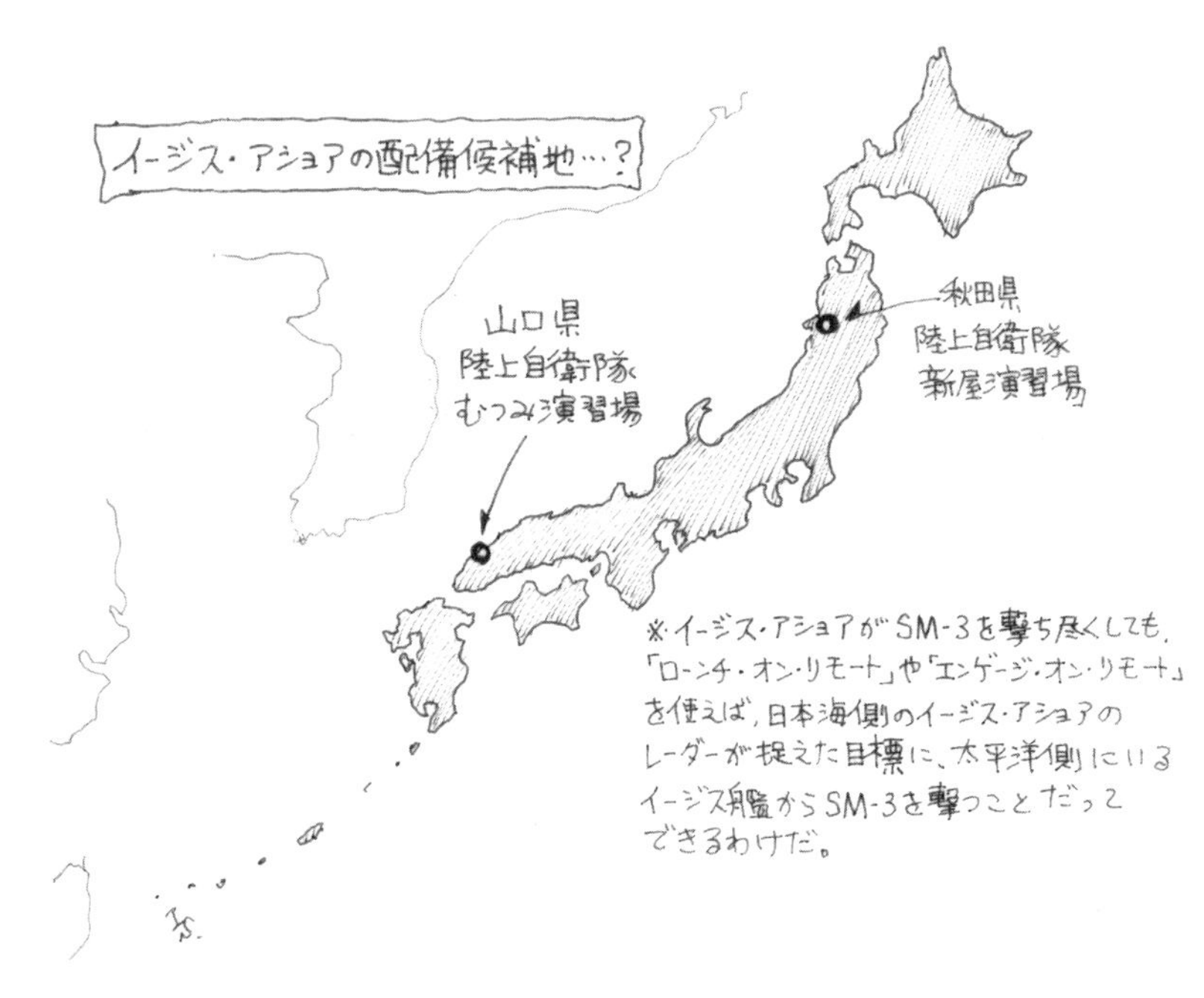

イージス艦とイージス・アショア その能力と役割の違いとは

ルーマニアに配備されているイージス・アショアは、巡洋艦や駆逐艦のイージス・システムとは違って弾道ミサイル防衛専門で、使用できるミサイルはSM-3ブロックⅠA／Bのみ、SM-2対空ミサイルやトマホーク巡航ミサイルの発射・管制能力はなく、SM-2ミサイルの終末段階目標照射用のSPG-62レーダーも装備されていない。弾道ミサイル防衛用ソフトウエアは、ベースライン9C1の駆逐艦と同じイージスBMD5・0CUだ。イージス・アショアは対空戦闘は他の地上の地対空ミサイルや戦闘機に任せて、弾道ミサイル防衛に専念するわけだ。

アメリカとNATOは、ルーマニア

「こんごう」型：アメリカのアーレイ・バーク級駆逐艦を原型とした海上自衛隊初のイージス・システム搭載護衛艦。1番艦「こんごう」は1991年進水、1998年までに計4隻が就役した。2007年以降BMD（弾道ミサイル防衛）対応改修が行われている。

パトリオットPAC-3：パトリオット地対空ミサイル・システムの現用型で、PAC-3というと射撃指揮システム全体を指す場合も、そこから発射されるミサイル自体を指す場合もあってややこしい。PAC-3ミサイルは、航空機の迎撃に加えて弾道ミサイルや弾頭の終末段階迎撃能力がある。側面から噴射するサイドスラスターを用いて運動性が高く、目標を直撃して破壊する。従来のPAC-3ミサイルは迎撃半径20kmで、新型ミサイルPAC-3MSE（ミサイル本体強化型）では30kmとなっている。ただし発射装置のキャニスター1基に、PAC-3では4発が収まったが、MSEは太くなったために3発しか入らない。

とポーランドのイージス・アショアは、イランのＩＲＢＭ（中距離弾道ミサイル）やＭＲＢＭ（準中距離弾道ミサイル）からヨーロッパを防衛するためのもので、あくまでも防衛用だとしているが、ロシアはこれに反対している。イージス・アショアのＶＬＳからはトマホークも発射できるではないか、ソ連時代にアメリカと締結した、射程５００㎞〜５５００㎞の陸上配備の核ミサイルを全廃し、生産・配備しない中距離核戦力全廃条約（ＩＮＦ条約）を反故にするものだ、というのだ。実際にはＶＬＳの細部や、イージスのソフトウェアがトマホークに対応していないので、イージス・アショアからはトマホークは発射できないのだが。

どうもロシアは、アメリカとＮＡＴＯがイランのミサイルを口実にイージス・アショアを配備して、実はロシアのミサイルを阻止して、ロシアの抑止力・反撃力を弱体化させようとしているのではないか、と考えているようだ。イージス・アショアに反対する理屈として、ＶＬＳからトマホークが発射可能というういいがかりを持ち出してきているのだろう。

ポーランドで建設中のイージス・アショアは、ルーマニアのものよりも進んだシステムとなり、ベースラインは９Ｂ２、イージスＢＭＤも５・１となり、ＳＭ－３ブロックⅠＡ／Ｂに加えてＳＭ－３ブロックⅡＡも運用できるようになる。

さて、日本は２０１７年12月にイージス・アショアの導入を閣議決定し、2基を建設することとなった。広いヨーロッパに2基、狭い日本列島にも2基と、かなり高密度になるが、日本列島はご承知のように北は北海道から南は沖縄まで３０００㎞以上あって、意外に広い、というか長い。それを2基のイージス・アショアでカバーしようというのだ。

そこで期待されるのが、日本とアメリカで共同開発しているＳＭ－３ブロックⅡＡ迎撃ミサイルだ。弾体が太くなり、燃料の量も増えて、飛翔速度も射程も迎撃高度もＳＭ－３ブロックⅠＡ／Ｂ

SM-3ブロックIA：弾道ミサイル防衛用に開発されたミサイルで、大気圏外で弾道ミサイルを迎撃するため多段式のロケットで加速・上昇していく。弾頭には赤外線センサーを搭載しており、軌道修正しながら高度約100㎞以上で目標に直撃する。ブロックＩＡはイージスBMD3.6以降を搭載したイージス艦から発射可能。ブロックIAが単一波長の赤外線シーカーなのに対し、ブロックIBは二波長タイプの赤外線シーカーを搭載する改良型。イージスBMD4.0.1以降を搭載したイージス艦から発射可能。

イージス・ベースライン：イージス・システムのバージョンを表す用語。バージョンによってコンピュータやレーダー、ミサイルランチャーなどが異なり、能力に差がある。最新のベースライン9以降にはBMD（統合防空およびミサイル防衛）と防空を統合して遂行するIAMD能力も与えられている。

よりも格段に大きくなり、弾頭も新型化されて運動性を強化、目標に対応しやすくなる。ＳＭ‐３ブロックⅠＡ／Ｂでは、スカッドのような短距離弾道ミサイルＳＲＢＭと、北朝鮮のノドンのような準中距離弾道ミサイルＭＲＢＭが迎撃可能だったが、ブロックⅡＡでは北朝鮮の火星12号のような中距離弾道ミサイルＩＲＢＭも迎撃できるようになる。

射程も射高も大きいＳＭ‐３ブロックⅡＡを用いれば、イージスＢＭＤを２ヶ所に配備することで日本列島全域を防御範囲に収めることができるといわれる。

北朝鮮が火星12号のテストに成功し、高く上がる「ロフテッド軌道」を用いれば、火星12号で日本を攻撃することも可能となる。このような新型弾道ミサイルの脅威に対処するうえでも、当然日本のイージス・アショアはＳＭ‐３ブロックⅡＡの運用能力を持つことが必要になる。それにはイージスのベースライン９Ｂ２とイージスＢＭＤ５・１か、それ以上の仕様が求められる。

進化するイージス・アショア　日本配備型はどうなる？

では日本のイージス・アショアはアメリカがポーランドに建設しているものと同じようなものになるのだな、と納得したくなるが、実はまだ先がある。というのは、アメリカではすでにアーレイ・バーク級フライトⅢに新型レーダー、ＳＰＹ‐６を装備することが決定していて、開発が進んでいるのだ。現用のＳＰＹ‐１は今日も強力なレーダーではあるが、最初の装備艦である巡洋艦タイコンデロガ（ＣＧ47）が就役したのは１９８３年で、それ以来35年の間にレーダーの技術も大きく進歩している。その最新の成果がＳＰＹ‐６で、探知距離も精度も識別能力もＳＰＹ‐１よりも格段に勝るといわれている。

巡航ミサイル：飛行機のように大気圏内を飛ぶミサイル。飛行中の経路変更や、レーダーの探知範囲の下をくぐる超低空飛行もできる。GPSや画像、レーダーなどの誘導方式を組み合わせ、高い命中精度を持つものがあり、さらにマッハ2以上の高速で飛行するものも現れている。

VLS (Vertical Launcher System)：ミサイルを垂直に打ち出す発射装置。事前に発射装置兼用の箱型収納装置（キャニスター）にミサイルを入れ、短時間で連射が可能。またキャニスターに収まるものならば、対艦、対空、対潜などさまざまなミサイルやロケットを混載できる。

イージスBMD：イージス・システムの搭載するBMD機能のバージョンを表す用語。バージョンにより使用可能なSM-3ミサイルのバージョンや能力などが異なる。イージスBMD5.1以降は対空戦と弾道ミサイル防衛を同時に遂行するIAMD能力がある。

日本のイージス・アショアも、まだどのレーダーを装備するかは決定していない。候補となるのは、すでに実績があって、すぐに使えるSPY-1、アメリカ海軍でも最新型レーダーのSPY-6、それにロッキード・マーチン社が開発しているアメリカ本土防衛用の対弾道ミサイル用レーダー「LRDR（長距離識別レーダー）」派生型の3種とみられる。

このうちSPY-1はアメリカでもそろそろ製造が終わろうとしていて、将来の発展性には疑問がある。アメリカ海軍との共用性や性能ではSPY-6だが、果たして日本のイージス・アショアの建設時期に実用化が間に合うのか、日本への輸出許可が下りるのか、という問題がある。

しかしSM-3ブロックⅡAの射程はSPY-1の有効探知距離を優に上回るといわれ、その性能を十分に生かすにはSPY-1以上の性能を持つSPY-6が必要になるのかもしれない。一方、LRDRはイージスとは別個に開発されているもので、イージス・システムとの連接・統合が課題となる。

SPY-6をレーダーとするなら、イージス・アショアのベースラインは当然10になり、「ローンチ・オン・リモート（遠隔発射）」や、「エンゲージ・オン・リモート（遠隔交戦）」はもちろん可能で、対空戦闘と弾道ミサイル迎撃を同時並行で遂行するIAMDも可能となる。LRDRも新型ガリウム窒素素子など先進技術を採用している。

ヨーロッパのイージス・アショアでは要求されなかったIAMDが、日本のイージス・アショアでは重要な要素となるかもしれない。広くて平坦な大陸のヨーロッパと違って、日本は島国で山が多く、イージス・アショアも弾道ミサイルの脅威が飛んでくる方向を考えると、日本海側の沿岸に配備するのが妥当となる。実際、日本政府が配備先の候補と考えているのも、秋田県と山口県だ。

そこで考えなくてはならないのが、日本にとっては弾道ミサイルだけではなく、巡航ミサイルも

ロフテッド軌道：発射された弾道ミサイルはほぼ放物線を描いて飛んで、目標へと落下するが、そのときの飛翔経路によって、ミサイルの到達距離というか飛翔距離はいろいろ変わってくる。一番遠くまで届く「ミニマムエナジー軌道」よりも、もっと急な角度で上昇させて高く上げて、近くに落とすのが「ロフテッド軌道」。これだと軌道の最高点が高いし、落下する角度も急で落下速度も速くなるので、ミニマムエナジー軌道よりも迎撃が難しくなる。あ、ここで「軌道」というのは元の英語はTrajectoryで、人工衛星が地球を回る軌道（Orbit）とは違う。強いて直訳するなら「弾道」とか「飛翔経路」なんだろうけど、もうロフテッド「軌道」で定着しちゃってるからねえ。

脅威となる、という点だ。すでに中国空軍のＨ‐６Ｋ爆撃機は射程１５００㎞以上というＣＪ‐10Ｋ巡航ミサイルを装備して、沖縄の宮古海峡を通過して太平洋へ進出するという動きが見られている。イージス・アショアにＩＡＭＤ能力を持たせ、射程２００㎞ともいわれるＳＭ‐６対空ミサイルも運用可能とすれば、ある程度の範囲の防空と、イージス・アショア自身を巡航ミサイルや航空攻撃から守ることもできるだろう。

日本の防衛の重要拠点となりうるイージス・アショアだが、どのレーダーを使って、どのような仕様とするのか、なにより配備先の地元住民の理解が得られるのか、導入が決定したものの、実現までにはまださまざまな課題があるようだ。

アップデートコラム

で、その後イージス・アショアがどうなったかは皆さんご存知のとおり。２０１９年に建設候補地の秋田県秋田市と山口県萩市への説明に、防衛省側はさまざまな不手際で失敗し、地元の賛成を得られず、２０２０年に当時の河野防衛大臣はイージス・アショアの建設を白紙撤回してしまった。とはいえ弾道ミサイル防衛態勢を強化しないわけにはいかないし、ＳＰＹ‐７レーダーの購入を取り消せないし、地上配備型イージスであるイージス・アショアを洋上に配備して、いわば「イージス・アショア・アフロート」にすることになった。

海上固定リグ方式や大型船搭載方式などいろいろ考えられたが、脆弱であることから護衛艦類似の艦に搭載するしか現実性がなく、さんざん迷走した末に、1万ｔ超の「イージス・システム搭載艦」２隻が２０２２年の防衛力整備計画に盛り込まれることとなった。２隻が予定どおり２０２７～28年に就役すれば、日本本土をＳＭ‐３迎撃ミサイルで守り、他のイージス護衛艦は艦隊防空やスタンド・オフ・攻撃といった任務に就けるようになる、ということが期待されている。

IAMD：以前のイージス・システムでは弾道ミサイル防衛と対空戦闘は、情報処理能力が追いつかなくて同時に扱えなくて、システムを切り替えなくちゃならなかった。しかしコンピューターの進歩で、両方を同時に遂行できるようになった。だったら考え方として、弾道ミサイル迎撃も対空戦闘も一体の戦いとして捉えよう、というのが「IAMD(Integrated Air and Missile Defense)」、すなわち「統合防空およびミサイル防衛」。実際、対艦弾道ミサイルなんてものも現れて、対艦巡航ミサイルと一緒に撃ってくる事態もありうるようになったし。具体的にはイージス・ベースライン9から採り入れられている。

第2考

防衛大綱に記された海自の新艦種 哨戒艦

近い将来、海上自衛隊が哨戒艦という新しい艦種の運用を始める。はたして、この哨戒艦とはどんなフネなのだろうか？　グレーゾーン事態への対処や護衛艦、巡視船との違いは何か、海上自衛隊が哨戒艦を保有する意図を探ってみよう。

新艦種導入の目的 主眼は警戒監視力強化

２０１８年12月18日（火）に閣議決定された新しい「防衛大綱」と、それに基づく「中期防衛力整備計画」は、いろいろな面で日本の防衛力が大きく変わろうとしていることを示すものとなった。海上自衛隊の艦艇についても、「いずも」型ＤＤＨへのＦ‐35Ｂ搭載が注目だが、それだけじゃなくて全く新しい艦種が海上自衛隊に加わることも記されている。「哨戒艦」という艦だ。

この新しい艦種である哨戒艦が何を目的とする艦なのか、大綱と中期防の文言から探ってみよう。

防衛大綱の中で哨戒艦は「我が国周辺海域における平素からの警戒監視を強化し得るよう、哨戒艦部隊を保持する」と述べられていて、護衛艦は「警戒監視能力に優れた哨戒艦との連携により、常続監視のための態勢を強化する」とされている。中期防でも大綱とほぼ同じ表現で、哨戒艦部隊の新編が記されていて、さらに新型護衛艦ＦＦＭは「新たに導入する哨戒艦との連携」をするものとされている。

防衛大綱：「防衛計画の大綱」というのが正式な名前で、日本の国防方針の基本を定めた文書。国家安全保障会議で考えて、閣議決定で定められる。だいたい10年ぐらいの期間を見通して作成されて、これを基に5年ほどの期間を考えて「防衛力整備計画」が作られ、護衛艦や航空機の整備や部隊の編成とかが決まっていく。大綱は情勢の変化に合わせて必要に応じて随時見直されて更新される。「防衛大綱」と呼ばれるのは2019年（平成30年）のいわゆる「30大綱」が最後で、2022年(令和4年)には「国家安全保障戦略」と呼ばれる新しい文書に替わっている。「国家安全保障戦略」はその名のとおり、防衛だけでなく、国際情勢の状況認識や経済、環境、外交も含めた、日本の国としての安全保障の基本方針を示している。

哨戒艦…？

なにしろ全く新しい艦種で、現時点じゃどんな要求なのか全然わからない。当てずっぽうで描いてるから、本物が現れたら噴飯必至。どうする？

上空を飛ぶF-35B。どこの機体だ？
マークはグレーの円？「いずも」からか？

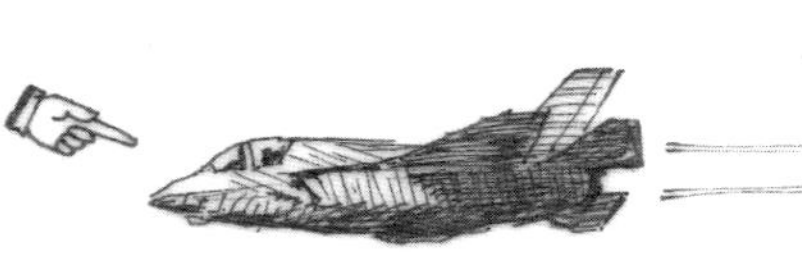

防衛技術シンポジウムの将来三胴船コンセプトをヒントに、適当に想像してみました。甲板を広くできるんで、SH-60Kが載ることにしたけど、どうも1000トンじゃおさまらなそう。ステルスっぽくてかっこいい。

こちらは「かとり」型巡視船をベースに、後部にヘリコプター甲板を設けたようなものにしてみました。あんまり強そうじゃないけど、警戒監視用だし、1000トンに収めるには仕方ないかな。

兵装は20～25mm機関砲と、12.7mm機関銃もつけてみました。

小型のヘリコプター型UAVなら積めるかな？

つまり哨戒艦は「常続監視」の態勢の中での警戒監視を任務として、FFMなど護衛艦と連携するものということになる。「常続監視」は大綱の中の「平時からグレーゾーンの事態への対応」という項目の中で、「我が国周辺において広域にわたり常時継続的な情報収集・警戒監視・偵察（ISR）活動（以下「常続監視」という）を行う……」とされている。グレーゾーンとは純然たる平時でも有事でもない事態のことで、哨戒艦はこのグレーゾーンでの警戒監視のための艦として考えられているようだ。

大綱ではグレーゾーンについて、「いわゆるグレーゾーンの事態は、国家間の競争の一環として長期にわたり継続する傾向にあり、今後、更に増加・拡大する可能性がある。こうしたグレーゾーンの事態は、明確な兆候のないまま、より重大な事態へと急速に発展していくリスクをはらんでいる。さらに、いわゆる『ハイブリッド戦』のような、軍事と非軍事の境界を意図的に曖昧にした現状変更の手法は、相手方に軍事面にとどまらない複雑な対応を強いている」としている。

この表現で思い浮かぶのは、尖閣諸島とその周辺海域での中国の海警の行動だ。中国海警は海軍の指揮下に入っていて、それが尖閣諸島周辺の接続海域で行動するのが常態化していて、ときには日本の領海にまで侵入している。一種のグレーゾーン事態だ。これの監視と警戒にあたっているのは現在、海上保安庁の巡視船だ。

しかし、もし中国側が領海内に居座り、あるいは巡視船を威嚇するなど事態に発展すると、巡視船では対処しきれなくなるかもしれない。そんなときに日本が採りうる方策は何だろう。法的に可能であるならば、海上自衛隊の護衛艦の出動もありうるのだろうが、中国側が白い塗装の海警の船（たとえ2000t〜3000t級の大きな船であっても）であるのに対して、灰色で砲や対艦ミサイルを備えた護衛艦が出て行っては、日本がいきなり強力な軍事的対応を取ったと、中国側に非

F-35：ロッキード・マーチン社が開発したステルス戦闘機。空軍向けの通常離着陸型（F-35A）、海兵隊向けの短距離離陸・垂直着陸型（F-35B）、海軍向けの艦上型（F-35C）の3タイプがある。2018年には航空自衛隊にも配備が開始された。

中期防衛力整備計画：「防衛計画の大綱」で日本の防衛の基本方針が定められると、じゃあそれに沿った防衛力を備えるために、自衛隊はどんな装備をどれぐらい持とうか、どんな体制にしようか、といった具体的な考えを示すのが「中期防衛力整備計画」で、だいたい5年先ぐらいまでを目標としてた。「中期防」と略される。こちらも2019年度〜2024年度の「中期防」が最後で、それから先は2022年の「国家安全保障戦略」と、そこで決まった基本方針を防衛の観点で具体的にした「国家防衛戦略」に基づく「防衛力整備計画」に替わっている。「防衛力整備計画」は5年よりももっと長く、今後10年ぐらい先までを考えている。

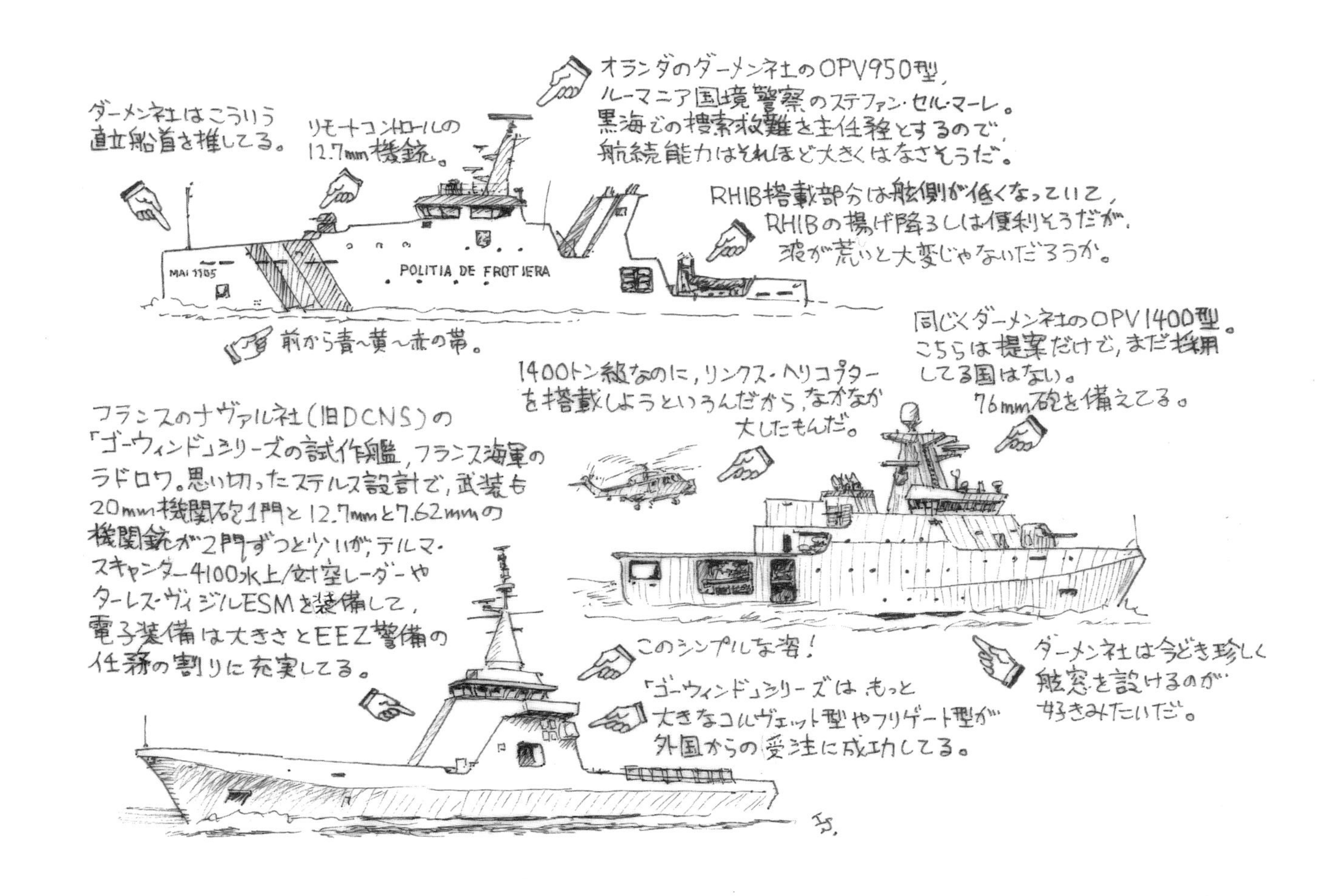

オランダのダーメン社のOPV950型，
ルーマニア国境警察のステファン・セル・マーレ。
黒海での捜索救難を主任務とするので，
航続能力はそれほど大きくはなさそうだ。
ダーメン社はこういう
直立船首を推してる。
リモートコントロールの
12.7mm機銃。
MAI 1105
POLITIA DE FROTIERA
RHIB搭載部分は舷側が低くなっていて，
RHIBの揚げ降ろしは便利そうだが，
波が荒いと大変じゃないだろうか。
前から青〜黄〜赤の帯。
同じくダーメン社のOPV1400型。
こちらは提案だけで，まだ採用
してる国はない。
76mm砲を備えてる。
1400トン級なのに，リンクス・ヘリコプター
を搭載しようというんだから，なかなか
大したもんだ。
フランスのナヴァル社（旧DCNS）の
「ゴーウィンド」シリーズの試作艦，フランス海軍の
ラドロワ。思い切ったステルス設計で，武装も
20mm機関砲1門と12.7mmと7.62mmの
機関銃が2門ずつと少ないが，テルマ・
スキャンター4100水上/対空レーダーや
ターレス・ヴィジルESMを装備して，
電子装備は大きさとEEZ警備の
任務の割りに充実してる。
このシンプルな姿！
「ゴーウィンド」シリーズは，もっと
大きなコルヴェット型やフリゲート型が
外国からの受注に成功してる。
ダーメン社は今どき珍しく
舷窓を設けるのが
好きみたいだ。

難の口実を与えて、外交的に不利な立場に追い込まれてしまうかもしれない。

自衛隊が哨戒艦を保持する意味

そういった場合に、警戒監視用の哨戒艦が海保の巡視船をバックアップする、あるいは引き継ぐことができれば、日本側の対応もいきなり護衛艦ではなく、あくまでも警戒監視を強めるだけという形が採れる。哨戒艦はＦＦＭなど他の護衛艦と連携するから、「これ以上やるのであれば日本側は護衛艦を出さざるを得なくなるぞ」というメッセージも送れる。それが相手側の出方を牽制、抑止することになる。グレーゾーンの事態に対して、大綱が言うシームレスな対応を採ることができるようになるわけだ。

それと日本の周りを航行する外国の艦艇に対する監視も、現在は護衛艦やミサイル艇、掃海艇などがあたっているが、哨戒艦がそのような任務を行うことで、他の艦艇の負担を減らすこともできるだろう。つまり哨戒艦はミサイル艇の後継ではなく、ＦＦＭも含めた護衛艦とは違う任務を目的とした艦になるということなのだろう。

哨戒艦の大きさは１０００ｔ程度、乗員30名になるという。

この大きさで警戒監視を任務とするフネというと、海上保安庁に１０００トン型巡視船ＰＬが「おじか」型、「あそ」型、「はてるま」型、「くにさき」型、「いわみ」型と各種あるが、実は海上保安庁の船艇のトン数は民間の商船と同じく容積を表す総トン数で示されている。海自艦艇は重さを表す排水量で示されているので、巡視船と海自艦艇のトン数は比較にならない。１０００トン型の「おじか」型が１２６８総ｔで排水量が常備２００６ｔだから、哨戒艦はその半分程度の重さになるは

「いずも」：海上自衛隊で最大級の護衛艦である「いずも」型ヘリコプター搭載護衛艦の1番艦。全通甲板を持ち、ヘリコプターを14機搭載可能、舷側ランプから大型車両も載せることができる。ただし艦の固有の兵装は自艦防御用のシーRAMとCIWSのみと少ない。「いずも」は2015年3月就役、2番艦「かが」も2017年に就役している。

ずで、おそらく巡視船でいうならば500トン型PMの「かとり」型、650総tに近い大きさになるのではないか。「かとり」型は全長72m×幅10mで、速力25ノット、20㎜機関砲1門装備という要目だ。

哨戒艦にどのような装備や性能が求められるかはまだ不明だが、不測の事態に備えて対空兵装や対艦ミサイル、ECM（電子対抗手段）装備などを求めると、1000tでは納まりきらなくなり、護衛艦と変わらなくなってしまう。

あくまでも警戒監視を目的に割り切るものとして想像すると、20～25㎜程度の機関砲1門は備えるとしても、シーRAMは積みきれないだろう。携行対空ミサイルを積んでおくか？　できればヘリコプター甲板があればいいが、UAV（無人航空機）搭載で我慢するべきかもしれない。情報収集のためにある程度のESM（電子支援装置）はおそらく必要だが、ECM（電波妨害装置）までは要らないとしよう。その代わり通信機能は、哨戒機や空自戦闘機、将来のUAVとのデータリンクも含めて、それなりに充実させなくてはならなそうだ。

乗員数30名程度は、海保の1000トン型巡視船と同程度だが、加えて乗り込み検査などのための人員や海保の人員も乗せる必要が考えられる。機関と速力は、燃費や航続力を重視するならばディーゼル機関で20～25ノット、あるいは30ノット以上の高速性が求められるならばガスタービンでウォータージェットになるのだろうか。いずれにせよ基準排水量が1000tまで、となると性能や装備の制約はかなり厳しくなりそうだ。

哨戒艦のサイズや装備どんな姿のフネになる？

そういえば防衛装備庁は、3胴（トリマラン）船体の艦の研究を２０１８年11月のシンポジウムで発表しているが、それも哨戒艦のヒントになるのかもしれない。

海上自衛隊は創設期に、アメリカから貸与された上陸支援艇ＬＳＳＬを「ゆり型警備艇」として１９７６年まで使っていて、同じくアメリカ海軍のタコマ級パトロール・フリゲートを「くす型警備艦（後に護衛艦）」として１９７１年まで使っていた。今度の哨戒艦は、海上自衛隊の「パトロールする艦」としてはそれ以来ということになる。

しかし世界では海軍の「ＯＰＶ」（Offshore Patrol Vessel：外洋警備艦）と呼ばれる艦艇や、政府機関の漁業監視船や警備船など、この種の多種多様な艦船が使われている。ヨーロッパの艦艇メーカーも排水量数百ｔから２５００ｔを越えるものまで、大きさも性能も装備もさまざまな型を各種取り揃えて、各国のご予算ご要望に応じて提案、建造している。

その大手の一つ、オランダのダーメン社が２０１０年にルーマニアの国境警察向けに建造したＯＰＳ９５０型は、捜索救難と警備を任務として、排水量９５０ｔ程度で全長66ｍ、ディーゼルで速力20ノット、12・７㎜機関銃１門、艦尾にヘリコプター着艦スポットがあり、乗員19～30名といったところだ。

その上のＯＰＶ１４００型という案は、密輸取り締まりや漁業保護なども任務とし、１４００ｔ程度の排水量で全長72ｍ、20・５ノット、４０００カイリの航続力と25日間の航行が可能で、乗員35名。76㎜砲１門と12・７㎜機関銃２門、中距離捜索レーダーを装備して、後部にはリンクスなど小型ヘリコプターを想定した甲板と格納庫を持ち、艦尾にはＲＨＩＢ艇が出入りするランプがある。このぐらいの大きさだと、かなり軍艦らしくなってくる。

その中でもフランスのＤＣＮＳ（現ナヴァル社）が２０１２年に完成させたフランス海軍の哨戒

リンクス: 1977年から運用されているイギリスのウエストランド社が開発したヘリコプター。世界各国で採用され、派生型も多い。イギリス海軍は大幅な改良を加えた発展型のワイルドキャットを使用している。

3胴船体: 船体の水面に触れる部分が中央船体と左右の3つに分かれた形状の艦船形式で、トリマラン、あるいはスタビライズド・モノハルとも呼ばれる。それぞれの船体が細長いため抵抗が少なく、高速航行に適しており、しかも甲板を広くできるが、逆に喫水線下の容積が少ないという難点もある。

艦ラドロワはかなり面白い。本来はＤＣＮＳ社が自社資金で建造して、フランス海軍に試験運用してもらっている、いわば実験用の試作艦だ。基準排水量１１００ｔ、全長87ｍ、ディーゼルで21ノット。航続距離８０００カイリ、３週間の行動が可能。かなり徹底したステルス設計で、低い乾舷の船体の中央に一つだけ艦橋構造物が立ってて、後部はヘリコプター甲板になっている。兵装は20㎜機関砲と12・７㎜機関銃２門、乗員30名だが最大59人まで乗せられる。主な任務は経済専管水域の警備とされている。ＤＣＮＳ社はこのラドロワをプロトタイプとして、最大２５００ｔ級まで４種類の発展型を「ゴーウィンド」シリーズとして提案している。

海自の哨戒艦がどんな姿で現れるか、まだ水平線の向こうで見えてこない。しかし哨戒艦は、これまでにない複雑な安全保障環境に立ち向かう自衛隊のあり方を示す艦になるのだろう。それはそれとして、哨戒艦の名前はどうなるんだろう？「くす」型みたいな植物名？　それとも海自の駆潜艇やミサイル艇を継いで鳥の名前？

アップデートコラム

なにしろ日本の周りでは中国やロシアの艦艇の行動が増加している。その監視と追跡、偵察に海上自衛隊は大忙しだ。その「常続監視」に護衛艦だけでは手が足りず、掃海艇や訓練支援艦まで駆り出される状況だ。それを補うために建造されるのが哨戒艦で、防衛力整備計画では12隻の建造が予定されている。哨戒艦は最初は１０００ｔ程度と想定されていたが、日本周辺の荒い海と長時間に及ぶ常続監視には１０００ｔではやはり小さすぎ、基準排水量１９００ｔになる。武装は30㎜機関砲１門、レーダーは航海レーダーを装備する。

１番艦は２０２６年に就役することになる予定だ。

ステルス設計：レーダーに映りにくい形状や素材を使用して設計すること。艦艇では、艦の側面や上面を平坦な面として、係留装置やボートなどを覆い、しかも各面を同じ角度で傾斜させることで、レーダー電波の反射方向を限定する。発信源のアンテナの方向とは違う方向に反射させることで、レーダー探知を避ける手法が多く用いられている。

RHIB（Rigid-Hulled Inflatable Boat）：「RHIB」と書いて「リブ」と呼ばれる。訳すなら「硬式船体膨張型艇」というところだろうか。ゴムボートにFRP（繊維強化プラスチック）などの異素材を組み合わせた小型船。ゴムボートのように軽量で、しかも船体がしっかりしているため、高速を出すことができる。海上自衛隊では特別機動船や複合型作業艇として採用している。外国の海軍でも、従来の艦載艇に換えてRHIBを搭載している例が多い。

第3考

今年も変わる佐世保の強襲揚陸艦事情

2018年にアメリカから強襲揚陸艦ワスプが佐世保へ配備された。太平洋方面の新戦力として期待された艦であるものの、早くも後継の新型艦アメリカと交代するという。海軍の狙いとこの新旧強襲揚陸艦の違いについてまとめてみよう。

F-35B運用能力が鍵となる？米軍の強襲揚陸艦の配備計画

２０１９年、佐世保に新しい強襲揚陸艦が前方配備になる。アメリカ（ＬＨＡ６）だ。佐世保のアメリカ海軍の強襲揚陸艦は、２０１８年1月にワスプ（ＬＨＤ１）が前方展開になったばかり、そのワスプが1年あまりでアメリカと交代するのだ。

その時期はまだはっきりしていないが、アメリカ海軍の人事司令部の「退役および母港変更」についてのウェブページには、アメリカの母港が現在のカリフォルニア州サンディエゴから佐世保に変更になるのは5月末とされていて、つまりそれまでにはアメリカは佐世保にやってくることになるようだ。おそらく5月の下旬あたりだろうか。一方、ワスプが佐世保を離れる時期も明らかになっていないが、ワスプは以前の母港であるアメリカ東海岸ヴァージニア州のノーフォークに戻ることになる。

ワスプの前に佐世保に前方展開になっていた同型艦のボノム・リシャール（ＬＨＤ６）は、

揚陸艦：上陸作戦で兵員や火砲、車両、物資を陸揚げすることを目的とした軍艦。当然港湾施設を使わずに、直接海岸に上陸させられるよう、上陸用舟艇やLCAC、ヘリコプターなどを用いる。上陸用舟艇を搭載したドック型揚陸艦、ヘリコプターによる空輸を主力とするヘリコプター揚陸艦、大規模なヘリコプター運用能力と上陸用舟艇の母艦機能を併せ持つ強襲揚陸艦などがある。搭載量の多さと舟艇やヘリコプターといった輸送手段を持っていることから、近年では災害救援や人道支援といった任務にも重用されることが多くなっている。

２０１８年１月のワスプの到着後もしばらく佐世保にとどまり、新母港サンディエゴに向かって佐世保を出港したのは４月のことだった。それを考えると、ワスプが佐世保を離れるのはアメリカが前方展開になって以後、２０１９年の夏ごろ？　という可能性もある。

ワスプは日本に来る前にＦ‐35Ｂ運用のための改修を受けていて、アメリカ海軍の強襲揚陸艦で最初にＦ‐35Ｂ戦闘機の運用能力を備えた艦となった。ワスプは２０１８年３月から４月にかけて、日本に前方配備になってから最初の作戦航海を行い、このとき岩国基地に配備になったＶＭＦＡ‐１２１（第１２１海兵戦闘攻撃飛行隊）の６機のＦ‐35Ｂを搭載して、これがＦ‐35Ｂの最初の作戦航海となった。そんなわけでワスプはＦ‐35Ｂに関連していろいろと歴史的な艦でもある。

ワスプに続いて、同型艦のエセックス（ＬＨＤ２）とアメリカ（ＬＨＡ６）がＦ‐35Ｂ運用改修を受けて、さらには他の艦もＦ‐35Ｂを運用できるようになっていくものと考えられるが、２０１９年２月の時点ではＦ‐35Ｂを運用できる強襲揚陸艦はこの３隻だけだ。それにワスプが佐世保、エセックスとアメリカがサンディエゴを母港としているから、いずれも所属は太平洋艦隊で、大西洋側にはＦ‐35Ｂ運用能力艦が１隻もいないことになる。

アメリカ海軍の説明では、今回のワスプの母港移動は、ワスプの整備とドック入りが理由となっているが、それだけではなく太平洋と大西洋の強襲揚陸艦の能力のバランスを取ることも目的であるという。

たしかに２０１９年２月現在で、太平洋艦隊には強襲揚陸艦が、ワスプにエセックス、ボクサー、ボノム・リシャール、マキン・アイランド、それにアメリカと６隻いるのに対し、大西洋側の艦隊総軍にはワスプ級のキアサージとバターン、イオウジマの３隻はアンバランスになっている。しかもこの３隻にはＦ‐35Ｂ運用能力がない。

太平洋艦隊:アメリカ海軍のうち太平洋〜インド洋を統括する艦隊。司令部はハワイのパールハーバー。実働部隊として傘下に第3艦隊と第7艦隊を持つ。第3艦隊は日付変更線から東の太平洋を、第7艦隊はそれより西の太平洋〜インド洋を担当範囲とし、従来はその範囲に入った艦を指揮下に置くことになっていた。しかし近年では、艦艇や部隊が第3艦隊指揮下のまま西太平洋に進出する例も見られる。

強襲揚陸艦:強襲揚陸艦はヘリコプターや航空機を搭載して運用するための全通式飛行甲板と格納庫甲板を備える形式の揚陸艦。先祖は揚陸用ヘリコプター空母で、それから発達した。たいていは艦内にウェルドックがあって、上陸用舟艇やLCACを収納することができるが、例外もある。アメリカや中国、イタリア、スペイン、オーストラリアが保有している。日本の「おおすみ」型輸送艦は、全通甲板はあるが格納庫がなく、ヘリコプターが発着できるだけなので、「強襲揚陸艦」とは呼べない。

そうなるとアメリカ海軍が、大西洋側にF-35B運用能力を持つ強襲揚陸艦を早急に配置したいと考えたとしても無理はない。かといって大西洋の強襲揚陸艦の作戦航海のスケジュールや、ドック入りと改修のスケジュールの都合で、すぐにF-35B運用のための改修に入ることができないという状況もあるのかもしれない。そこでワスプを早期に日本配備から大西洋に戻すことにしたのではないかとも考えられる。

航空機運用能力を強化アメリカ級の能力

佐世保に前方展開する強襲揚陸艦がワスプからアメリカに交代するのは、単に太平洋と大西洋の強襲揚陸艦の数合わせというだけではない。西太平洋〜東アジアのアメリカ海軍の能力強化にもつながるのだ。

アメリカは、ワスプ級に続いて建造されているアメリカ級強襲揚陸艦の1番艦で、満載排水量は4万4447t、全長260・7m、通常の搭載機数STOVL（短距離離陸垂直着陸）機6〜8機+MV-22オスプレイおよびヘリコプター30機、搭乗兵員数1687名、乗員1102名だ。ワスプ級は満載排水量4万1302t、全長258・2m、通常搭載機数STOVL機6〜8機+MV-22およびヘリコプター30機、搭乗兵員1687名、乗員1123名で、アメリカ級とワスプ級は大きさも搭載能力もほとんど変わらない。ただし機関はワスプ級（最終艦マキン・アイランドを除く）がボイラーで蒸気を発生する蒸気タービンだったのに対し、アメリカ級では電気推進とガスタービンを切り替えるCODLOG方式になっている（ワスプ級の最終8番艦のマキン・アイランドもCODLOG機関を採用している）。

CODLOG方式：CODLOGとはCOmbined Diesel- eLectric Or Gas-turbineの略で、巡航時にはディーゼル電気推進(ディーゼル発電機で電気を作ってモーターでプロペラを回す)を使い、高速を出すときは出力の大きいガスタービンに切り替える方式。低速〜巡航時の燃費が良いのと、プロペラ軸につながるギアボックスやクラッチが複雑にならず、面倒が少ないという利点があるが、巡航時にはガスタービンが働かないので、そのスペースや重量がもったいない、という難点がある。

STOVL：短距離発進／垂直着艦のこと。短い滑走距離で発進、垂直に着艦する。STOVLはShortTakeOff/Vertical Landingの略。

USS America LHA-6

2019年に日本に前方展開になる予定の、
アメリカ海軍の強襲揚陸艦アメリカ。
ワスプ級よりもさらに航空機運用能力が高く、
もちろんF-35Bも搭載できる。その代わり、
LCACやLCMは搭載できなくなって、
戦車や重車輌の揚陸能力はない。

「アメリカ」という艦名は、このLHA-6でアメリカ海軍では4代目。
初代は18世紀の帆船の「戦列艦（当時の戦艦だ）」で、
2代目は第1次大戦中に、ドイツ客船アメリカAmerikaを接収した
兵員輸送船。3代目はキティホーク級通常動力空母の3番艦
CV-66で、1965年に就役、1996年に退役した。

対水上高精度レーダー、SPQ-9B。
その足元にCECの平面
アンテナが4枚ある。

SPS-48E(V)10 3次元対空レーダー。

SPS-49(V)1対空
捜索レーダー。

「F-35B空母」
状態として
描いてみました。

アイランド前部には、前からシーRAM、
ESSM発射機、艦橋上にCIWS。

ウェルドックがないので
艦尾ドアもない。その上に、
右舷CIWS、中央ESSM発射機、
左舷シーRAMが装備されてる。

煙突は右舷側に斜めに突き出して、航空機の着艦を
排気が妨げないようにしてる。機関は電気推進と
ガスタービンの切り替え、CODLOG方式で、ガスタービン・
エンジンのための給気口が煙突下部にある。

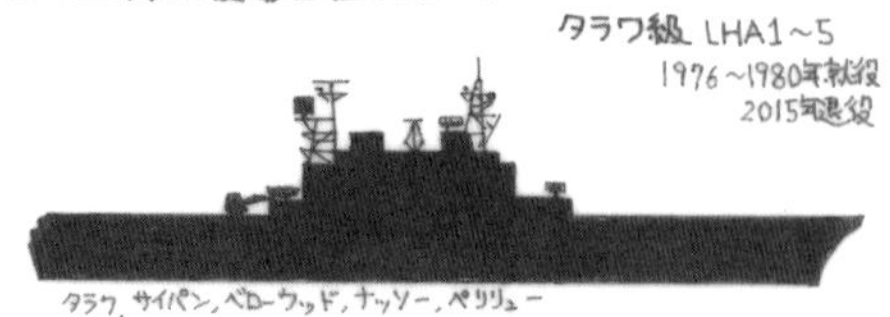

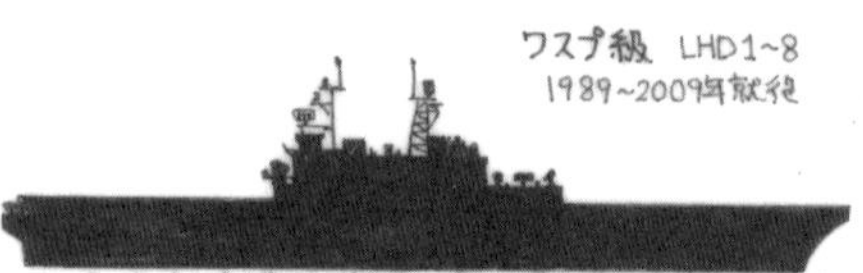

外見上はマキン・アイランド以外のワスプ級では煙突が直立していたのが、アメリカ級とマキン・アイランドでは、煙突がアイランドから右舷側に傾斜しているところが特徴だ。このような斜め煙突は、第2次世界大戦当時の日本の空母「隼鷹」や「大鳳」で採り入れられ、近年ではキティホーク（CV63）級空母の最終艦で、アメリカ海軍最後の通常動力空母となったジョン・F・ケネディ（CV67）が採用していた。

しかし機関や外見よりも大きな違いは、ワスプ級は艦の後部にLCACや中型揚陸艇LCMを収納するウェルドックがあるのに対し、アメリカ級ではウェルドックがなくなっている点だ。その分、アメリカ級では格納庫や航空機関連の整備区画、予備部品倉庫のスペースが大きくなっている。LCACやLCMを搭載しないため、戦車や火砲のような重い車両や物資を揚陸させることはできなくなるが、アメリカ級は航

ウェルドック：揚陸艦の後部に設けられた上陸用舟艇の格納場所で、艦内のタンクに注水して艦尾を下げ、艦尾ドアを開いてウェルドック内と海面をつなげることで、舟艇を発進・収容することができる。ドック型揚陸艦や強襲揚陸艦がウェルドックを備えており、海上自衛隊では「おおすみ」型輸送艦がウェルドックを持っている。

キティホーク級：アメリカ海軍の通常動力空母。1番艦のキティホークは1961年に就役、1998年から2008年まで横須賀を母港とし、2009年1月に退役した。キティホーク級の飛行甲板の配置やアイランドの位置は、その後のニミッツ級にも受け継がれている。

空機運用能力を高める代わりに、そういった重車両の揚陸能力を諦めた艦となった。

さらに車両と航空機の燃料搭載量も、ワスプ級では2214キロリットルだったのが、アメリカ級では5034キロリットルと倍以上になっている。ワスプ級は航空燃料の搭載量が少なく、持続的な航空作戦を行うには適さないという弱点があったが、それもアメリカ級では改善されている。

ワスプ級もその前のタラワ（LHA1）級に比べれば、航空機運用能力が強化されていて、必要ならばSTOVL機（ワスプ級計画当時はAV-8BハリアーⅡ攻撃機だ）を20機程度搭載して、補助的な空母として運用することとなっていた。それでもワスプ級は持続的な航空作戦能力が不足していたのを、アメリカ級ではさらに航空機の運用能力を高めている。つまりアメリカ級は強襲揚陸艦ではありながらも、補助空母としての性格を強めた艦ということになる。

実際にアメリカが搭載する航空部隊は、通常は海兵隊のMV-22オスプレイやCH-53Eスーパースタリオン重輸送ヘリコプター（将来は発展型のCH-53Kキングスタリオンに更新されるだろう）、UH-1Yヴェノム輸送ヘリコプター、AH-1Zヴァイパー攻撃ヘリコプターなど30機を搭載して、F-35Bは6～8機を搭載するのだろう。しかし必要となればF-35Bを20機、海軍のMH-60S洋上戦闘支援ヘリコプター2機程度、さらにMV-22オスプレイの機内に補助燃料タンクと空中給油システムを搭載して、空中給油機とすることができれば（すでにテストは行われている）、アメリカは補助空母になる。しかもF-35Bのステルス性やセンサー能力、ネットワーク能力を考えると、搭載機数が最大で20機程度としても、その航空団の能力は単なる機数以上のものとなるだろう。

そんなアメリカが佐世保に配置されるのは、前方配備の強襲揚陸艦の新型化というだけにとどまらないで、あるいは日本に前方配備されているアメリカ空母が、ロナルド・レーガン1隻から0・5

LCM（Landing Craft Mechanized）：アメリカ海軍、陸軍が装備する中型の上陸用舟艇。兵員だけでなく、ある程度の大きさの車両も運ぶことができる。

LCAC（Landing Craft Air Cushion）：アメリカ海軍や海上自衛隊が用いているホバークラフト型の上陸用舟艇。海上自衛隊ではエアクッション艇1号型と呼ぶ。海上を40ノットの速度で走り、砂浜など平坦な陸地に進入することもでき、最大75tを搭載する。アメリカ海軍は1984～97年に91隻を就役させた。現在は後継であるSSC（Ship-to-Shore Connector）の調達が始まっており、アメリカ海軍では退役が進んでいる。

隻増えて、1・5隻になるといってもいいのかもしれない（それに「いずも」型へのF-35B搭載も加えると1・7隻か？）。

アメリカ級3番艦以降はバランス重視型

そんな「強襲揚陸F-35B空母」的なアメリカ級は、1番艦アメリカに続いて、2番艦トリポリが建造中で、2019年には就役する予定となっている。3番艦はブーゲンヴィル（LHA8）という艦名が予定されていて、2018年10月に建造が開始された。しかしアメリカ級でウェルドックが廃止されたことについては、やはり重車両や火砲の揚陸能力が必要だとする海兵隊側から不満の声があり、3番艦ブーゲンヴィル以降の「アメリカ級フライトI」からはウェルドックが復活、LCACが2隻搭載されるよう設計が改められている。ウェルドックを持たないアメリカとトリポリは「フライト0」と呼ばれる。

この改設計で、ブーゲンヴィルの航空燃料搭載量はワスプ級と同じ水準に戻り、格納庫は「フライト0」と同じ面積を確保して、航空機関連区画の面積も、「フライト0」よりは小さくなるが、ワスプ級よりは大きい。その分ブーゲンヴィル以降の「フライトI」では、ワスプ級よりもウェルドックが小さく、LCACの搭載数も3隻から2隻に減っていて、車両甲板の広さもワスプ級より狭くなっている。

外観では、「フライトI」ではワスプ級やアメリカ級「フライト0」のアイランド前方に伸びていた部分がなくなって、アイランド全体が短くなる。そのアイランド前方部分の飛行甲板は右舷側に張り出して、駐機スペースが広げられる。また対空捜索レーダーは、新型のアクティブ・フェー

CH-53E：アメリカ海兵隊の大型輸送ヘリコプター。メーカーはシコルスキー社。3基のエンジンを搭載し、13,000kg以上の積載力を誇る。1981年から運用されており、アメリカ海軍は掃海型のMH-53Eシードラゴンを使用している。発展型のCH-53Kキングスタリオンが後継として開発されている。

ハリアーII：イギリスのホーカー社が1960年代に実用化した垂直離着陸（実用上はSTOVL）攻撃機ハリアーの発展型で、主翼を大型化、エンジンを強化するなど、搭載量と航続距離が大幅に向上した。イギリスのBAe社とアメリカのマクドネル・ダグラス社（現ボーイング社）の共同開発で、アメリカ海兵隊ではAV-8BハリアーIIと呼ばれる。初飛行は1985年で、1993年からは能力向上型のAV-8B+も現れた。その後継となるのがF-35B。

ズドアレイ・レーダーのＥＡＳＲが装備される予定だ。
総じてブーゲンヴィル以降の艦は、Ｆ‐35Ｂ空母としての持続的運用能力については後退するものの、重車両の揚陸能力を持ち、強襲揚陸艦としてバランスのとれた能力を持つ艦となるのだろう。限られた大きさの軍艦に、どのような能力をどれだけ持たせるかは、いつもさまざまな妥協が必要というわけだ。

アップデートコラム

その強襲揚陸艦アメリカは、２０１９年12月6日に佐世保に到着した。年が明けるとアメリカは２０２０年1月から展開に出て、太平洋〜南シナ海と行動して、タイでの多国籍演習コブラ・ゴールドに参加した。その後も2〜3ヶ月の期間の展開をくり返し、２０２１年には3回出て、7月にフィリピンでのタリスマン・セイバー演習に参加し、8月にはイギリス空母クイーン・エリザベス打撃群や護衛艦「いずも」と行動し、２０２２年にも何度か展開に出ている。アメリカは忙しいのだ。２０２３年も1月からの春期パトロールで大阪南港に寄港、6月からは3ヶ月半にわたってオーストラリア方面に展開して、オーストラリア海軍の強襲揚陸艦ブリスベーンや韓国海軍の強襲揚陸艦マラド、日本の護衛艦「いずも」とともに太平洋の西側海軍の飛行甲板を持つ艦4隻で揃って訓練を行っている。

アイランド: 空母のブリッジ（艦橋）のこと。艦橋構造物にレーダーやアンテナ、マストをまとめてあり、平らな飛行甲板に艦橋だけが突き出ているため、海面に浮かぶ島（アイランド）のように見えることから、こう呼ばれる。

第4考 強襲揚陸艦アメリカF-35Bとともに海へ

2019年末、最新の強襲揚陸艦アメリカがワスプに代わって佐世保に配備された。アメリカは航空機を30機ほど搭載することができる強力な艦である。そのアメリカが佐世保配備後即座に訓練を開始した。この艦がアジアでどのような役割を果たすのか見てみよう。

長崎到着は12月6日の朝 新強襲揚陸艦アメリカ

佐世保に前方展開になったアメリカ海軍の強襲揚陸艦アメリカが早くも動いてる。それも、かなり注目すべき動きを見せている。

強襲揚陸艦アメリカが佐世保に到着したのは2019年12月6日の朝だった（取材に行って見てきたから本当だよ）。アメリカはアメリカ級のネームシップとして2014年10月に就役、2番艦トリポリがまだ就役していない現時点ではアメリカ海軍最新の強襲揚陸艦だ。

アメリカはそれまでの母港サンディエゴを11月13日に出港し、途中ハワイに寄港して、約3週間十の航海で佐世保に到着した。まだ新しい艦だし、サンディエゴから佐世保への航海もそれほど長期にわたるものじゃなかったけど、それでも佐世保に入港したときには細かい部分の塗装が傷んでいた。

アメリカの佐世保への前方展開は、既存の艦と乗員を入れ替える「シップスワップ」方式じゃなくて、乗員ごと新しく展開してきた。つまりおよそ1100人の乗員とその家族が、佐世保の新居に引っ越してきたのだ。アメリカは佐世保に到着してから、艦そのものの整備や補修もしなくてはならなかったし、乗員と家族もとりあえずは佐世保の新しい住まいと生活に慣れなければならなかったはずだ。

だからアメリカが佐世保に到着してから、新しく訓練や展開に出るまで、素人考えだが2ヶ月かもっとかかるんじゃないか、アメリカの佐世保出港は2月末や3月初めごろになるかな、と思ってた。

ところがアメリカは日本に来て1ヶ月少々の2020年1月11日には、早くも第31海兵遠征隊（31MEU）を搭載して東シナ海で訓練を行っている写真を、アメリカ海軍の広報サイトで公表している。この数日前にはアメリカは佐世保を出港していたはずで、素人考えよりもずっと早かった。アメリカは、同じく佐世保に前方展開しているサン・アントニオ級ドック型揚陸輸送艦LPDのグリーン・ベイと、ウィドビー・アイランド級ドック型揚陸艦LSDのジャーマンタウンと遠征打撃群を構成している。

さらにアメリカは1月13日には海上自衛隊の輸送艦「くにさき」と一緒に航行している。新しく日本に来た強襲揚陸艦が、海自の輸送艦に初お目見えの挨拶をした、といったところだろうか。アメリカ海軍が公表した写真では、「くにさき」の甲板には陸上自衛隊の車両が搭載されていて、アメリカの飛行甲板にはF‐35Bの姿が6機見られた。

早くもF‐35Bを載せて洋上での訓練開始

アメリカは日本到着から1ヶ月あまりで、岩国基地の第121海兵戦闘攻撃飛行隊（VMFA‐

グリーン・ベイ：2015年から佐世保に配備されているアメリカ海軍のサン・アントニオ級ドック型輸送揚陸艦LPDの4番艦。2009年に就役している。

第31海兵遠征隊：アメリカ海兵隊が海軍の揚陸艦部隊「揚陸即応群」に搭乗して展開するときは、「海兵遠征隊（Marine Expeditionary Unit）」、略してMEUという編成を組む。第31海兵遠征隊は、沖縄に配備されている第3海兵軍の部隊が展開するときのMEUで、歩兵や車両、砲兵、工兵や支援部隊も含めた地上部隊と、ヘリコプターやティルトローター機、戦闘機も含めた航空部隊が一緒になった「海兵航空陸上タスクフォース（MAGTAF）」として編成されている。これらの兵員や装備、航空機が佐世保の強襲揚陸艦や揚陸艦に分乗して作戦航海に出るわけだ。

121）のF‐35Bを搭載して洋上展開したのだ。このF‐35Bは普天間基地からのCH‐53Eシースタリオン重輸送ヘリコプターやAH‐1Zヴァイパー攻撃ヘリコプター、UH‐1Y輸送ヘリコプター、MV‐22Bオスプレイとともに「第265海兵中型ティルトローター飛行隊(強化)［VMM‐265（Reinforced)］」を構成して、アメリカに搭載された。それに加えてアメリカは海軍の第25洋上戦闘ヘリコプター飛行隊（HSC‐25）のMH‐60Sヘリコプターも搭載している。

アメリカはご承知のとおり、ワスプ級強襲揚陸艦よりも格納庫や航空機整備区画、予備部品保管区画が拡張され、航空燃料や航空機用の弾薬の搭載量も増強され、最初からF‐35Bの搭載と運用を考慮した設計となっている。それらのスペースを確保するために、ワスプ級までの強襲揚陸艦にはあった艦内のウェルドックが廃止されて、重車両の揚陸能力はなくなっている。

今回の展開でのアメリカはいわば標準的な編成の航空部隊を載せているが、搭載航空機の編成は必要に応じて変えることができ、実際にアメリカは2019年にサンディエゴを出港した後、東太平洋では13機のF‐35Bを搭載して訓練を行っており、F‐35B搭載空母「ライトニング・キャリアー」になれることを実証している。航空燃料や弾薬の搭載量が多く、整備区画や予備部品庫が広くなっているということは、アメリカはワスプ級よりも持続的にF‐35Bを運用する能力が向上しているということだ。

その後、2月15日にアメリカ遠征打撃群は、沖縄南方海域（アメリカ海軍では「フィリピン・シー」と呼ぶ海域だ）で、西太平洋に展開してきた空母セオドア・ルーズヴェルトの打撃群と合流、両打撃群を合わせて「遠征打撃艦隊（Expeditionary Strike Force)」を構成して、訓練を行った。空母打撃群と揚陸艦の遠征打撃群が共同訓練や演習を行うことは以前にもあったが、それが「遠征打撃艦隊」という、臨時のものにせよ、一つの部隊単位を構成するというのはこれまで聞いたこと

MV-22Bオスプレイ：ボーイング社とベル社が共同で開発した世界初の実用ティルトローター機V-22の海兵隊向けの輸送型がMV-22B。主翼端の回転翼（ローター）の向きをエンジンごと水平〜垂直に変えることで、ヘリコプターのように垂直離着陸し、固定翼機のように高速の飛行ができる。2007年からアメリカ海兵隊で実戦任務に就いている。アメリカ空軍の特殊部隊侵攻型はCV-22Bと呼ばれる。

第121海兵戦闘攻撃飛行隊（VMFA-121）：アメリカ海兵隊の飛行隊。2012年にF-35Bを受領して、F-35各型全体の中で最初の実戦部隊となった。2017年1月に岩国航空基地に配備。2018年9月には強襲揚陸艦ワスプに搭載され、F-35B初の洋上作戦展開を行っている。

USS AMERICA IN THE EXPEDITIONARY STRIKE FORCE!

アメリカ級の特徴の一つが、外側に傾いた煙突。排煙が航空機の発着を妨げないようにするため、というんだけど、佐世保で士官の人に「効果あります？」ときいたら、「んー…デザインだね」ですって。

佐世保に到着してから1カ月少々、早くも展開に出た強襲揚陸艦アメリカ。
もちろん岩国基地の海兵隊F-35Bを搭載して、しかもセオドア・ルーズヴェルトの空母打撃群と「遠征打撃艦隊」を構成した。

艦名がアメリカだけに、佐世保入港時に掲げてたバトルフラッグをはじめ、艦内のあちこちに、マーヴェル・コミックの「キャプテン・アメリカ」の盾のモチーフがあったぞ。

アメリカの前に佐世保に前方展開してた強襲揚陸艦ワスプは1年ほどで本国に戻っちゃった。アジア〜西太平洋に置く強襲揚陸艦としては、航空機運用能力、とくに「ライトニング・キャリアー」の能力に優れるアメリカが、やっぱり本命だった、っていうことなのか……。

がなかった。

この「Expeditionary Strike Force（エクスペディショナリー・ストライク・フォース）」の「フォース」を「艦隊」と訳していいものか、あまり自信がないのだが、「遠征打撃群（Expeditionary Strike Group）」の「グループ＝群」よりも大きな部隊単位という意味が伝わるように、ここでは仮に「フォース」を「艦隊」と訳してみた。

この遠征打撃艦隊では、アメリカ遠征打撃群の海兵隊部隊の揚陸能力・輸送能力・陸上戦闘能力と、セオドア・ルーズヴェルト空母打撃群の攻撃力・防空能力・対潜能力が組み合わさっているわけで、アメリカ海軍第7艦隊とアメリカ太平洋軍は、この部隊編成によっ

セオドア・ルーズヴェルト：アメリカ海軍の原子力空母ニミッツ級シリーズの4番艦。1986年就役。それまでの空母では飛行甲板先端に突き出ていた、カタパルト射出時のワイヤーを回収するブライドル・キャッチャーが廃止されたほか、モジュール建造方式が採用された。2001年のイラク戦争「不朽の自由作戦」では連続行動記録159日を記録。

て、さまざまな状況に対して強力かつ柔軟に対応することができることになる。

アメリカとセオドア・ルーズヴェルトの遠征打撃艦隊には、さらに注目すべき点がある。強襲揚陸艦のF-35Bと空母の搭載航空団が一緒に行動したのも初めてのことだ。F-35Bはステルス能力と高いセンサー能力、ネットワーク能力を持つ画期的な戦闘機で、その能力が空母航空団のF／A-18E／F戦闘攻撃機やEA-18G電子戦機、E-2D早期警戒機と組み合わさったのだ。この組み合わせがどのような能力を持つことになるかを考えると、今回の「遠征打撃艦隊」編成の持つ意味の大きさがわかる。

アメリカは1・5隻目の"日本前方展開空母"

例えばアメリカが「ライトニング・キャリアー」として、岩国基地のF-35Bを13～20機搭載して、それがロナルド・レーガンの空母打撃群と「遠征打撃艦隊」を構成するとしてみよう。E-2D早期警戒機の情報支援とEA-18G電子戦機の掩護を受けながら、F-35Bがそのステルス性を活かして敵に発見されることなく進出、先制奇襲攻撃を行うとともに、F-35Bのセンサーが捉えた情報をデータリンクでF／A-18E／FやイージAス艦に送り、LRASM巡航ミサイルやトマホークでさらなる攻撃を行う、といったことも可能になるだろう。

このような例を考えると、強襲揚陸艦アメリカは、ロナルド・レーガンとともに「日本に前方展開した1・5隻目の空母」というのもあながち外れてはいないのかもしれない。

しかし実際にアメリカ搭載のF-35Bとセオドア・ルーズヴェルトの搭載航空団がどのような訓練を行ったのか、F-35Bのセンサー能力やネットワーク能力がどう活用されたのかは明らかでは

空母打撃群（CSG）：アメリカ海軍は空母を中心とした編成の任務部隊を「空母打撃群（Carrier Strike Group）」、略してCSGと呼ぶ。よくある例では空母1隻にタイコンデロガ級巡洋艦1～2隻、アーレイ・バーク級駆逐艦2～3隻といった編成だが、駆逐艦が増えて4～5隻になったりもする。さらに明らかにされることはないが、どうやら攻撃型原潜1隻が海中の護衛として付いていくこともあるという。空母搭載の航空団の戦闘攻撃機約50機に、巡洋艦や駆逐艦が搭載するトマホーク巡航ミサイルが加わるから、その対地攻撃力は相当なものとなる。空母の戦闘攻撃機と早期警戒機、巡洋艦と駆逐艦のイージスによる防空も強力だ。アメリカ海軍以外にも、中国やイギリス、フランスの空母部隊も「空母打撃群」と呼ばれる。

ない。今回のアメリカのF‐35B搭載数は6機だけで、この「遠征打撃艦隊」での行動も数日間のもので、おそらくあまり複雑な共同訓練は行わなかったのではないか、とまた素人考えでは思えるのだが、とにかくこれでF‐35Bと空母航空団の共同行動が始まったことは確かだ。

またアメリカ海軍の空母には艦上型のF‐35Cが配備されることになっている。F‐35Cのセンサーやデータリンクは強襲揚陸艦のF‐35Bと共通だから、空母と強襲揚陸艦の「遠征打撃艦隊」も、将来はより密接に統合された作戦能力を持つようになることだろう。アメリカとセオドア・ルーズヴェルトの「遠征打撃艦隊」はその先駆けとなるものだ。ただしF‐35Bの能力を活かした新しい戦術や新しい作戦はどのようなものになるか、アメリカ海軍も海兵隊も、さまざまな演習や訓練を通じてまだそれを探求している段階と思われる。「遠征打撃艦隊」も、これからさらに同様の編成での行動を重ねて、能力を進化・深化させていくことになるのだろう。

そしてまた今回のアメリカとセオドア・ルーズヴェルトの「遠征打撃艦隊」編成での訓練が、沖縄南方海域で行われたという点も注目すべきだろう。中国のいう「第1列島線」のすぐ外側。遠征打撃艦隊での訓練が行われたのと同じ2月15日に、アメリカ海軍の巡洋艦チャンセラーズヴィル（これも日本に前方展開している艦だ）が台湾海峡を通過している。中国から見れば、遠征打撃艦隊とチャンセラーズヴィルの行動は、アメリカ海軍からの鞘当てがさらに強まったように感じられたのではないだろうか。

しかも日本も「いずも」型をF‐35B搭載可能に改修しようとしている。「いずも」型が遠征打撃艦隊と行動を共にすれば、ライトニング・キャリアーのF‐35Bが展開できる飛行甲板がさらに増え、F‐35Bの作戦運用がより幅広く行えるようになる。中国にとっては、アメリカ海軍の遠征打撃艦隊編成を目の当たりにすると、日本の「いずも」型はさらに気になる存在となるかもしれな

F/A-18E/F: マクドネル・ダグラス（現ボーイング）社が開発した艦載戦闘攻撃機。F/A-18Eは単座型で、複座型はF/A-18F。2001年に初期作戦能力を獲得し、アメリカ海軍やオーストラリア空軍に採用されている。愛称はスーパーホーネット。

遠征打撃群（ESG）: アメリカ海軍では海兵隊部隊とそれが乗る揚陸艦部隊をひっくるめた部隊編成を「揚陸即応群」と呼ぶのだが、その揚陸艦部隊と護衛の艦艇で編成される海軍艦艇部隊は「遠征打撃群（Expeditionary Strike Group）」という。空母と搭載航空団を中心に、護衛の水上艦を合わせたのが「空母打撃群」だから、それと同じような揚陸艦を中心にした任務部隊だ。編成は任務や状況、艦のローテーションによって変わり、よくある編成では強襲揚陸艦1隻に、ドック型揚陸艦LSDとドック型揚陸輸送艦LPD2〜3隻、それに駆逐艦か場合によっては沿海域戦闘艦1〜3隻がつく。

い。
その強襲揚陸艦アメリカは、2月22日、「コブラ・ゴールド」合同演習に参加するため、タイのラエム・チャバンに入港している。

アップデートコラム

佐世保に前方展開になった強襲揚陸艦アメリカのその後の行動については、前項の補足で２０２３年まですっかり書いてしまったので、さてどうしよう?
アメリカ級については、どうしてもＦ‐35Ｂ搭載能力に目が向いてしまう。日本も「いずも」型をＦ‐35Ｂ搭載艦に改装しているところだし、航空自衛隊とアメリカ空軍のＦ‐35Ａや、２０２５年に日本に前方展開してくる空母ジョージ・ワシントンにもＦ‐35Ｃが搭載されるから、これらのＦ‐35の「第5世代」戦闘機としての能力（センサー融合とかネットワークとか）が日本周辺〜西太平洋の状況にどう影響するか、気になるところだ。とはいえ２０２４年で前方展開して5年目に入るアメリカは、２０２３年末までの行動でＦ‐35Ｂを多数搭載した「補助空母」モードで行動してはいない。岩国のＦ‐35Ｂ部隊のスケジュールなどの都合でやらないのか、できることが確認できているから良いのか、はてさて?

チャンセラーズヴィル:1989年11月に就役したアメリカ海軍のタイコンデロガ級巡洋艦の16番艦。2014年にイージス・システムのベースラインを9Aにアップデートするなどの近代化改修を受け、2015年6月に横須賀に前方展開した。2023年2月28日、艦名を「ロバート・スモールズ」に改名。改名の理由は、旧艦名が南北戦争において南軍が勝利したチャンセラーズヴィルの戦いに由来しているためで、新たな艦名は、南北戦争で南軍の船を鹵獲して北軍に加わった元奴隷の政治家にちなんだもの。

EA-18G電子戦機:複座型のF/A-18F戦闘攻撃機をもとに開発された、艦上電子戦機。電子戦装置などを装備し、電子戦ポッドや対レーダーミサイルを搭載する。愛称はグラウラー（うなる者）。

第5考

日韓の心も一つに？ 共同演習パシフィック・ヴァンガード

2018年は韓国国際観艦式での旭日旗掲揚拒絶や、韓国海軍駆逐艦によるP-1哨戒機へのレーダー照射など両国の軋轢が表面化する事件が続いた。冷え切った海上自衛隊と韓国海軍の関係だが、2019年5月には4ヶ国共同演習に日韓揃って参加した。これは日韓関係の変化と見てよいのだろうか。

ベンガル湾やグアム活発に共同訓練へ参加する護衛艦

2019年の5月から6月にかけて、海上自衛隊の護衛艦の動きが目覚ましい。「いずも」と「むらさめ」のインド太平洋方面派遣訓練部隊は、南シナ海からインド洋のベンガル湾に進出して、フランス海軍の原子力空母シャルル・ドゴール部隊やオーストラリアのフリゲート、アメリカの駆逐艦とともに共同訓練「ラ・ペルーズ」を行い、さらには南シナ海でアメリカ海軍の空母ロナルド・レーガン打撃群と共同訓練を行って、シンガポールやマレーシア、ベトナム、ブルネイに寄港してそれぞれの海軍と親善訓練を行っている。この部隊の行動は、「自由で開かれたインド太平洋」という日本の戦略を、各国の海軍とともに裏付けるもので、大いに注目すべき動きだと思うぞ。

その一方で、海上自衛隊は別の方面でも共同訓練を行っている。護衛艦「ありあけ」と「あさひ」は、5月20日～22日に、日本の本州南方からグアム島周辺海域にかけて、オーストラリア海軍のオ

ロナルド・レーガン：2003年7月に就役したアメリカ海軍のニミッツ級原子力空母9番艦。8番艦以前と比べると対空レーダー用マストの有無など違いがあり、ニミッツ級後期型と位置付けられる。2011年の東日本大震災ではトモダチ作戦に参加し、2014年には横須賀へ配備された。2024年春には改修のため同級のジョージ・ワシントンと交代する予定。

駆逐艦：巡洋艦よりも小型で、フリゲートよりも大きな水上戦闘艦。ヨーロッパの海軍では、艦隊防空能力を持つものを駆逐艦、持たないものをフリゲートと呼ぶことが多い。海上自衛隊の護衛艦は、外国では一般にDestroyer、つまり駆逐艦と呼ばれる。

リバー・ハザード・ペリー級フリゲートのメルボルンと、アンザック級フリゲートのパラマッタとともに日豪共同巡航訓練を行った。

このメルボルンは5月の14日から18日にかけて横須賀に寄港していて、つまり「ありあけ」と「あさひ」はメルボルンと一緒に、さらにパラマッタを加えてグアム島へと航行し、その間に戦術運動や対潜戦の訓練を共同で行ったというものだ。横須賀でのホストシップは「たかなみ」だったが、「たかなみ」は同行していない。メルボルンは1992年2月に就役し、近代化改装されているが、退役が迫っていて、今回の横須賀寄港が最後の日本訪問だった。

こうして「ありあけ」と「あさひ」、メルボルン、パラマッタはグアム島に赴いたのだが、そこでこれらの艦は共同訓練「パシフィック・ヴァンガード19-1」に参加した。このパシフィック・ヴァンガードは日本とアメリカ、オーストラリア、それに韓国の4ヶ国による共同訓練で、今回が初めてだ。この共同訓練には、日豪の4隻の他に、オーストラリア海軍のコリンズ級潜水艦ファーンコムが加わり、アメリカ海軍からは第7艦隊旗艦の指揮艦ブルーリッジ、巡洋艦アンティータム、駆逐艦カーティス・ウィルバーと横須賀前方配備の3隻に加えて、給油艦ラパハノック、弾薬貨物補給艦リチャード・E.バードが参加した。韓国海軍からはチュンムゴン・イスンシン級駆逐艦のワンゲオンが参加している。さらに航空機としてアメリカ海軍の電子攻撃飛行隊VAQ-132「スコーピオンズ」のEA-18Gグラウラー電子戦機と哨戒飛行隊VP-5「マッドフォックス」のP-8Aポセイドン対潜哨戒機も参加した。

この共同訓練はグアム島とマリアナ諸島複合射爆場で、対空・対水上・対潜戦、それに洋上補給の訓練が行われたとされる。オーストラリア海軍が発表した動画には、メルボルンからのSM-2対空ミサイルの発射や、パラマッタからのハープーン発射のシーンがあり、実弾発射を伴う訓練も

自由で開かれたインド太平洋:2016年に当時の安倍首相が提唱した日本の外交の基本方針。太平洋からインド洋にかけての広い地域で、法の支配と航行の自由、自由な貿易の下、太平洋～インド洋の各国の経済的繁栄を目指して、平和と安定を築こうという構想。つまり国際法を無視して航行を制限したり勝手に海洋を独占しようとしたりしないで、協力し合って繁栄して、平和に付き合って災害とかでも助け合おう、ということ。アメリカもこの方針を採り入れて、地域大国インドも巻き込み、太平洋～インド洋の国々にも受け入れられ、ヨーロッパのNATO諸国も賛成して、日本のイニシアチブによる国際的な協調案として成功しつつある。ところで太平洋～インド洋で力を頼りに自分勝手をしようとしているのは誰かな?

行われ、高度な内容の共同訓練だったことが想像できる。

謝罪と受け取るべきか？韓国海軍との共同演習

　アメリカ第7艦隊の報道発表によると、第7艦隊司令官フィル・ソーヤー中将は「パシフィック・ヴァンガード演習は、同じ価値観と同じ利益を共有し、それに基づいてインド〜太平洋全体の安全を提供しようと、心を一つにする4ヶ国の海洋国家の力を結び合わせるものだ。この演習は我々の力の統合を進め、この地域で生じるかもしれないさまざまな事態に協力して有効に対応できるようにする」と語っている。

　——と、ソーヤー第7艦隊司令官は言うのだが、参加4ヶ国が心を一つにしているのか、実は聞いてみたい国がある。韓国海軍だ。ご存じのとおり、2018年12月20日に能登半島沖の公海上で、海上自衛隊のP‐1哨戒機が韓国海軍の駆逐艦クヮンゲトデワン（広開土大王）から射撃指揮レーダーの照射を受け、クヮンゲトデワンはP‐1哨戒機からの無線による呼びかけにも応答しない、という事件があった。洋上不時遭遇時の対応についての国際的な取り決めに反する、この韓国海軍の振る舞いに日本政府は抗議したが、韓国は応じず、逆にP‐1哨戒機が威嚇的な飛行をしたと非難してきた。

　これで以前からいろいろと冷え切っていた日韓の関係はさらに悪化した。特にそれまでは政府間はともかく防衛の現場同士はお互いの関係を大事にするだろうと思われてきた、海上自衛隊と韓国海軍の関係まで、この一件で一気に冷え込んでしまった。

　その海上自衛隊と韓国海軍が、レーダー照射事件以来、パシフィック・ヴァンガードで初めて共

カーティス・ウィルバー：アメリカ海軍のアーレイ・バーク級駆逐艦の4番艦で、フライトⅠ型。1994年に就役し、1996年に横須賀に前方展開となった。イージス・ベースライン4で、イージスBMDは3.6からさらに4.0へと改修を受けている。2021年にはサンディエゴへと転属になり日本を離れた。

アンティータム：アメリカ海軍のタイコンデロガ級巡洋艦の8番艦。1987年就役。近代化改修によりベースライン2からベースライン8となった。ベースライン8はタイコンデロガ級向けのもので、CECなど対空戦能力が強化されているが、BMD能力は持たない。2013年から横須賀に前方配備となった。

ブルーリッジ：1970年に就役したアメリカ海軍の揚陸指揮艦ブルーリッジ級1番艦。多くの司令部要員が必要となる揚陸戦の指揮艦としての機能を有し、艦内には1,200名以上の生活スペース・設備がある。1979年以降は第7艦隊旗艦として横須賀を母港としている。

JS ASAHI

アメリカ海軍の広報サイトの英文だと、
海上自衛隊の護衛艦の艦名に
JS(=Japanese Ship)ってついてる。

2018年3月に就役した新鋭護衛艦
「あさひ」。外国との共同訓練への参加は、
このパシフィック・ヴァンガード19-1が初めて、
っていうことになる。

「あさひ」と「ありあけ」はグアムに向かう途中の日豪共同
巡航訓練でも対潜戦訓練をやったそうだし、
本番のパシフィック・ヴァンガードでもオーストラリアの
潜水艦ファーンコムが参加して対潜戦の訓練
を行ってる。「あさひ」のバイスタティック
対潜能力はどう働いて、
どんな実績を示したんだろう？

この時期、他にも海賊対処の
「さみだれ」が5月8〜9日にインドネシアを
訪問、哨戒艇ブン・トモと親善訓練、
5月17〜19日にはフィリピンに寄港、
哨戒艇フェデリコ・マルティアと
親善訓練を行ってる。

119

ちう。

さらには、6月3日からオーストラリアでの日米共同訓練タリスマン・セイバーに
参加する陸上自衛隊の水陸機動団・第1ヘリコプター団とともに「いせ」と
「くにさき」が行ってる。海上自衛隊の活動は大忙しだ。

同訓練をすることになったのだ。さて、韓国側はどのような気持ちで日本も含めた共同訓練に望んだのだろうか。

アメリカ第7艦隊の広報発表には、韓国海軍艦隊司令官パク・キキュン中将は「我々がここに集い、友情を深め合うことは意義深く、目覚ましいことである。この演習は4ヶ国間のインターオペラビリティを強化し、作戦能力と戦術能力を次のレベルへと向上させるものとして、価値ある機会であると考える」と述べている。

日本側の自衛艦隊司令官、糟井裕之海将の発言を、やはり第7艦隊報道発表の英文から趣旨を訳すと「これは4ヶ国にとって西太平洋地域において高度な訓練を行う非常に貴重な機会であり、この最初のパシフィック・ヴァンガード共同訓練に大きく期待する」といった内容だった。

韓国艦隊司令官の発言からすると、韓国海軍としてはパシフィック・ヴァンガードで日本も含めて「友情を深め合う」と考えているようだ。そのまま受け止めれば、この共同訓練が海上自衛隊と韓国海軍の関係修復の始まりか、と期待したくなるところだ。

イギリスの東アジア海軍問題の著名な研究家は、レーダー照射事件の際にツイッターで、韓国が照射を認めないのも謝罪もしないのも、どうにも仕方がないとして、「もし今後、韓国海軍が日本との共同訓練に参加したら、それは韓国側からの無言の謝罪になるだろう」とツイートしていた。そうだとすると、アメリカやオーストラリアも含めた4ヶ国共同訓練とはいえ、パシフィック・ヴァンガードに韓国海軍が日本の海上自衛隊と並んで参加したのは、ひょっとしたら「無言の謝罪」の一種と受け止めていいのだろうか。

とはいえ、パシフィック・ヴァンガードでの「ありあけ」「あさひ」とワンゲオンの行動の内容や、日韓参加艦の間での相互のやりとりがわからない以上、なんともいえないところだ。この画期的な

ハープーン：アメリカ海軍が開発した対艦巡航ミサイル。水上艦発射型をRGM-84、哨戒機や戦闘攻撃機の空中発射型をAGM-84、潜水艦発射型をUGM-84という。1977年からアメリカ海軍に引き渡され、現行のものはハープーン・ブロックⅡというタイプ。RGM-84は発射装置兼用の4連装格納筒に入って搭載され、亜音速で海面すれすれの超低空をGPSと慣性誘導で飛行、レーダー誘導で目標に命中する。射程は約100㎞。8,000発近くが生産され、多くの国々に採用されて、海上自衛隊でも使っている。

日本の「ありあけ」「あさひ」と一緒にパシフィック・ヴァンガード19-1共同訓練に参加した、韓国海軍駆逐艦ワンゲオン（漢字で書くと「王建」、10世紀に高麗の国を建国した太祖の名前）。チュンムゴン・イスンシン級6隻の4番艦で、2007年10月に就役した。

ワンゲオンは2019年5月15日のシンガポールの国際観艦式にも参加して、日本の「いずも」の自衛艦旗より、ニまわりぐらい大きな韓国国旗を掲げて航行してた。はてさて、パシフィック・ヴァンガードで友情は深め合えたんだろうか……？

このクラスは、満載排水量5588トン、全長154m、幅16.9mで、日本の「たかなみ」型と建造時期と寸法は近いけど、排水量はちょっと小さい。機関はディーゼルとガスタービン切り替えのCODOG方式で、速力は29ノット。VLS32セルにSM-2対空ミサイル、巡航ミサイル「天馬」と対潜ミサイル「赤鮫」用VLS16セル、127mm砲1門、対艦ミサイル「海星」4連装発射機2基、RAM近接防御ミサイル発射機1基、30mmCIWS1基、対潜魚雷3連装発射管2基、スーパーリンクス・ヘリコプター1機。乗員200名。

共同訓練について、オーストラリア海軍が動画を公表しているものの、アメリカ海軍が各国の参加艦が停泊しているグアム島アプラ港の写真をいくつか公表した以外には、アメリカ海軍も海上自衛隊も報道発表が少ないのも、なんとなく気にかかる。
防衛省は10月に予定されている海上自衛隊の観艦式に韓国を招待しない方針だという。そうだとすると海上自衛隊と韓国海軍の関係はまだしばらくは冷たいままなのかもしれない。やれやれ、まったく韓国海軍はＰ－１にレーダー照射なんかしなければ良かったのに！

アップデートコラム

この２０１９年のパシフィック・ヴァンガードは一つの前兆だったようだ。前年の２０１８年に行なわれた韓国の国際観艦式では、旭日旗の日本の自衛艦旗は植民地支配時代の日本帝国主義の象徴だとして、掲揚自粛を要請した。国際慣例からしても韓国の要求はあまりに無礼で非常識だったが、このときは結局海上自衛隊は参加を見送った。当時の左派の文在寅（ムン・ジェイン）政権の反日姿勢はそれほど酷かったが、２０２２年５月に保守派の尹錫悦（ユン・ソンニョル）大統領が就任すると、政策は一新、日本との関係改善が急速に進むようになった。２０２２年11月の日本の国際観艦式には韓国海軍は補給艦を参加させ、２０２３年５月にはこの年のパシフィック・ヴァンガードで、アメリカやオーストラリアと一緒に海上自衛隊も韓国海軍も参加している。

インターオペラビリティ：インターは「～の間で、～の間の」といった意味で、オペラビリティは「オペレーションできる性質=運用性」だから、インターオペラビリティとは「他の軍との間の運用性」、すなわち「相互運用性」。他の軍種との間や、外国の軍との間でお互いに連携を取って、物資や兵器、弾薬を融通し合って作戦できる能力のこと。同じ兵器や同じ弾薬を使えるのは「インターオペラビリティ」のために有効だが、それだけではなくて、同じ手順や同じ規範で行動できることも大事になる。それには単に協定を結べば良いというものではなくて、幾度も訓練や演習を通じて障害や摩擦を減らし、「気心が知れた」仲になっていくことが重要だ。

第6考

欧州軍艦は東アジアで存在感を示せるか？

新元号が発表され、いよいよ平成の終盤となった2019年4月。タイ、オーストラリア、フランスなど各国の軍艦が日本の港へ立ち寄った。北朝鮮の瀬取り監視や中国観艦式への参加などが理由だが単純にそれだけでは終わらない国もある……。

続々と来日した外国艦果たしてその目的は？

2019年4月は、日本に多くの外国の軍艦が訪れる時期となった。タイ海軍のフリゲート ナレスーワンやバンパコン、オーストラリア海軍フリゲートのメルボルンが佐世保に、マレーシア海軍のフリゲート レキウが呉に寄港しているが、その多くは中国の青島で行われる人民解放軍海軍70周年記念国際観艦式に参加する途上、日本に立ち寄ったものだ。

その中で、佐世保基地には4月10日から14日にかけて、フランス海軍のフリゲート ヴァンデミエールが寄港した。このヴァンデミエールの寄港は、2019年2月にフランスの外務大臣・国防大臣と日本の外務大臣・防衛大臣（いわゆる「2プラス2」）が会談を行ったときにフランス政府が表明していたものだ。フランスは『北朝鮮の船舶による違法な洋上貨物積み替え、「瀬取り」の監視のためにフリゲートと洋上哨戒機を日本に派遣する』とこの「2プラス2」会談で約束していた。

瀬取り：元の意味は船同士が沖合や海上で荷物を受け渡すことだ。北朝鮮が国連の石油輸入禁止制裁措置を逃れるために行っている行為を瀬取りと呼んでいる。北朝鮮は核開発やミサイル開発を国連安保理決議で禁止されたが、それを破ったために制裁措置として石油の輸入禁止を国連から課せられている。だからどの国の船も「石油を積んで北朝鮮に行ってきまーす」というわけにはいかない。しかし抜け道として、本当は北朝鮮向けの石油を運んで行った船が、洋上で北朝鮮行きの船に石油を積み替えるということをやっている。もちろん違法だが、だからといって石油を積んで行く船を拿捕したり、臨検したりといった手荒なことはできないし、シラを切られたら面倒で手の撃ちようがない。でもとにかく違法行為を監視して、事実を集めておこうというわけで、各国が「瀬取り監視」のために東シナ海や日本海に艦艇や航空機を派遣している。

北朝鮮は核実験や弾道ミサイル実験を巡って国連安全保障理事会（国連安保理だな）の経済制裁決議を受けて、さまざまな経済活動や貿易を禁じられていて、その中に、洋上での船から船への物資の積み替え、つまり「瀬取り」も禁止されている。北朝鮮は制裁を受けた後も、洋上で人目につかないよう「瀬取り」を行ってきていて、つまり「密輸」をしていて、国連安保理はその瀬取りも禁止することを2017年9月に決議している。

この瀬取り監視は日本も行っていて、3月に東京を訪れたイギリス海軍のフリゲート　モントローズも2月に北朝鮮の船舶が国籍不明の商船と瀬取りを行っている現場を撮影している。イギリスもフランスも国連安保理の常任理事国で、その立場としてはやはり安保理決議の履行を確実なものとするために、はるばる日本近海にフリゲートを派遣して、瀬取りの監視を行おうというのだろう。

しかも今回フランスはヴァンデミエールだけでなく、ファルコン200ガーディアン洋上監視機も沖縄のアメリカ空軍嘉手納基地に派遣して、ヴァンデミエールとともに瀬取りの監視にあたらせている。

しかしちょっと見方を変えると、イギリスにしてもフランスにしても、北朝鮮の瀬取り監視は、アジア～太平洋の情勢に関与するための格好の踏み台となっているともいえる。瀬取り監視のために日本近海に艦艇を派遣することで「南シナ海や東シナ海、太平洋への中国の勢力拡張に対して、イギリスもフランスもよそごととは思っていない、何かあれば口も出すし、場合によっては手も出す——軍事力を展開させる——意志も能力もあるぞ」ということを示しているとも見える。

国連安保理では何かと米英仏と対立するロシアも中国も、北朝鮮の瀬取り禁止とその監視は自分たちも参加している安保理決議に基づいているだけに、イギリスやフランスの瀬取り監視のための艦艇派遣にはなかなか文句をつけづらいところがある。それを知ってのうえで、イギリスとフラン

F.S. Vendemiaire

南太平洋のフランス領ニューカレドニア配備のフランス海軍フリゲイト、ヴァンデミエール。いわば南太平洋の「駐在さん」だが、しばしば東アジア〜日本にも出張してくる。小さなフリゲイトだけど、フランスの権益を守り、フランスの威信を背負ってるのだ。中国の観艦式にも参加して、「駐在さん」は外交官でもある。

フランス海軍航空隊の、ダッソー・ファルコン200ガーディアン洋上哨戒機。基はビジネスジェット機だ。

マストと煙突の間に、エクゾセMM38の発射筒が、前後にそれぞれ斜めに向けて装備される。

一番目立つアンテナドームは、シラキュースⅡ衛星通信用のもの。

20mm機関砲はヘリコプター格納庫の上にある。

F734

秀.

このクラスの艦は、白波を蹴立てて高速で疾駆するより(そもそも20ノットしか出せないし)、サンゴ礁の海を静かに進んでる方が似合うな。

ここでちょっと歴史のお話。18世紀のフランス革命で、革命政府はそれまでの暦をすっかり変えて、1年の12の月の呼び方も新しくした。フロレアル級には、その「革命暦」の月の名が艦名になっていて、ヴァンデミエールの革命暦では1年の最初の月で、秋にあたり、「ブドウ月」といった意味だ。

スは瀬取り監視を理由として、艦艇を東アジアに送ってきている、というところだろうか。ヴァンデミエールは軍艦としてはあまり大きくも強力な部類でもないが、その日本派遣には実はけっこう興味深いフランスの意図が込められているようだ。

海外領を母港に活動する仏海軍フリゲート

さて、そのヴァンデミエールはフランス海軍のフロレアル級フリゲート6隻のうちの5番艦で、1993年に就役した。排水量は2600t、全長93・5m、全幅14mという小柄な艦で、排水量と全幅は日本の「はつゆき」型に近いが、全長はかなり短い。機関はディーゼルで速力は20ノット、兵装は100㎜単装砲1門と20㎜機関砲2門、ミストラル短距離対空ミサイル連装発射機2基、MM38エクゾセ対艦ミサイル2発、パンテールかアルーエットⅢヘリコプターを1機搭載する。このようにフリゲートとはいうものの、速力も遅く、搭載兵器も少なく、とくに対空ミサイルなどは持っていない。レーダーも対空捜索レーダーと航海／ヘリコプター着艦管制レーダーぐらいだ。

それというのもフロレアル級は、脅威度の低い海域での捜索や、経済専管水域の哨戒、漁業保護、警備を主任務とする艦で、フランス海軍でも戦闘艦としてのフリゲートではなく、捜索・警備艦として類別されている。実質的にはいわゆる「外洋警備艦（ＯＰＶ）」に近いといったところだろうか。実際、フロレアル級は6隻中5隻がカリブ海のアンティル諸島やインド洋のレウニオン島、南太平洋のタヒチ島、ニューカレドニア（フランス語だとヌーヴェル・カレドニー）といったフランス海外領に配備されて各種の任務にあたっている。フランスはタヒチやニューカレドニアを領有していることで、「太平洋国家である」ということができ、東アジア〜太平洋の情勢に関与する理由はち

エクゾセ：フランスのアエロスパシアル社が開発した対艦ミサイルで、当初の艦載型は1973年から実戦配備され、その後航空機発射型、水中発射型が作られた。多くの国々に輸出され、イラン・イラク戦争のほか、1982年のフォークランド紛争でも使われ、アルゼンチン海軍のシュペル・エタンダール攻撃機から発射されたエクゾセが、イギリス駆逐艦シェフィールドを撃沈するなど、多くの損害を与えた。エクゾセはフランス語で「トビウオ」のことで、正しくは「エクゾセット」と発音する。

「はつゆき」型：護衛艦で初めてヘリコプターを搭載したのが「はつゆき」型で、1982年から1987年にかけて12隻が竣工。2021年4月で最後の護衛艦籍である「まつゆき」が除籍。同年12月には、練習艦として使用されていた「せとゆき」が除籍され、「はつゆき」型は全艦除籍となった。

ゃんとあることにもなる。

ヴァンデミエールはそのうちニューカレドニアのヌーメアを母港としていて、日本に飛来したファルコン200ガーディアンも、海軍航空隊25F飛行隊の所属で、本隊はタヒチ島のパペーテ近郊ファーア基地だが、同じくニューカレドニアのヌーメア近郊の基地に分遣隊からオーストラリアなどを経由してやってきたものだ。

南太平洋配備のフロレアル級は以前からときおり日本に親善訪問などで寄港しており、ヴァンデミエールも2000年の沖縄寄港以来何度も日本に来ていて、最近では2018年2月にも東京港晴海埠頭に寄港し、海上自衛隊と共同訓練を行っている。今回もヴァンデミエールは4月14日に佐世保を出港した後、ホストシップを務めた護衛艦「きりさめ」とともに、対空戦や機関銃射撃、ヘリコプター発着、近接運動の共同訓練を行っている。

空母シャルル・ドゴールアジアに現る

実は東を目指すフランス艦はヴァンデミエールだけではない。フランス海軍唯一の空母、原子力艦のシャルル・ドゴールは「ミッシオン・クレマンソー」という作戦名で、中東からインド洋、アンダマン海への展開を行っている。シャルル・ドゴール空母打撃群は3月5日に地中海のツーロン基地を出港、地中海で準備訓練とイラクへの対IS（イスラム国）攻撃を行った後、4月には紅海に入り、5月にはインド海軍との共同演習「ヴァルナ」を行う予定で、ひょっとすると5月のシンガポールでのアジア安全保障会議「シャングリラ会合」に合わせて、その時期にはシンガポールに寄港することになるかもしれない。その後6月までベンガル湾東部〜アンダマン海で周辺国との共

シャルル・ドゴール：フランス海軍の唯一の空母。満載排水量43,182tと、アメリカ海軍のスーパーキャリアーの半分以下の大きさだが、それでも原子力推進で、ラファールM戦闘機とE-2C早期警戒機合計32機を搭載する。2001年の就役だが、起工したのはそれから12年前の1989年のことだった。シャルル・ドゴールはしばしば中東方面などへ展開し、インド洋まで進出したこともある。2026年からは原子炉の燃料交換のために長期ドック入りする予定で、その後2038年には退役が見込まれている。フランス海軍では後継となる新型原子力空母の建造を計画している。

同演習を行い、7月に本国に帰還する。

　このシャルル・ドゴール打撃群にはフランス海軍の対空駆逐艦フォルバンや多用途フリゲートのプロヴァンスと補給艦1隻が含まれ、全行程に同行するかは不明だが、原潜1隻も付き添う。さらにデンマーク海軍のフリゲート ニールス・ユエルも少なくとも紅海までは加わっていて、その他にも地中海での作戦行動にはポルトガルのフリゲート コルテ・レアルが参加しており、NATOのさまざまな海軍が各行程で艦艇を参加させている。

　今回のシャルル・ドゴー

フォルバン：フランス海軍の防空駆逐艦。2010〜11年に2隻が就役。満載排水量7,163t。PAAMSレーダーシステムを備える。

ル打撃群の「ミッシオン・クレマンソー」は、南シナ海に入ることはなさそうだが、その入り口まではやってくる。２０１７年には強襲揚陸艦ミストラルがアジア展開「ミッシオン・ジャンヌダルク」として佐世保に寄港していて、フランス海軍はインド洋〜アジア〜太平洋への兵力展開と関与を続けている。２０１８年と２０１９年のヴァンデミエールの日本寄港もその一環であり、フランスとの防衛協力の深化は、日本にとっては抑止力の強化ともなる。

ヴァンデミエールは外国艦の中でもお馴染みだし、小さくてあんまり強そうにも見えないけど、そう考えると日本にとっては大事なお客様ということになるのだ。

アップデートコラム

このときにはヴァンデミエールが来日したが、2023年4月には姉妹艦でタヒチを基地とするプレリアルが横須賀に寄港した。コロナ禍も収まった様相になったので、プレリアルは限定的な一般公開が行われて見に行ったのだが、なるほどフリゲートとはいえ、このクラスはかなり外洋警備艦に近いようだ。海外領に常駐している艦だけに、艦内の通路にはパリの通りの名前がついていて、乗員は故国フランスを思い出せるようになっている。その乗員もローテーションでフランスに帰国するのだそうだ。ヨーロッパの国々の艦艇にとって、やはり太平洋は遠いのだ。そうそう、4月末に京都に旅行したら、京都駅の近くでプレリアルの艦内を案内してくれた女性見習士官とばったり出会ったっけ。

第7考

インド〜太平洋に欧州艦船が続々派遣

インド洋・太平洋海域へイギリス、フランスが軍艦を派遣することが話題となった2020年。年が明けた2021年1月、さらにドイツのフリゲート派遣も噂されるようになった。久々のドイツ海軍艦艇が日本に寄港するとなれば気になるのはどのフネが来るのか。受難が続いたバーデン・ヴュルテンベルク級をはじめ、近年の動向を振り返ってみよう。

対中国での存在感を示したいドイツの方針転換の背景

2021年1月、ドイツがフリゲート1隻をインド〜太平洋に派遣することを検討中と、日経新聞が報じた。25日付の記事によると、ドイツ海軍フリゲートは今年の初夏にドイツを出港し、太平洋では日本、それに韓国やオーストラリアに寄港することを考えているという。イギリスやフランスに続いて、ついにドイツまでもが軍艦を派遣するという形でインド〜太平洋への関与を示そうとしているようだ。

インドイツのメルケル政権は中国に対して強い警戒を示してこなかったが、2020年秋には、インド〜太平洋に関するガイドラインを打ち出し、この地域での法の支配と開かれた市場の重要性を強調している。ドイツ政府はこのガイドラインについて、特定の国を対象としたものではないとしているが、まあインド〜太平洋で法の支配を無視しているように見える国といったら、誰でもあそこを思い浮かべるだろう。ドイツはこれまでアデン湾以東への関与が少なかったが、この新ガイドラインは、従来の方針からの転換を示すものであり、今後のＥＵ全体のアジア～太平洋戦略にも影響を及ぼすことにもなりそうだ。

ドイツ海軍が太平洋へ艦艇を派遣しようとするのはこれが初めてではなくて、実は２０２０年６月からタイプ１２４型ザクセン級フリゲートのハンブルクが５ヶ月にわたるアジア～太平洋展開に出ようとしていた。ところがコロナウイルス感染症の蔓延でこの展開計画は中止になり、ハンブルクは地中海でのＥＵ海軍合同展開に参加しただけに終わった。

２０２１年に展開するドイツ軍艦の艦名は明らかになっていない。ドイツ海軍の有力な水上戦闘艦は９隻、１９９０年代中期に４隻が就役した満載排水量５４８７ｔのブランデンブルク級フリゲート４隻、２０００年代前半に３隻就役した満載排水量５６９０ｔのザクセン級フリゲート、２０１９年から２隻が就役している満載排水量７３１６ｔのバーデン・ヴュルテンベルク級フリゲートだ。他に１９９０年就役の３７３９ｔの古いブレーメン級フリゲートのリューベックが残っている。

このうちバーデン・ヴュルテンベルク級は、フリゲートとしては異例の大きさを持ち、遠隔地に２年間展開して行動することを想定して設計され、このクラスが計画された２００７年当時からドイツはヨーロッパ域外への関与を考えていたことを伺わせる。このクラスは低～中脅威度の対空・対潜・対水上戦の他に、災害救助や法執行支援、特殊部隊侵入などの幅広い任務に対応できることも大きな特徴となっている。本当であれば、長期のインド～太平洋展開にはこのクラスのフリゲートが最適任のはずだ。

しかし１番艦のバーデン・ヴュルテンベルクは２０１６年に完成したものの、重量が当初見積もりを大きく超過して、そのため安定性が損なわれて、右舷に1・3度傾く癖ができてしまった。さらに指揮管制システムもトラブルが多く、ドイツ海軍は受領を拒否、ティッセン・クルップ社を中心とするメーカー側に突き返してしまった。その問題を何とか解決して海軍に受領され、正式の就役に漕ぎつけたのが2019年6月のことで、バーデン・ヴュルテンベルクは2011年11月の起工から就役まで7年半以上もかかったことになる。

バーデン・ヴュルテンベルク級のトラブルの他にも、ドイツ海軍は2017年ごろには6隻のタイプ212A型潜水艦が、運用費や乗員の不足、事故や故障で全艦不稼働になるという事態に見舞われており、ドイツの国防態勢についてNATO諸国からも心配されてしまった。

そんなわけで、2021年にインド～太平洋方面への展開に出るのがバーデン・ヴュルテンベルクか、2020年6月に就役した2番艦ノルトハイン・ウェストファーレン（ドイツ海軍のフリゲートは州の名前がついているんだが、このクラスはみんな艦名が長い！）になれば、ドイツ海軍はやっとこのクラスを本来の任務に使えるようになったんだね、と喜んであげることができるし、是非このクラスを見てみたいものだ。もし艦の運用スケジュールの都合などで他の艦になるとしたら、お馴染みのブランデンブルク級だろうか。このクラスは1997年にバイエルンが、2002年にメクレンブルク・フォアポンメルン（また艦名が長い！）が東京の晴海を親善訪問している。それともAPAR多機能レーダーを備えたザクセン級のどれかだろうか。ただしザクセン級のハンブルクは昨年の地中海展開の後だから、2年続けて長期展開はないかもしれない。そうなるとハンブルク以外のザクセンかヘッセンだろうか。2021年のインド～太平洋展開で日本への寄港が決まったわけではないが、もし寄港が実現すれば、ドイツ艦の日本訪問はここしばらくなかったことでもあり、どの艦が来ることになっても興味深い。

Baden-Wurttemberg

ドイツ海軍が軍艦を遠い地域への長期展開に派遣するなら、このタイプ125フリゲイト、バーデン・ヴュルテンベルク級が、まさしくそのための艦だ。でも1番は2019年にようやく就役するまで、ずいぶんいろいろあった。4隻作る予定で、3番艦ザクセン・アンハルトと4番艦ラインラント・プファルツが建造中。

フランスは太平洋に海外領があって、イギリスはオーストラリアとニュージーランドが英連邦で、シンガポールやマレーシアとも関係が深い。アジア〜太平洋にそういう関係を持たないドイツまでが、軍艦を送ろうとしてるんだよ。

TRS-4D多機能AESAレーダー。後部にも2面ある。

後部構造物の前に、ハープーン4連装発射機が2基、その前に27mm機関砲がある。他に12.7mm機関銃も5門装備する。

RAM21連装Mk.31発射機。

OTOメララ127mm砲。

VLSのためのスペースが空けてある。

ヘリコプターはリンクスかNH90を2機搭載できる。格納庫の上にもRAM発射機がある。

F222

バーデン・ヴュルテンベルク級は、寸法では日本の「あさひ」型DDよりちょっと短くてちょっと幅広い。機関形式もディーゼル電気とガスタービン併用（CODLAG）で同じだけど、速力は26ノットと遅い。

RHIB艇を揚収するドアが左右2カ所ずつあって、その内部のスペースで多様な任務に対応できる。でもこのクラス、対潜兵装がない。

側面は上部がいったん外側に傾斜する、ドイツ艦独特の複雑な形状。他のヨーロッパの新しいフリゲイトに比べると、いろいろゴツくてゴチャついてて、見てる分には面白い。

こちらも気になるフランス海軍の動き

それに2021年はドイツ海軍以外の軍艦も日本にやってくる。フランス海軍はミストラル級強襲揚陸艦トネールとラファイエット級フリゲートのシュルクフの2隻から成る艦隊を2月18日にインド～太平洋方面への長期展開「ミッシオン・ジャンヌダルク2021」へと、地中海側のツーロン基地から出港させた。

この「ミッシオン・ジャンヌダルク2021」は5ヶ月間に及ぶもので、地中海からスエズ運河を通って紅海のエジプトの港サファガに寄港、ジブチで揚陸訓練「ワクリ」を行い、アデン湾で海賊対処の「アタランタ」作戦に従事した後、インドのコーチンに寄港してインド洋でインド海軍との共同演習「ヴァルナ21」を行う。インドネシアのサバンに入港した後にマラッカ海峡を通過して南シナ海に入り、ベトナムのカムランとハノイに寄港、バシー海峡を抜けて、東シナ海では北朝鮮の禁輸措置違反に対する警戒にあたり、日本の佐世保に寄港する。

帰路には沖縄に立ち寄り、ここではアメリカ海軍と自衛隊との揚陸訓練が行われることも考えられる。その後南シナ海を通ってシンガポール、マレーシアのランカウィ、スリランカのコロンボに入港、インド洋を横断してジブチに寄った後に、紅海からスエズ運河を通ってエジプトのアレクサンドリアに寄港し、地中海で共同演習を行い、7月に母港ツーロンに帰投する予定だ。

この航海ではトネールは双胴の高速揚陸艇EDA‐R 1隻とLCU（フランス海軍ではCTMと呼ぶ）2隻、海軍のパンテール・ヘリコプター1機を搭載し、陸軍の第6軽装甲旅団の分遣隊155名がツーロンからジブチまで乗り組み、ジブチからは別の分遣隊が乗り組む予定となってい

LCU：LCUとは「Landing Craft Utility（汎用揚陸艇）」の略で、今日各国で使われている一般的な中型舟艇。兵員や物資、車両などを運ぶ。海上自衛隊の輸送艇1号型もLCUと呼べる。上陸用舟艇の一種だから平底で、浜辺に着岸し、艇首のランプドアを浜辺に下ろして兵員や車両を上陸させる。アメリカ海軍の現用のものだと、満載排水量432t、全長41m、幅9m、詰め込めば兵員350人が乗れて、M1戦車1両を積める。ディーゼル2軸で速力は11ノット。積載能力は大きいし、スペースが広くて融通が利くのは良いところだが、遅いので揚陸艦から海岸まで時間がかかり、敵前上陸のような戦いでは狙い撃ちされやすいという難点がある。

フランス海軍リュビ級攻撃型原潜エムロード。
水中排水量2713トンっていうと、日本が1970～80年代に
10隻建造した「ゆうしお」型よりもちょっと小さいくらい。
それで原子力で、しかもフランスから南シナ海まで
やって来ちゃうのはすごいな。乗員は68人で、「そうりゅう」型
よりちょっとだけ多い。その人数で原潜を
走らせられるんだ……。ちなみにリュビ級6隻は
1983～93年に就役、フランス海軍は5300トンの
シュフラン級攻撃型原潜を建造中で、
1番艦は2020年11月に
就役した。

原潜エムロードが南シナ海で電子戦マストを
海面上に出して、中国の人工島基地の
通信を傍受してるところ
（想像図）。

リュビ級はやっぱり小さいだけに、
魚雷発射管4門に魚雷とエクゾセ
水中発射対艦ミサイル合計14発しか
積めないし、水中速力も25ノットしか
出ない。

リュビ級の艦名は、リュビ＝ルビー、サフィール＝サファイア
だけど3番艦カサビアンカは宝石じゃなくて、1798年にフランス艦隊が、
ネルソン率いるイギリス艦隊に大敗したナイルの海戦で、勇戦したものの
戦死した、旗艦ロリアンの艦長、リュック・ジュリアン・ジョセフ・カサビアンカと
その10歳の息子ジョカントにちなんでる。4番艦がエムロード＝エメラルドで、
続いてアメティスト＝アメジスト、ペルル＝真珠となる。

る。さらにミッシオン・ジャンヌダルクは士官候補生の遠洋航海も兼ねていて、87名が乗り組み、それにはドイツ、カメルーン、コートジボワール、マダガスカル、トーゴ、ヴェトナムからの学生8名が含まれる。

フランス海軍は2019年には「ミッシオン・クレマンソー」として原子力空母シャルル・ドゴールをインド洋東部まで展開させ、インド海軍と共同訓練を行ったほかに、アメリカ海軍とオーストラリア海軍、海上自衛隊と共同訓練も行っている。このときには南シナ海へは入らず、日本にも寄港しなかったが、今年の「ミッシオン・ジャンヌダルク」は久しぶりに日本にまで足を延ばすことになる。

この航海でフランス艦隊が、南シナ海で中国が領土と主張する人工島の周辺12カイリ以内を航行して、「航行の自由」作戦を行うかどうかが気になるところだが、フランスもアジア～太平洋への関与の姿勢を強めていることは大いに注目すべきだろう。

このトネール艦隊の出港の前、2021年2月9日に、フランスのフロランス・パルリ国防大臣は、リュビ級原子力潜水艦エムロードを南シナ海に行動させていることを公表している。エムロードの展開作戦「ミッシオン・マリアンヌ」は実は2020年9月に始まっていて、2960tの外洋支援艦セーヌを伴って、はるばる1万5000㎞も航海して南シナ海まで進出していたのだ。ちなみにリュビ級原潜は、攻撃型原潜だが水中排水量は2713t、全長73・6mと、日本の通常動力潜水艦そうりゅう型の水中排水量4200t、全長84mよりも小さく、水中速力も25ノットだ。ちなみに、このクラスの艦名は宝石の名前がついていて、リュビとはフランス語でルビーのこと、エムロードはエメラルドだ。潜水艦に宝石の名前はフランス海軍にとっては第2次世界大戦前からの伝統でもある。

航行の自由: 公海であればどの国の艦船であって自由に航行できること。また、公海に対して不当に海洋権益を主張する国があれば、アメリカはそれを認めないとの意思を示すため、その海域でアメリカ海軍の艦艇を行動させる作戦名のこと。アメリカ以外の国も同様の作戦を行うことがある。

フランス海軍にとってはリュビの南シナ海進出は原子力潜水艦が大西洋や地中海だけではなく、長距離まで展開できることを実証するものであったのだろうが、南シナ海を「九段線」で囲んで自国の管轄海域と主張する中国にとっては、アメリカ海軍の原潜だけでなく、フランスの原潜までもが入り込んでくることにはおそらく心穏やかではいられなかったのではないだろうか。今やヨーロッパの国々までが、中国に対する警戒感とともに、アジア〜インド洋への関与を強めてきている。イギリス空母クイーン・エリザベスも２０２１年の初の作戦航海として、アジア〜太平洋へ展開する予定で、その打撃群にはアメリカ海軍の大西洋側配備の駆逐艦ザ・サリヴァンズが加わるほか、オランダ海軍もフリゲート１隻を参加させるという。さらにはオーストラリア海軍もフリゲート１隻を、クイーン・エリザベス打撃群のシンガポール寄港時に参加させると報じられている。

これら各国海軍の行動に中国がどんな反応を見せるか気になるが、それだけじゃなくて、早くコロナウイルス騒ぎが収まって、ヨーロッパの軍艦の日本寄港を見に行けるようになることを願ってるぞ！

アップデートコラム

２０２３年末に振り返ってみると、この２０２１年あたりからヨーロッパのＮＡＴＯ諸国の軍艦がインド〜太平洋に進出してくる動きが増えてきたようだ。そしてここで書いたように、ドイツ海軍はフリゲートのバイエルンを日本に送って、２０２１年11月に東京に寄港している。それより前にフランス海軍のトネールとシュルクフは5月に沖縄のホワイトビーチと佐世保に寄港している。そして9月にはとうとうイギリス空母クイーン・エリザベスも日本にやってきた。当時はまだロシアの違法でいわれのないウクライナ侵攻が始まる前で、ヨーロッパＮＡＴＯ諸国もロシア警戒に大きな力を傾ける状況ではなかったから、太平洋まで艦艇を進出させる余裕があったのだな……と２０２２年２月のウクライナ侵攻開始時にふと思ったのだが、その後もＮＡＴＯ諸国の艦艇のインド〜太平洋進出は絶えてない。ヨーロッパもアジア〜太平洋情勢に本気で向き合っている、と考えていいのかな？　どうだろう？

九段線：中国の公式文書などに現れる、南シナ海の中国の領域を示す線。9個の点から成る点線で描かれているため「九段線」と呼ばれる。実は九段線は1950年代ごろから使われていた。ところが1980年代末に中国が南シナ海のスプラトリー諸島を占領し、その後も南シナ海の珊瑚礁を自国の領土とし、その周辺12カイリを領海と主張し始めたことで、中国が南シナ海を自分が支配できる領域と考えていることの現われとして「九段線」が注目されるようになった。ベトナムやフィリピンなど南シナ海周辺諸国は当然反発していて、もちろん「九段線」には国際海洋法条約（中国も批准している）に何の根拠もない。

第8考　各国艦艇の寄港相次いだ2021年のあれこれ

2021年の後半は、英空母クイーン・エリザベスの寄港をハイライトに、ドイツ、オランダ、オーストラリア、そしてアメリカからも、なかなか見られない珍客が続々と日本の港に姿を現した。にぎやかだった2021年の外来艦の顔ぶれと行動を振り返ってみよう。

大豊作だった2021年の海外艦寄港

２０２１年の後半、日本の各地にはこれまでなかなか見る機会のなかった各国の軍艦がたくさん寄港して、軍艦ファンとしてはかなり面白い年となった。ただしコロナウィルスのせいで、それらの軍艦の一般公開はなかったし、報道取材だって厳しく制約されて、外から眺めるのが精一杯だったのは残念至極だ。

その中でもやっぱり一番の注目だったのは、２０２１年９月のイギリス海軍の空母クイーン・エリザベスを中心とする空母打撃群「ＣＳＧ21」の日本寄港で、クイーン・エリザベスとオランダ海軍のフリゲート エヴァーツェンが横須賀に寄港したのをはじめ、イギリス海軍フリゲートのリッチモンドや補給艦フォート・ヴィクトリアが佐世保に寄港してる。

それに続いて11月５日にはドイツ海軍のフリゲート バイエルンが東京に寄港した。バイエルンは満載排水量５４８７ｔ、全長１３８・９ｍ、ＣＯＤＯＧ機関で29ノット、ＯＴＯメララ76㎜砲１

クイーン・エリザベス：イギリス海軍のクイーン・エリザベス級空母の1番艦。2017年12月に就役した。短距離離陸・垂直着陸（STOVL）ステルス戦闘機F-35Bを搭載し、カタパルトはなく艦首にスキージャンプ台を設けている。2番艦「プリンス・オブ・ウェールズ」は2019年12月に就役している。

門とシースパロー用VSL 16セル、RAM発射機2基、エクゾセ発射筒4基、スーパーリンクス多用途ヘリコプター2機を搭載、乗員数243名で、1996年就役。海上自衛隊の護衛艦の中では、「むらさめ」型に近いといった感じだろうか。

ドイツの軍艦が日本に寄港するのは19年ぶりのこと。前回は2002年、バイエルンと同じブランデンブルク級のメクレンブルク・フォアポンメルンと、今は退役したブレーメン級フリゲートのラインラント・ファルツが同じく東京に寄港している。

一線を画した？独海軍独自の行動

今回のバイエルンの寄港は「バヴァリアン」展開と称するインド洋〜アジア航海の一環で、バイエルンは8月2日に母港ヴィルヘルムスハーフェンを出港、地中海からスエズ運河を通って、ジブチ、パキスタンのカラチ、インド洋のアメリカ軍基地のある英領ディエゴガルシア、オーストラリア西部のパース、北部のダーウィン、南太平洋のパラオ、太平洋中部のグアムに寄港し、11月に東京に到着した。

この「バヴァリアン」展開は、ドイツ国防省の公式発表に基づくと、訓練と親善を主な目的としており、北朝鮮に対する国連制裁決議に違反する洋上での貿易、いわゆる「瀬取り」に対するNATO諸国の監視活動、「オペレーション・アタランタ」への参加を始め、インド洋〜アジアでの国際法尊重への取り組みが強調されている。

ドイツ政府は2020年に定めた「インド洋〜太平洋ガイドライン」に基づき、この地域への関与の強化を目指しているが、そこでは貿易・経済協力の深化と法による支配の尊重が重視され、こ

CSG21：イギリス海軍の空母クイーン・エリザベスは2017年に就役し、F-35Bの運用試験などさまざまな試験や訓練を重ねて、2021年に初の長期展開を行なった。行き先はアジア〜太平洋方面。そのときに編成された任務部隊がCSG（Carrier Strike Group：空母打撃群）21だ。21は2021年のこと。クイーン・エリザベスはイギリス空軍No.617スコードロンとアメリカ海兵隊VMFA-211のF-35Bを搭載、5月22日に母港ポーツマスを出港。随伴の艦艇と会合して、大西洋から地中海、スエズ運河を通って紅海、インド洋へと進み、各地で共同訓練を行ない、南シナ海から太平洋に出て、9月4日に横須賀に寄港した。その後帰途についたCSG21はやはり各地で共同訓練や演習に参加、12月初めにイギリスに戻っている。

の地域の課題として気象変動や環境汚染の防止を打ち出している。このようなドイツの姿勢は、日本やアメリカ、イギリスが、中国の海軍力の増強と海洋支配を念頭に「自由で開かれたインド太平洋」を提唱しているのとは、いささかトーンが異なっている。

事実、バイエルンの「バヴァリアン」展開は、ドイツと同じNATO加盟国のイギリスとアメリカ、オランダの艦から成るCSG21の展開とは時期をずらして行われている。駆逐艦ディフェンダーとフリゲートのエヴァーツエンを黒海に入れてウクライナを訪問させ、ロシアを見事に刺激したイギリスやオランダとは、一線を画しているように見える。

バイエルンは当初の予定では日本の後、韓国の釜山に寄港し、中国の上海にも寄港する予定だった。ところが日本寄港の前に、中国はバイエルンの上海寄港を拒否してしまった。せっかくドイツが、強面のアメリカやイギリスとは違って中国にも親善の輪を広げようとした（別の言い方をするなら「いい顔を見せようとした」？）のに、先方の中国から断られてしまったことになる。気の毒に。

バイエルンは東京寄港前の11月4～5日に海上自衛隊の護衛艦「さみだれ」と関東南方で、また出港後の12月13日には沖縄南方で「ゆうぎり」と各種戦術訓練を共同で行っている。バイエルンと海上自衛隊の共同訓練は、CSG21との共同訓練のように大規模で広範、かつハイエンドで重ねて行われたものではなかったが、どうやらドイツのアジア～太平洋への関与はこれからもさらに大きくなっていくようだ。バイエルンの東京寄港に合わせて訪日した、ドイツ海軍シェーンバッハ総監は、2～3年と開けずにまた軍艦を日本に派遣する意向を表わし、2022年には空軍機の派遣も検討していると発言。またイギリスやフランスの艦隊にドイツ艦が加わって、インド～太平洋に展開する可能性も考えていることを示している。

バイエルンはさらに11月21日～30日にかけて行われた「海上自衛隊演習」にも参加している。演

CODOG：艦艇の機関の形式の一つで、COmbined Diesel Or Gas-turbineの略。巡航時や低速時はディーゼル・エンジンでプロペラを回し、高速時にはガスタービンに切り替えるというもの。ディーゼル・エンジンは燃費が良いが高速には向かない、一方ガスタービン・エンジンは高速が出せるが低速時は燃費が悪い、というわけで両者の良いところを組み合わせた機関形式。ただし巡航時にはガスタービンは推進には何もせず、高速時にはディーゼルが遊んでしまう、というのが困ったところだが、エンジンの回転数が違うディーゼルとガスタービンを一緒に使うとなると、プロペラ軸につながるギアボックスやクラッチの仕組みが大変になるので、切り替え式のCODOGはその点はまだ楽だ。

Bayern

ドイツ海軍フリゲイト，バイエルン

イギリスの軍艦には「HMS」，アメリカの軍艦には「USS」と，艦名の前に接頭辞をつけて呼ぶのが通例なんだけど，今日のドイツ海軍じゃ接頭辞をつけないことになってる。ただしNATO内では，ドイツ艦には「FGS：Federal German Ship（ドイツ連邦軍艦）」という接頭辞が指定されてるそうだ。

バイエルンを含む，4隻のブランデンブルク級フリゲイトは「F123」型と呼ばれて，1番艦ブランデンブルクは1994年，最終艦メクレンブルク・ポンメルンは1996年に就役してる。

SMART-S多機能レーダー。

こういう低いシルエットは，第1次大戦のころの戦艦以来の，ドイツ軍艦の特徴だな。

2本の煙突は左右に並んで，V字形に斜めに開いてる。オーストラリアのアンザック級など，ドイツ設計のMEKO 200型フリゲイトもこうなってる。

LW08対空捜索レーダー。

F217

バイエルンという艦名は，ドイツの州の名前で，艦首側面には，バイエルン州の紋章がついてる。

このクラスは，ドイツ海軍では対潜作戦を主任務とすることになってる。

TS.

習にはアメリカ海軍のカール・ヴィンソン空母打撃群とオーストラリア海軍2隻、カナダ海軍1隻も参加しているが、ドイツ艦が海上自衛隊演習に参加するのはこれが初めてで、中国がバイエルンの上海寄港を断ったのは、この海上自衛隊演習参加の予定があったから、なんてことはなかったんだろうか。

すっかりおなじみな豪海軍フリゲート

この演習に参加したオーストラリア海軍の2隻は、ホバート級駆逐艦ブリスベーンとアンザック級フリゲートのワーラムンガだった。アンザック級フリゲートのワーラムンガは、今年の日米豪印の「マラバール」演習にも参加し、ブリスベーンは今年7月にオーストラリア東方で行われた日米豪韓4ヶ国演習「パシフィック・ヴァンガード21」に参加。その後にカナダも加わった日米豪加韓5ヶ国の演習「タリスマン・セイバー21」にも引き続き参加して、さらに10月には沖縄東方で海上自衛隊の「あきづき」、アメリカ第7艦隊前方展開部隊の駆逐艦ベンフォールドとともに訓練を行って、海上自衛隊とも今年は大いに馴染みになった。

そのブリスベーンは10月29日に横須賀のアメリカ海軍基地に寄港、11月4日に出港している。さらにアンザック級フリゲートのワーラムンガも11月6日に呉に寄港、10〜12日には四国南方で「いなづま」と共同訓練を行っている。

ブリスベーンはご存知のとおり、オーストラリア海軍が3隻を保有するイージス駆逐艦ホバート級の2番艦で、2018年に就役した。スペインのF100型アルヴァロ・デ・バサン級を原型としており、満載排水量6350t、全長146・7m。同じイージス艦でも日本の「こんごう」型

アメリカ海軍の潜水艦母艦、フランク・ケーブル。
3隻建造された、エモリー・S.ランド級の2番艦で、
エモリー・S.ランドは1979年、フランク・ケーブルは1980年に就役した。
1981年就役の3番艦マッキーは1999年に退役してる。
満載排水量22650トン、全長196.9m、機関は今では珍しくなった
蒸気タービンで最大速力20ノット。乗員は約640名だが、それに加えて、
炊事や洗濯などの業務を担当する民間人(MSC所属)約160名が
乗り組む。

潜水艦母艦は、潜水艦のシステムや装備の修理や整備、搭載兵器の補給と整備、
食料などの補給、乗員の休養や医療など、さまざまな支援を任務とする。
昔は潜水艦母艦だけじゃなくて、駆逐艦母艦や水上機母艦など、
いろいろな母艦があった。

やアメリカのアーレイ・バーク級よりは二回りほど小さく、装備しているレーダーも軽量化されたSPY-1Fとなっている。機関はCODOGで28ノット、VLSにはSM-2とESSM対空ミサイルを装備し、セルの数も日米のイージス艦よりも少ない48セル。砲は5インチ砲で、MH-60Rヘリコプター1機を搭載する。

ワーラムンガは2001年に就役したアンザック級の3番艦。満載排水量3759t、全長118m、CODOG機関で27ノット、5インチ砲1門とESSM用VLS 8セル、ヘリコプター1機を搭載している。このように2021年秋にはオーストラリア海軍と海上自衛隊との共同行動が一層の深化を見せた年となった。

同じく近年には日本の寄港が増えているカナダ海軍フリゲートも、11月6日にウィニペグが補給と休養のために佐世保に寄港している。ウィニペグも海上自衛隊演習に参加しており、それ以前の9月にはCSG21と海上自衛隊の演習「パシフィック・クラウン21-3／-4」にも参加して、この艦も海上自衛隊とは今年は付き合いが深い。

ウィニペグは北朝鮮の「競取り」監視任務に従事し、佐世保を出港した後の11月15日には沖縄のホワイトビーチに寄港している。しかも実はウィニペグは日本寄港の前の10月15日に、アメリカ駆逐艦デューイ（これも第7艦隊前方展開部隊の1艦だ）とともに台湾海峡を航行して、中国の神経を逆撫でしている。

米海軍のお久しぶりとはじめまして

これら諸国の軍艦に加えて、アメリカ海軍からも珍しい艦が日本にやってきている。グアムに前

シーウルフ級：アメリカ海軍の攻撃型原子力潜水艦で、冷戦時代末期にソ連潜水艦を圧倒しうる性能を持つ艦として計画、建造された。最大潜航深度は610mに達するとされている。8基の魚雷発射管を持ち、それまでのロサンゼルス級の2倍の兵装搭載量を持つ。水中排水量9,285t、39ノット。高性能だが大型で高価な艦となり、冷戦終結により3隻で建造が打ち切られた。1番艦シーウルフは1989年に起工したものの建造は遅延し、就役は1997年となった。2005年就役の3番艦ジミー・カーターは、船体を延長、特殊任務潜水艦となった。3隻とも太平洋艦隊に配備されている。

方展開している潜水艦母艦フランク・ケーブルが11月23日、呉に寄港したのだ。この寄港は親善とともに補給と休養を目的としたものだが、フランク・ケーブルはその後、11月29日には佐世保にも寄港している。フランク・ケーブルが日本にやってくるのは久しぶりで、２０１６年以来だ。

フランク・ケーブルはアメリカ海軍が2隻保有する潜水艦母艦の1隻で、同型艦エモリー・S・ランドとともにグアムに前方展開している。攻撃型原潜の補給や整備などの支援を任務としており、これまでも南シナ海カリマンタンのコタキナバルなどへ進出して、攻撃型原潜に補給している写真などが公表されている。

このところ日本にはアメリカ原潜の寄港が目立って少ないが、アメリカ海軍のことだから西太平洋での原潜の行動が減っているとは考えにくい。実際10月にはシーウルフ級原潜コネチカットが南シナ海で潜航中に海山に衝突、艦首を損傷した事件があり、アメリカ原潜が相変わらず西太平洋〜南シナ海で行動を続けていることが示されている。

日本の横須賀にも佐世保にも、これまでしばしば原潜が寄港しており、原潜への補給態勢は整っていると考えられ、そのためであれば潜水艦母艦フランク・ケーブルが日本に来る必要はないのだろうが、おそらく日本の基地施設との連携の慣熟などが寄港の目的でもあったのだろう。面白いのは呉に寄港した際に、海上自衛隊の潜水艦がフランク・ケーブルに横付けした光景がアメリカ軍の広報映像で公表されたことだ。もちろんフランク・ケーブルに海上自衛隊の通常動力艦の電池などの整備や交換能力や、海上自衛隊の潜水艦用魚雷の補給能力があるわけではない。しかし中国海軍から見たら心穏やかではない光景だったのではないだろうか。

ほかにも10月には２０２１年5月に就役したばかりの、太平洋艦隊初の遠征洋上基地艦ＥＳＢ(※1)、ミゲル・キースが沖縄のホワイトビーチと、岩国基地に寄港している。アメリカ前方展開海兵

岩国基地:山口県東部に所在し、海上自衛隊岩国航空基地とアメリカ海兵隊岩国航空基地が飛行場を共有している。アメリカ海軍の第5空母航空団も、戦闘攻撃機や電子戦機、早期警戒機、輸送機は岩国を陸上基地としている。

隊への新型艦のお披露目であったのだろうと思われるが、これもまた2021年秋の珍客の一つだろう。

※1 遠征洋上基地艦（ESB）
アメリカ海軍は特殊部隊や掃海部隊の洋上の基地となる特殊な支援艦として「遠征洋上基地艦」という艦種を持っている。元はといえば、洋上で車両運搬船からLCACへの車両の移動プラットフォームとなるモントフォード・ポイント級遠征ドック型移送船（ETD）の設計を建造途中で改めたもので、ヘリコプター甲板と格納庫、要員居住区、資材倉庫などを追加している。満載排水量9万t、全長約240mというかなりの巨艦。格納庫にはCH-53ヘリコプターなら2機が収まり、兵員250人が搭乗できる。1番艦ルイス・S.プラーは2017年就役、6隻が建造される予定で、2023年末現在で3隻が就役、1隻が海軍への引き渡し完了、2隻が建造中だ。ミゲル・キースはその3番艦。

アップデートコラム

2021年に日本を訪れた外国の軍艦の中で、最も印象深かったのはやっぱりイギリス空母クイーン・エリザベスだ。停泊場所はアメリカ海軍横須賀基地の12号岸壁、いつもはロナルド・レーガンが停泊する場所で、クイーン・エリザベスはニミッツ級空母より小さいのが頭ではわかっていても、いざ間近で自分の目で見ると、クイーン・エリザベスもやはり巨艦だ。搭載しているF-35Bは、アメリカ海兵隊からの機とともに、イギリス空軍の№617スコードロン、第2次世界大戦のダム破壊作戦のために創設された名高い「ダムバスターズ」の機体だったのも、個人的には嬉しかった。

入港式典の後、ジュリア・ロングボトム駐日イギリス大使が記者団に挨拶に来られて、「この寄港は始まりなんですよね？」と質問したら、「そうです、これは始まりです」と答えてくれた。そのとおり、その後にリヴァー級OPVの展開があったし、2025年にはプリンス・オブ・ウェールズ打撃群のアジア～太平洋展開も予定されて、イギリス軍艦の訪日はこれからも多くなりそうだ。

2章
中国を巡るあれやこれや

055型駆逐艦「南昌」の就役式で整列する中国人民解放軍海軍の兵士たち。
2020年1月12日撮影。055型は2023年現在で最新鋭の中国艦

第9考 潜水艦「くろしお」が南シナ海に——その意味を探る

隠密性をモットーとする潜水艦。その行動が明らかにされることは少なくどこでいつ訓練を行っているのかも秘密にされることが多い。だが2018年9月中旬、潜水艦が南シナ海で訓練を行っていることが初公表された。周辺諸国はこれをどう受け取るか、考えてみよう。

防衛省 海自潜水艦の南シナ海での行動を初公表

2018年9月17日(月)、海上自衛隊は9月13日(木)に南シナ海でヘリコプター搭載護衛艦「かが」と護衛艦「いなづま」「すずつき」、それに潜水艦「くろしお」が対潜戦訓練を行った、と発表した。海上自衛隊の潜水艦が南シナ海で訓練したことが明らかにされたのはこれが初めてだ。「かが」「いなづま」「すずつき」はインド太平洋方面派遣訓練部隊、一方「くろしお」はベトナム海軍への親善訪問部隊で、この二つの部隊が南シナ海で合流して、訓練を行ったことになる。

海上自衛隊の護衛艦が南シナ海を航行するのも、そこで訓練を行うのも初めてではないし、珍しいことでもない。2017年にはヘリコプター搭載護衛艦「いずも」が南シナ海〜インド洋に行動し、2018年3月には「いせ」がアメリカ空母カール・ヴィンソン打撃群とともに南シナ海で共同訓練を行っている。しかしこれまで日本の潜水艦の進出が公表されたことはなかった。

領海／公海：国連海洋法条約で定められた海域。領海とは海岸線から12カイリまでの海で、それぞれの国の主権が及ぶ範囲。海岸線は潮の満ち干で変わるから、引き潮になったときの海岸線「低潮線」が基準となる。外国の軍艦が領海を通っても良いが、その場合は「無害通航」として軍事的ないろいろな行動は慎まなくちゃいけない。潜水艦は潜航してはダメだぞ。領海の外側、海岸線から200カイリまでが「排他的経済水域」、EEZという範囲で、その国だけが経済的に利用できる海であって、外国は勝手に魚を採ったり海底資源をあさったりしてはいけない。ただし軍艦が航行するのは自由だ。排他的経済水域より外側が「公海」で、どの国のものでもなく、どの国の艦船も自由に航行して、自由に利用していい。

カール・ヴィンソン：ニミッツ級の3番艦。1982年就役。すでに2009年に原子炉燃料交換とオーバーホールを終えている。艦名は1920〜1930年代に海軍力増強に尽力した民主党下院議員にちなむ。

そして南シナ海では、中国がその大部分に管轄権を主張し、パラセル諸島やスプラトリー諸島の周辺諸国と領有権争いのある岩礁や浅瀬を埋め立てて人工島を建設、それを領土として領海を設定し、周辺諸国との間に軋轢を生じている。さらに中国はこれらの人工島を軍事化しないとしておきながら、実際には飛行場やレーダーサイトを設け、対空ミサイルを配備して軍事施設としている。

中国の南シナ海での領土領海の主張について、周辺諸国はもちろんアメリカなど多くの国々も認めていない。アメリカ海軍は、中国が領海と主張する海域は公海であるとして、しばしば「航行の自由」を実行するために艦艇を航行させている。

その南シナ海に、日本は潜水艦を行動させたのだ。しかも対潜戦訓練を行ったということは、「くろしお」は単に航行しただけではなく、実戦的な行動を行ったということであり、また海上自衛隊は南シナ海で対潜作戦を実施できることを示し、対潜作戦のために南シナ海の海中環境などを学んだ(※1)、ということも示したのだな。

この南シナ海での対潜戦訓練について、9月17日（月）に中国外務省報道官は「域外の関係国は、地域の安定と平和を損なうことはすべきでない」と、名指しはしないものの、非難する発言をしている。一方、小野寺五典防衛大臣（当時）は18日（火）の記者会見で、この訓練を含め、自衛隊の訓練はあくまでも自衛隊の戦術技量の向上を図るものであるとし、「特定の国を念頭に置いたものではありません」と語っている。それとともに小野寺大臣は「南シナ海において潜水艦が参加する訓練は15年以上前から幾度となく行っているものであり、昨年度、一昨年度も実施しております」と、今回の「くろしお」が自衛隊潜水艦の南シナ海での初めての行動ではないことを明らかにした。

海底設置ソナー：対潜作戦では潜水艦の行動を捕捉するのが肝心だが難しい。冷戦時代のアメリカ海軍は大西洋のイギリスとアイスランド、グリーンランドの間の海底に、SOSUSという有線のパッシブ（聴音）ソナーを設置して、バレンツ海から大西洋に進出しようとするソ連潜水艦を捕捉、その情報を基に攻撃型原潜や哨戒機、水上艦がソ連潜水艦を追跡していた。今日でも敵となりそうな国の潜水艦の動向を掴むために、おそらくアメリカや日本は南西諸島の海峡や東シナ海あたりに、中国も南シナ海などの海底にソナーを設置しているのかいないのか明らかにはされていないが、設置していても不思議はない。

「くろしお」のメッセージを諸外国はどう受け取るか？

日本政府はこうして、この対潜戦訓練が中国を意識したものではないとしているのだが、外国のメディアは、例えば9月18日（火）のアメリカのニューヨーク・タイムズ紙のように「日本、潜水艦で南シナ海にメッセージを送る」という見出しを掲げ、これは中国に対する牽制であるとの見方を示している。

当の中国も、先の外務省報道官の発言のように、この日本の潜水艦の行動に神経を尖らせていて、中国の英字新聞チャイナデイリーも9月21日（金）付の「日本が南シナ海で中国のレッドラインを試す」と題した記事で、外務省とほとんど同じ言葉を用いて「域外国からの干渉は、南シナ海の状況を複雑化させ、不測の事態や衝突の機会を増大させる。日本の潜水艦は間違ったシグナルだ」と批判している。

では、中国海軍にとって「くろしお」の南シナ海進出はどのように見えるのか、想像してみよう。中国もおそらくは偵察衛星などで海上自衛隊の潜水艦の基地を定常的に観測して、停泊中の艦を数えて、潜水艦の出入りを察知しているだろう。しかし潜航してしまえば、中国海軍には日本の潜水艦の追跡は難しい。中国は日本の南西諸島からバシー海峡にかけて海底設置ソナーを設けているわけでもなく、中国のタイプ639型双胴海洋観測船／音響観測船がこれらの海域を行動すれば、日米の哨戒機などに動向をつかまれ、潜水艦は探知されないように避けることができる。

日本潜水艦が南シナ海に入れば、中国南海艦隊の基地のある湛江や海南島の付近に進入するかもしれない。中国海軍は２０１３年に海南島周辺での海底設置ソナーの実用試験を終了したといわれ、

中国南海艦隊：中国海軍は、北海艦隊と東海艦隊、南海艦隊の3つの艦隊を編成している。そのうちバシー海峡より西側、南シナ海方面を担当するのが南海艦隊で、司令部は広東省の広州に置かれ、主要な基地として広東省の湛江、海南島の楡林／三亜がある。このうち三亜には094型／「晋」型戦略ミサイル原潜が集中配備されているうえに、2隻目の空母「山東」も母港を置いている。3つの艦隊のうち、北海艦隊は訓練部隊や開発部隊としての性格を持つようで、攻撃型原潜や通常動力潜水艦、駆逐艦、フリゲートの配備数では南海艦隊は東海艦隊に次いでいる。

JMSDF Kuroshio SS-596

1隻の潜水艦の行動が軍事的にも外交的にも
強いメッセージになる…けど、防衛省は技量向上の
訓練といっていて、まあ、そういうことなのだ。
なんであれ、日本も海上自衛隊も
やるもんだなあ。やるようになったなあ、
という感じ。

はたして中国海軍は「くろしお」の
行動、あるいはそれ以前の
日本の潜水艦の南シナ海での
行動を、つかんでいたの
だろうか？

「おやしお」型は、世界の通常動力
潜水艦の中でも大型の部類で、
中国海軍の039型「元」級に
近いけど、建造時期は
「おやしお」型の方が早い。

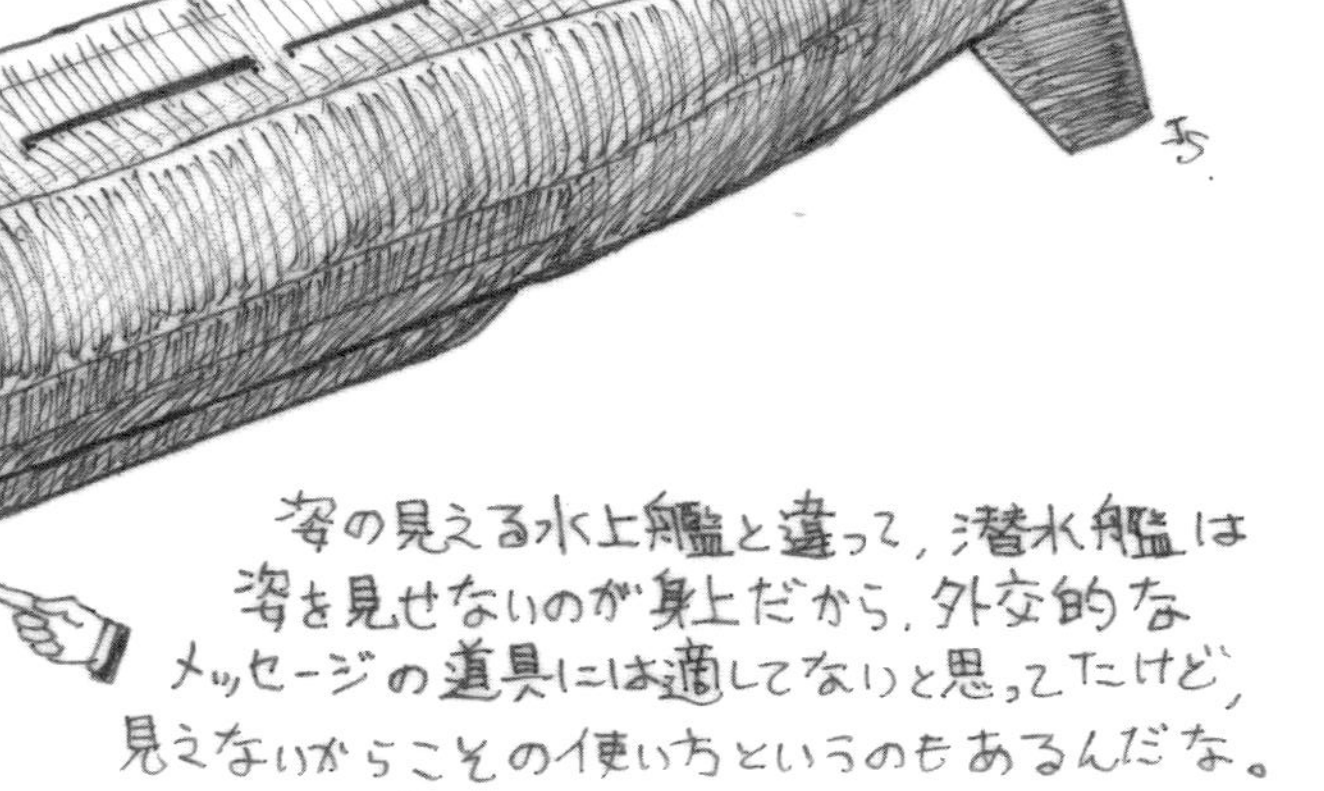

姿の見える水上艦と違って、潜水艦は
姿を見せないのが身上だから、外交的な
メッセージの道具には適してないと思ってたけど、
見えないからこその使い方というのもあるんだな。

重要海域での対潜監視能力は強化されつつあるようだ。対潜哨戒機勢力は、日本に比べると現状では比較的手薄で、Y－8Q対潜哨戒機がゆっくりと配備されているところだ。中国海軍の052C～D型駆逐艦や054A型フリゲート、056型コルベットは、対潜能力を備えているものの、日本のDDやヨーロッパのフリゲートに比べると、それほど充実したものではなく、哨戒ヘリコプターも、中国海軍艦が搭載しているZ－9Cは自衛隊のSH－60Kや米軍のMH－60Rに比べて能力が低い。

その現状で、日本の潜水艦が南シナ海に進出して、実戦的行動を行える能力を示したことは、中国海軍にとっては心配のタネが増えたことになるだろう。すでにアメリカの原潜は南シナ海周辺各地に寄港して、その行動能力を見せつけており、オーストラリアのコリンズ級潜水艦も2014年にフィリピンのサマール島近海で急患を陸地に送るために浮上しており、やはり南シナ海周辺に潜水艦を行動させていることを示している。そこにさらに日本の潜水艦までが参入してきたことになる。

あるいは日本が公表しなかっただけで、小野寺前大臣が語ったとおり、すでに海上自衛隊の潜水艦にとっては南シナ海は行動海域に入っていたのかもしれない。中国海軍の現状での対潜捜索能力がまだあまり高くないことを考えると、アメリカやオーストラリア、それに日本の潜水艦が、南シナ海のどこかで行動しているかもしれない、というだけで、中国海軍は警戒や捜索のために戦力を割かなければならず、もちろん有事となれば艦艇の行動にも制約を受けることになる。

南シナ海を巡るゲームに強カードで参加する日本

しかも実は「くろしお」はこの対潜戦訓練の後、9月17日（月）から21日（金）にベトナムのカムラン港を親善訪問している。防衛省の発表はこの入港の日と重なったわけだ。ベトナムは南シナ

通常動力潜水艦：原子力ではなく、水上ではディーゼル電気推進、水中では電池に蓄えた電力で航行する潜水艦。浅い深度に潜航しているときはシュノーケルを用いて、ディーゼルエンジンを動かすこともできるが、長時間の潜航はできず、水中で持続的に高速を発揮することもできない。近年では、スターリング機関など空気を必要としない補助動力を持つAIP潜水艦も現れ、画期的なリチウムイオン電池も用いられるようになって、通常動力潜水艦の潜航持続時間は長くなったが、やはりまだ原子力潜水艦の比ではない。その反面、原子力潜水艦よりも騒音が小さいとされ、外洋を広く行動するよりも、海峡などに潜んで敵艦を待ち伏せるといった作戦様態に向いている。

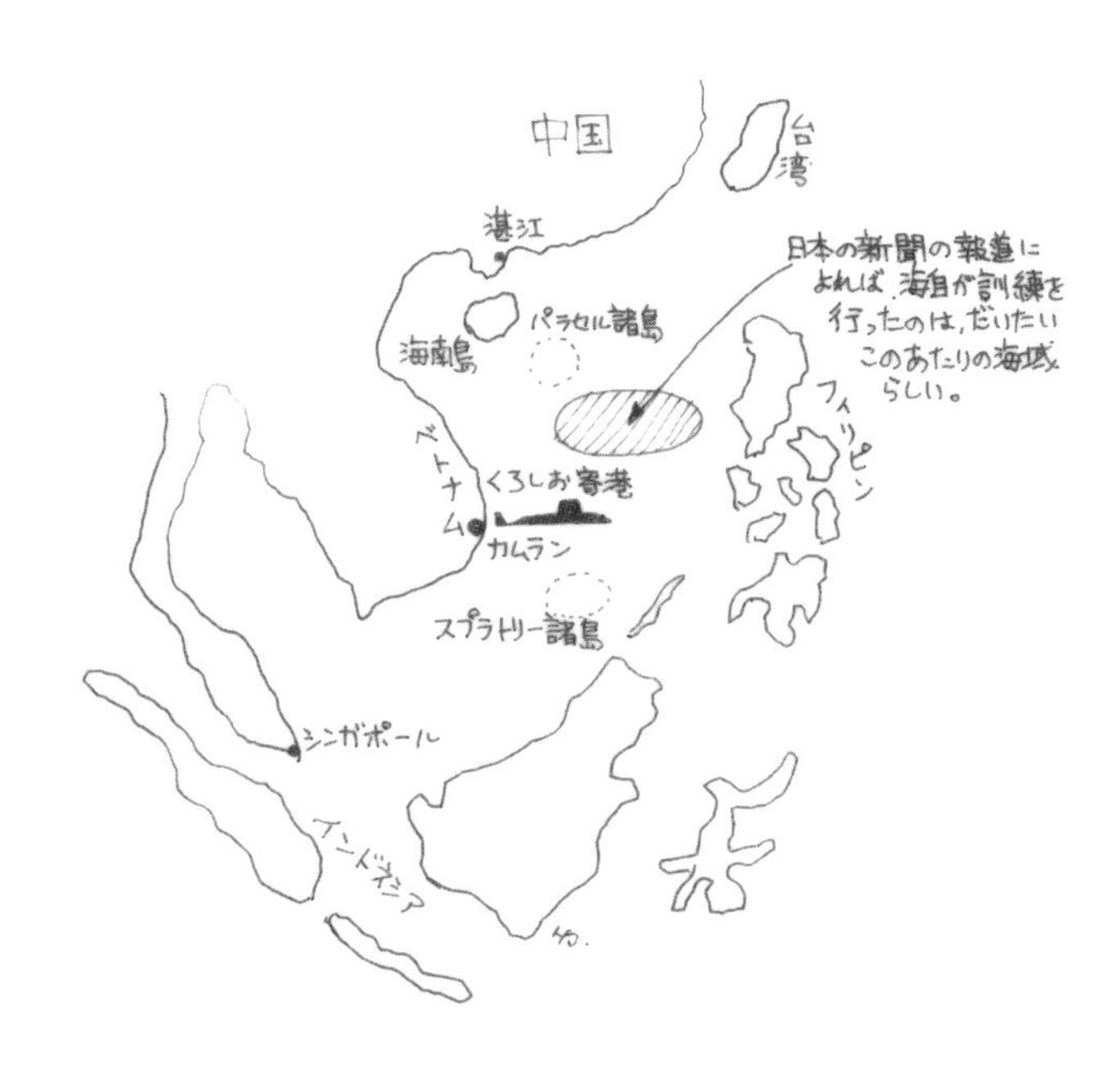

海の岩礁の領有権を巡って中国と対立していて、近年はアメリカ艦艇の寄港もあり、アメリカとの関係を強めている。そのベトナムに日本の潜水艦が親善目的で寄港したことは、日本とベトナムの安全保障関係の深まりを示すものでもあり、これもまた中国にとっては気になる出来事だったことだろう。この「くろしお」のベトナム訪問については、オーストラリア／アメリカの外交安全保障専門誌「ザ・ディプロマット」も9月19日（水）に、ベトナムと日本との接近や、日本の南シナ海への関与の強化として注目した記事をインターネットに掲載している。

今回、南シナ海に進出した「くろしお」は、「おやしお」型の5番艦で、2004年に竣工、呉の第1潜水隊群第3潜水隊に所属している。「おやしお」型の航続距離や航行持続期間については公表されておらず、外国の資料でも全く示唆されていない。

054A型フリゲート：2005～06年に2隻が建造された試作艦054型に続いて、中国海軍が2008年から大量建造している主力汎用フリゲートで、すでに30隻以上が就役している。排水量4,050t、27ノット、ステルス設計を採り入れ、VLS 32セルと対艦ミサイル8基、76㎜砲、CIWS2基、対潜ロケット、ヘリコプター1機と、バランスのとれた兵装を持つ。輸出型はパキスタン向けに4隻が建造されている。さらに6,000tに大型化した改良型054Bも1番艦が進水している。

スターリング機関：ディーゼルエンジンのように爆発燃焼によってピストンを動かす内燃機関ではなく、連続燃焼する熱源によってシリンダー内のガスを誇張、冷却器で収縮させてピストンを作動させる方式のエンジン。ガスを加熱するには燃料と液体酸素を用いるため、外気を必要とせず、浮上したりシュノーケルを使わずに、電池への充電が可能となる。海自潜水艦では「そうりゅう」型1番艦から10番艦までが搭載している。

比較的近い大きさのオーストラリアのコリンズ級では、シュノーケル航走で10ノットでの航続距離9000カイリ、要求性能では潜航10ノットでの作戦行動半径3500カイリ、作戦海域での持続時間47日、という数字が挙げられているが、「おやしお」型がこれに近いのか、上回るのかは想像のしようもない。「おやしお」型は海上自衛隊の潜水艦の中ではすでに最新でも最大でもなく、AIP機関を持つ「そうりゅう」型がすでに9隻就役し、リチウムイオン電池を搭載する改良型「おうりゅう」が10月に進水している。将来はこれらの潜水艦も南シナ海に進出することになるかもしれず、おそらく「くろしお」以上に航続性能も静粛性も向上して、中国海軍にとってはさらに捉えにくい相手となるだろう。

さて「くろしお」の訪問が示した日本とベトナムとの接近だが、ベトナム海軍も9月27日（木）から30日（日）にかけて、2018年2月に就役したばかりのロシア製ゲパルド3・9型フリゲート　チャン・フン・ダオを横須賀に親善訪問させている。いわば「くろしお」寄港の答礼だが、これで日本とベトナムの艦艇相互訪問となったわけだ。

でも、「これで日本とベトナム、その他の国々で南シナ海の対中包囲網！」と盛り上がるのは違う。チャン・フン・ダオはその後、中国が南シナ海北部、湛江沖で開催した多国間合同海軍演習に参加していて、ベトナムは中国との海軍の交流もちゃんと保っている。

南シナ海では他にもイギリス海軍の揚陸艦アルビオンが行動し、南側ではオーストラリアを含む5ヶ国防衛取極（※2）の2年ごとの合同海軍演習「ベルサマ・リマ」も行われている。

南シナ海を巡る海軍力のゲームには多くのプレイヤーがいて、それぞれの利害や目的を追求している。そこに日本は強力なカードで参入しているのだが、このパワーゲーム、これから先にもさまざまな展開がありそうだ。

MH-60R：アメリカ海軍の艦載多用途ヘリコプターで、メーカーはシコルスキー社。2005年から実戦配備になった。ディッピングソナーやソノブイ、対潜望鏡レーダーや電子光学センサーを備え、対潜魚雷やヘルファイア対艦ミサイルを搭載できる。アメリカ海軍の空母、巡洋艦、駆逐艦、LCS（沿海域戦闘艦）に搭載される。空母には対潜能力のない対水上戦・救難・輸送用の洋上戦闘支援型MH-60Sも搭載されている。

SH-60K：海上自衛隊がSH-60Jの発展型として開発した艦載哨戒ヘリコプターで、ソノブイや対潜魚雷を搭載して対潜作戦にあたる他、近距離対艦ミサイルや機関銃を装備することもでき、救助用ホイストも持つ。ヘリコプター搭載護衛艦をはじめ、護衛艦に搭載される。

※１　海中環境を学んだ

対潜作戦には、作戦海域の海中がどんなものか知っている必要がある。海水の温度の違いや塩分の濃度によって、海中での音波の伝わり方が違ってくるので、ソナーで聞こえる範囲も変わるし、アクティブ・ソナーで探信音波を出すとどう伝わるかも変わってくる。だからどの深度でどう温度が変わるか、塩分濃度がどう変わるかを日ごろから調査して、季節によってどう変化するかも把握しておかないと、潜水艦を探知できなくなってしまう。もちろん潜水艦にとっても、温度や塩分濃度で海水の比重が変わるから、浮力を正確に保って一定深度を保つためにも、海水の温度や塩分濃度とその変化の情報は必要だ。それに海中には潮流もあるし、船舶のプロペラや機関が出す音や生物が出す音などいろいろ騒音もある。どの海域だとどんな騒音が多いのか少ないのかも調べておかないと、潜水艦捜索がうまくいかなくなる。南シナ海は船舶の往来は多いし、メコン川など多くの河川が流れ込んで塩分濃度の違いも複雑だ。南シナ海は対潜作戦にとって難しい海の一つだというから、南シナ海で作戦を行うならば、多くの機会を見つけて海中環境のデータを集めておくのはとても重要だ。

※２　５ヶ国防衛取極（とりきめ）

イギリスとオーストラリア、マレーシア、シンガポール、ニュージーランドの５ヶ国の間で１９７１年に結ばれた防衛協力関係。この５ヶ国が英連邦だというのが特徴で、そもそもはイギリスがスエズ運河より東からの撤退、つまりシンガポールやマレーシアへの部隊配備を止めた後、シンガポールとマレーシアの防衛のために、太平洋のイギリス連邦であるオーストラリアとニュージーランドが加わえて作られた防衛協力の枠組みだ。長い間、この５ヶ国防衛取極はあまり重要視されてこなかったが、近年になって、中国が南シナ海周辺に強引に勢力を拡げようとする動きを見せたため、この取極が活用されて５ヶ国による協同訓練や演習が活発に行なわれるようになってきた。とくにイギリスのアジア～太平洋展開の足がかりの一つとしても重要度が高まっている。

アップデートコラム

実は海自の潜水艦が南シナ海に進出したのは、このときの「くろしお」が初めてじゃなかった。２０１６年に「おやしお」が護衛艦「ありあけ」「あさぎり」とともにフィリピンのスービックに寄港しているのだが、そこで外国と対潜訓練をやってはいない。この２０１８年の「くろしお」の後、海上自衛隊のインド太平洋方面派遣訓練（ＩＰＤ）が始まると、海自潜水艦は頻繁に南シナ海に赴くようになる。

２０２０年のＩＰＤでは「かが」「いかづち」と潜水艦「しょうりゅう」が派遣されて、南シナ海で対潜訓練を行った。ＡＩＰ機関を持ち、水中持続性に優れた「そうりゅう」型が南シナ海に行ったのだ（ちなみに「そうりゅう」型は10番艦までがＡＩＰを搭載、11、12番艦は世界初のリチウムイオン電池搭載潜水艦となり、事実上の「そうりゅう改」型となった。現在は後継の「たいげい」型の就役が始まっている）。さらに２０２１年には海自はＩＰＤに初めてＰ-１哨戒機を送り、海自の潜水艦も含めて初めて南シナ海でアメリカ海軍との共同対潜訓練を実施している。きっと中国海軍もこの訓練を注視していただろう。中国海軍の目の前で海自の潜水艦はアメリカ海軍と共同訓練をやってみせたわけだ。さあ、中国海軍の感想は？

シュノーケル航走：潜水艦から筒状の管を水面上に突き出し、ディーゼルエンジンへの吸排気を行いながら航行すること。もちろんシュノーケルを使う場合には潜航深度はごく浅くなり、また海面に突き出したシュノーケルが航跡を作るため、発見される可能性が高くなる。

第10考

観艦式は中止になったけど　中国駆逐艦が見せたもの

２０１９年10月に日本中に広く被害を与えた台風19号。ちょうど海上自衛隊観艦式に重なり、災害派遣のために観艦式は中止となってしまった。観艦式に参加予定だった艦のなかでも話題となっていたのが中国海軍の駆逐艦「太原」だ。今回は中国海軍艦としては12年ぶりの来日を果たした「太原」を紹介しよう。

幻に終わった観艦式　参加するはずだった外国艦

令和元年（２０１９年）10月14日に予定されていた海上自衛隊観艦式は中止になってしまった。残念だが、台風19号が関東地方に上陸して東北地方の東方海上に去ったばかりで、関東から東北の広い地域が洪水や土砂崩れなどの被害を受け、多くの人が亡くなるという大きな災害をもたらした。それだけでも観艦式を行う状況ではなくなっていたし、自衛隊も被災地の自治体からの要請に応えて、災害派遣に出動した。海上自衛隊の観艦式中止についての報道発表も、災害派遣に万全を期すためとしている。台風19号は10月12日の上陸以前から日本の近海に強い風と波をもたらして、10月12日と13日に予定されていた事前公開も中止になった。

本当なら観艦式に並ぶはずだった外国からの艦艇も、そのまま帰国したり、あるいは個別に日本に寄港したりで、仕方ないとはいえ、なんとも残念なことになった。

観艦式に参加を予定していた外国艦の中でも、オーストラリア海軍はイージス駆逐艦ホバートとアンザック級フリゲートのパラマッタとスチュワート、それにコリンズ級潜水艦のデシェヌーの4隻という大編成を送り込もうとしていた。これはホバートを中心とする任務部隊のアジア展開の一環として予定されていたものだが、オーストラリアの北東アジア地域への関与の本気度と、日本との協力関係の深さを示すものとして、大いに注目すべきだった。

中国海軍からは052D型駆逐艦「太原」がやってきた。「太原」は10月10日に横須賀に入港、その後10月14から16日まで東京港晴海埠頭に寄港した。「太原」は今も建造が続く052D型駆逐艦の10番艦で、2018年11月に就役して、まだ1年にもならないばりばりの新鋭艦だ。中国海軍の軍艦が日本を訪問するのは12年前の2007年の051B型駆逐艦「深圳」以来のことだ。

中国と日本はご存じのとおり、尖閣諸島を巡って難しい関係にある。中国人民解放軍の指揮下にある中国海警の警備船がほとんど常時尖閣諸島の接続海域を行動しており、ときには尖閣諸島の日本領海に侵入してきている。

2016年のアメリカ太平洋艦隊主催の環太平洋諸国海軍合同演習「リムパック2016」での、中国海軍の海上自衛隊に対する中国艦への見学拒否など大人げない小意地悪もあった。

また日本政府が強調する「自由で開かれたインド太平洋」という戦略も、中国の海洋進出と海軍の行動の拡大を意識したものだ。

日本がオーストラリアやインドとの防衛協力を進展させているのも、これら両国が、日本と同様に中国の海洋進出に懸念を持っていることの現れでもある。インド海軍は中国のインド洋進出と、インド洋周辺のミャンマーやバングラデシュへの中国の影響力拡大を、オーストラリア海軍も中国の南シナ海や南太平洋への進出を警戒している。

051B駆逐艦: 中国海軍の駆逐艦「深圳」のタイプ名称で、NATO名は「旅海（ルーハイ：Luhai）型と呼ばれる。中国海軍としては試作艦であったらしく、同型艦はなく「深圳」の1隻のみが1999年に就役した。2016年には大改装され、32セルのVLSに中射程対空ミサイルを搭載、レーダーも更新されている。2007年に東京に親善訪問で寄港したことがある。

コリンズ級潜水艦: オーストラリア海軍の潜水艦。スウェーデンのコックムス社の設計によりオーストラリアで6隻が国産建造され、1996年から2003年にかけて就役。就役後はさまざまな問題を露呈したが、どうやらなんとか戦力として機能するようになったようだ。

そのインド海軍は今回の観艦式に先立って、日本近海での日米印3国協同「マラバール」演習のために、フリゲートのサハヤドリと、2017年就役の新型カモルタ級コルベットのキルタンの2隻を派遣しており、この2隻が観艦式にも参加する予定だった。この数はオーストラリア海軍の4隻に次ぐもので、観艦式が行われていれば、インド海軍もオーストラリア海軍とともに、大きな存在感を見せていただろう。それとともに観艦式は、日本とインド、オーストラリアという、いずれも中国の海洋進出と海軍力の増大に不安を持つ国の協調を印象付ける機会にもなっただろう。

さらにいえば、カナダ海軍は北朝鮮の「瀬取り」監視任務も含めた西太平洋への展開の一環として、フリゲートのオタワが参加することになっていたし、イギリス海軍も地味な艦だが海洋調査艦エンタープライズが参加予定で、観艦式はこれらの国々が東アジア〜西太平洋の状況に深い関心と関与を持っていることを示す場ともなっていたはずだ。

052D型駆逐艦「太原」中国の本気度を見る

それを考えると、日本での観艦式は中国海軍にとっては「アウェー」なものとなりえたかもしれない。それにもかかわらず、中国海軍は最新の主力水上戦闘艦である052D型駆逐艦を送ってきたのだ。中国海軍がもっと弱気であれば、あるいは海上自衛隊との「お付き合い」を通り一遍のものと考えていたのであれば、054A型フリゲートあたりの派遣で済ませることもできたかもしれない。しかし052D型駆逐艦が来たのだ。

中国海軍は2019年4月に人民解放軍創設70周年の国際観艦式を行っていて、日本の海上自衛隊からは護衛艦「すずつき」が参加している。外国とのお付き合いの礼儀として、海上自衛隊の観

カモルタ級コルベット：インド海軍が2014〜2020年に4隻建造した対潜コルベット。排水量3,150t、全長109.2m、ディーゼル機関で25ノット。船体はステルス設計となっており、対潜ロケット発射機とヘリコプター1機、ハル・ソナーで、対潜コルベットというわりに対潜兵装はあまり大したものではない。2022年の国際観艦式にはネームシップのカモルタが参加した。

PLANS Taiyuan「太原」

中国海軍の駆逐艦やフリゲイト，コルヴェットの艦名には，都市や町の名前がつけられていて，「太原（タイユアン）」は，北京の南西，山西省の省都。大昔の春秋戦国時代には「晋陽」と呼ばれた，すごく歴史のある都市だ。

052D型の兵装は，対空ミサイルにしても対艦ミサイルにしてもかなりの高性能と見られる。さて，じゃあ346A型フェーズドアレイ・レーダーと指揮システムの能力，データリンク/ネットワーク能力は果たしてどんなもんだろう？

052C型の346型レーダーは，アレイが凸面状にふくらんでいたが，052D型の346A型レーダーでは，アレイが平面になった。

YJ-18対艦ミサイルのVLS（18セル）はここ。

RAMもどきのHHQ-10近接防御ミサイル24連装発射機。その足元には，チャフ/フレア発射機が並ぶ。

対潜能力についていえば，ハル・ソナーと曳航ソナーを備えていて，連装対潜魚雷発射管2基を装備してる。VLSからCY-5対潜ミサイルを発射できるともいう。

搭載ヘリコプターは今のところ，小型のZ-9Aだが，新型でアメリカのMH-60R/Sに似たZ-20Fも現れてて，将来はそちらが搭載されるようなる？

艦式の招待を受けて中国海軍が軍艦を派遣しないことはありえない。また日本が新鋭の「あきづき」型の「すずつき」を送った以上、バランスからいって中国海軍も同格の艦を参加させる必要がある。その意味では、日本の観艦式に派遣されたのが、052D型駆逐艦の「太原」だったことは、それなりにふさわしい選択だったともいえよう。

しかしそれとともに考えておいた方がよさそうなのは、中国が最新の052D型駆逐艦を外国、とくに日本やアメリカ、インド、オーストラリアに見せることを恐れていない、むしろ外国海軍に見せたいと判断したことだ。

052D型はいわゆる「中華イージス」艦第1型の052C型の改良型で、アメリカのアーレイ・バーク級駆逐艦フライトⅡや日本の「あたご」型に匹敵する装備を持つ。満載排水量は7500tと、アーレイ・バーク級や「あたご」型、「こんごう」型よりも一回り小さく、全長157mと日本のイージス護衛艦よりも小さい。しかしレーダーはフェーズドアレイの346A型「ドラゴンアイ」を艦橋構造物の斜め前後に4面配置し、このレーダーは052C型に装備された346型よりも冷却能力を向上させた改良型とみられる。後部にはヘリコプター甲板と格納庫を有し、Z-9ヘリコプター1機を搭載、兵装は射程150kmといわれるHHQ-9A対空ミサイルのVLS 64セルと、YJ-18対艦ミサイル用VLS 18セルを持つ。このYJ-18は射程540km、終末段階ではマッハ2・5~3で飛行するといわれる。他に130mm単装砲1門、30mmCIWS 1基とHHQ-10近接防御用対空ミサイル24連装発射機1基と充実している。

052D型は052C型と同じくフェーズドアレイ・レーダーとVLSを備え、アメリカのアーレイ・バーク級や日本のイージス護衛艦に似ていることから「中華イージス」と呼ばれることが多いが、実際に戦闘指揮システムがイージスのような機能を持つのかは不明だ。

海洋調査艦エンタープライズ：イギリス海軍のエコー級海洋観測艦の2番艦で、2000年に就役した。排水量は3,740t、全長90.6mで、ディーゼル電気推進で速力15ノット。推進器はプロペラ・ポッドが回転して方向を変えるアジマス・スラスター。海洋調査が主な任務で、兵装は20㎜機関砲だけ。中止になった2019年の国際観艦式に参加予定だったので、横須賀と東京に寄港した。晴海埠頭に停泊しているところを見に行ったとき、なにしろSF映画/ドラマの「スタートレック」の主役メカ、宇宙船エンタープライズと同名で、ニックネームも「スターシップ」なので、岸壁から手で「スタートレック」でお馴染みのバルカン・サインを送ったら、乗員の人にウケたぞ。1番艦エコーは2022年に、エンタープライズも2023年3月に退役した。

オーストラリア海軍の
イージス駆逐艦、
HMASホバート。
観艦式が行われて
いれば、日米豪の
イージス艦に、
「中華イージス」の
052D型「太原」が
揃ってたはず
なのになあ……。

CECのUSG-2のPAAA（平面アレイ・アンテナ
アッセンブリー）がついてる。

IFFの円環状アンテナの下、マスト前面の
プラットフォームには、例のXバンド対水上
レーダー、SPQ-9Bがある。たしかホバート級の
イージス・システムはベースライン7のはずだが、
SPQ-9Bのように、アメリカ海軍では
ベースライン9から導入した装備も
採り入れてるようだ。

ホバートは横須賀に
寄港したから、
その姿を見られた人が
うらやましいぞ。

052D型は2014年に1番艦「昆明」が就役してから2019年9月に「成都」が就役するまで、5年間に12隻が就役、2019年5月には19番艦と20番艦が同日に進水するという目覚ましいペースで建造が続いている。

この最新の艦を観艦式で外国海軍の目に触れさせるというのは、中国海軍がこの052D型駆逐艦に自信と誇りを持っていることの現れといえるだろう。この艦とその能力、それを動かす乗員の規律と練度、中国海軍の成長と強さを見せようというところだ。

それとともに、今回の「太原」の東京寄港の際の歓迎行事で、中国の孔鉉佑駐日大使が「太原」は平和の使者であり、日本と中国の防衛関係者が交流を深めることによって、適切に問題に対応するよう望むと語っている。実際「太原」は14日の東京港入港時には舷側に、日本の台風災害へのお見舞いと早い復旧を祈るという横断幕を掲げている。中国海軍は、単に052D型駆逐艦「太原」の訪日で威信を示すだけでなく、日本への心遣いも見せたのだ。これは中国海軍の成長と成熟の現れであり、それだけ中国が海軍を外交の道具としてうまく使えるようになってきたことを示すものともいえるのではないだろうか。「太原」は16日に東京港を出港し、その後日本の南方海上で、海上自衛隊の護衛艦「さみだれ」と編隊航行や通信などの親善訓練を行った。

今回の「太原」の訪日は、平和と友好の使者という役割を立派に果たしたといえる。しかしもちろんそれで尖閣諸島や南シナ海の問題が解決するわけではなく、中国海軍の進出が止まるわけでもない。これから日本が相手にしなくてはならないのは、単に軍艦が増えて、その性能や能力が高まっただけではなく、自信を深め、海軍力の上手い使い方を学んできた中国海軍だ、ということを改めて肝に銘じておいた方がよさそうだ。

アーレイ・バーク級：アメリカ海軍のイージス・システムを搭載した駆逐艦。1番艦「アーレイ・バーク」は1991年就役。同級はすでに70隻以上が進水しており、さらに建造が続いている。最初のフライトⅠ、電子装置を強化したフライトⅡ、ヘリコプター格納庫を設けたフライトⅡAと改良型が建造され、レーダーをSPY-6としたフライトⅢの1番艦「ジャック・H.ルーカス」が2023年10月に就役している。

052C型駆逐艦：NATO名「旅洋（ルーヤン）Ⅱ」級と呼ばれる中国駆逐艦。1番艦「蘭州」は2004年10月18日に就役。艦橋の斜め前後左右4面にアクティブ・フェーズドアレイ・アンテナを張り付けた、イージス艦に似た外観から「中華イージス」と呼ばれる。中国国産の長距離地対空ミサイルHQ-9の艦載型、HHQ-9A艦隊防空ミサイルを6連装VLS 8基に、計48発装備。満載排水量7,112t、29ノット。最初の2隻が2004～2005年に、4隻が2013～2015年に就役しており、最初の2隻は試作艦であったとみられる。

アップデートコラム

この「太原」の訪日は、中国海軍のソフトな実力の成長ぶりをうかがわせるものとして興味深かった。文中にも書いたが、２０１６年のアメリカ太平洋艦隊主催の環太平洋諸国海軍合同演習リムパックに、中国海軍は招待されて０５２Ｃ型駆逐艦「西安」と０５４Ａフリゲート「衡水」ほか、病院船や補給艦、潜水艦救難艦の５隻を参加させた。ところがこのリムパック演習、参加各国の海軍の交流と親善、信頼醸成も大きなテーマであるはずが、中国海軍は日本に対していろいろ無作法なことをやってくれた。海上自衛隊が「ひゅうが」で催したレセプションに中国は欠席しておいて、「日本側に拒否された」と吹聴し、各国海軍の軍人が中国艦を見学した際には、海上自衛隊だけ乗艦を拒否したのだ。――という話を「艦艇モデルノロヂオ」の前巻に書いているので、詳しくはそちらを読んでいただきたいが、「太原」ではさすがにそんな失礼も無礼もなく、中国海軍も成長したと思ったのだが、果たして実態はどうなんだろう？

「あたご」型：対潜作戦能力向上や長期海外派遣も想定した海上自衛隊のイージス・システム搭載護衛艦。ヘリコプター格納庫も備える。1番艦「あたご」は2007年、2番艦「あしがら」は2008年に就役した。「あたご」型は2018年に近代化改修によりBMD能力を与えられている。

第11考 "一石三鳥"を狙う中国の思惑 遼寧打撃群 宮古海峡から台湾へ

ロックダウンや自粛などという言葉とは無関係に、中国海軍はコロナウィルス大流行中の2020年4月〜6月も太平洋をわたり歩いた。空母「遼寧」に加え、昨年末に就役した新型空母「山東」も加わり中国海軍の太平洋でのプレゼンスは増大していく……。

コロナ禍にまぎれて活発化 中国軍の艦艇と航空機

2020年の春から初夏にかけて、世界的な新型コロナウィルス感染症の蔓延で、アメリカ海軍の艦艇乗組員にも感染者が発生し、空母セオドア・ルーズヴェルトが西太平洋への展開途中でグアム島に長期の足止めを食うなど、海軍の作戦行動にもさまざまな、そして甚大な影響が及んでしまった。そんな状況の中で、活発に動いたのが中国海軍だった。

新型コロナウィルス感染症の流行が2019年に最初に報告されたのは中国湖北省の武漢だったが、その中国の海軍は、空母「遼寧」を中心とする部隊を4月に太平洋から南シナ海へと行動させた。海上自衛隊の護衛艦「あきづき」とP‐1哨戒機は、4月10日に長崎県男女（だんじょ）群島の南西約420㎞の東シナ海で、中国艦の部隊が南東に進んでいるのを確認している。

この中国艦部隊は、空母「遼寧」といわゆる中華イージスの052D型駆逐艦「西寧」と「貴陽」、

遼寧：中国初となる空母。旧ソ連時代に建造され、未完成だったアドミラル・クズネツォフ級空母「ワリャーグ」をウクライナから購入、改修工事して2012年に就役させた。J-15戦闘機を24機以上搭載可能とみられる。

プレゼンス：日本語に直訳すると「その場にいること、存在」の意。軍事用語としては、ある地域に軍隊を進出させて軍事力の存在を誇示し、外交的な意思を示し、その周辺に対し影響力や抑止力などを発揮させること。「プレゼンス」のために、陸軍など陸上兵力では恒久的な基地が必要で、空軍の航空機では基地に戻らなくてはならないため恒常的なプレゼンスはできず、その点海軍の艦艇ならば必要なときに進出して、その海域にとどまることもでき、柔軟で持続的なプレゼンスが可能となる。

054Aフリゲート「日照」と「棗荘」、それに901型補給艦「呼倫湖」の6隻で構成されていた。空母「遼寧」は青島を母港としており、その他の駆逐艦とフリゲート各2隻と補給艦も北海艦隊に所属している艦だ。以前に「遼寧」が展開した際には、護衛の駆逐艦やフリゲートは北海艦隊だけでなく、上海・寧波を中心とする東海艦隊や広州・湛江を中心とする南海艦隊所属の艦が入り混じって展開部隊を構成していたのだが、今回の展開部隊は北海艦隊所属艦のみの編成となっている。これが単に駆逐艦やフリゲートのローテーションでたまたま今回は北海艦隊だけの部隊編成になったのか、あるいは「遼寧」の打撃群は北海艦隊で編成することに固まってきたのか、ちょっと気になるところではある。

それよりもこの「遼寧」部隊の行動はもっと気になる。「遼寧」部隊はその後、沖縄本島と宮古島の間を通過して太平洋に進出したことが海上自衛隊によって確認された。そこから「遼寧」部隊は西に向かい、4月12日には台湾の東方に、13日には台湾の南方海域に進出して、そこでJ-15艦上戦闘機の発着を含む訓練を行った。この訓練が行われたのは台湾から目と鼻の先という位置で、台湾もこれに反応して、戦闘機のスクランブル発進や艦艇を出港させて、中国艦隊の監視にあたらせた。

実はこれには前段があって、台湾のメディアによれば4月10日に、中国軍のH-6爆撃機（というか巡航ミサイル母機）とJ-11戦闘機、それにKJ-500早期警戒機1機を含む合計6機が、バシー海峡を抜けて南シナ海から台湾南方の太平洋に進出し、その後同じコースで南シナ海に戻っていた。この航空部隊の行動は遼寧打撃群と呼応して、航空機は南から、「遼寧」部隊は北から台湾の周囲を行動してみせたことになる。

この時期は、アメリカ海軍の空母セオドア・ルーズヴェルトはグアム島に停泊して、乗員の検疫

J-15: 中国の空母艦載戦闘機。スホーイのSu-33をリバースエンジニアリングによりコピー生産したもの。2009年8月に初飛行し、2012年には空母「遼寧」への着艦にも成功した。

901型補給艦: 中国海軍の補給艦で、2017年と2018年に2隻が就役している。満載排水量48,000t、4基の補給ポストを持ち、「総合補給艦」と呼ばれ、燃料や水、弾薬や糧食を補給することができる。アメリカ海軍のサプライ級高速戦闘補給艦に近い性格で、速力は25ノットという。23,000tの903型補給艦とともに、中国艦隊の長距離行動能力を支える重要な艦といえる。3番艦以降も建造されているともいう。

と隔離の最中で、横須賀を母港とする空母ロナルド・レーガンもまだ展開可能とはなっていない状態だったため、西太平洋にはアメリカ空母は1隻も行動していなかった。ただしアメリカ軍も全く活動していなかったわけではない。4月10日の中国機の太平洋進出の後には、アメリカ空軍のRC－135Uコンバットセント電子偵察機が台湾南方の空域に飛来していた、と台湾メディアが報じており、さらに4月11日には、横須賀を母港とする駆逐艦バリーが台湾海峡を南から北へ航行している。中国の遼寧打撃群とバリーは1日の差で台湾の太平洋側と大陸側をすれ違ったことになる。その11日と12日には、アメリカ海軍のEP－3E電子偵察機が台湾南方空域に飛来した、とも台湾メディアが報じている。

空母不在のアメリカ海軍は「遼寧」に対処できるのか？

この後、遼寧打撃群はバシー海峡を通過して南シナ海に入り、そこでも航空機発着などの訓練を行った。中国はすでに南シナ海の人工島の軍事施設化を進めていて、この遼寧打撃群の訓練は、それらの人工島と合せて中国の南シナ海の軍事的支配の強化を印象付けるものとなった。また中国海軍2隻目の空母である「山東」が2019年に南シナ海の海南島三亜基地で就役式を行ったことから、南シナ海に中国空母が配備される可能性も考えられるようになっており、今回の遼寧打撃群の南シナ海での訓練は、将来の空母配備に向けたものではないか、とする見方もある。

南シナ海の周辺国で中国海軍の動向に神経を尖らせている国として、まず頭に浮かぶのはベトナムで、この遼寧打撃群の行動でベトナムも中国の軍事力の伸長に一層懸念を強めることとなったろう。このように遼寧打撃群の展開は、まず日本、それに台湾、そしてベトナムの3者に中国の軍事

H-6：中国空軍と海軍航空隊で使われている爆撃機。元は1950年代のソ連のツポレフTu-16爆撃機で、中国は1960年代末からライセンス生産し、独自にさまざまな開発を加えて、偵察機や電子戦機、給油機型が現れた。近年のH-6Kはエンジンをターボファンとし、コクピットを一新。CJ-10長距離巡航ミサイルを搭載し、その海軍航空隊型H-6Jは対艦攻撃機としてYJ-12超音速対艦巡航ミサイルを搭載する。さらに2022年にはH-6Kがロシアのキンジャールに類似した空中発射弾道ミサイルを搭載しているのが確認されている。H-6の機体は旧式で飛行性能も亜音速だが、各種ミサイルの発射プラットフォームおよび主力爆撃機として中国空軍・海軍で重用されている。

中国海軍002型空母 山東

中国海軍2隻目の空母、山東は最初の遼寧よりも大きくなり、飛行甲板の長さと幅が増したことで面積は約7%広くなった。格納庫は長さ168m×幅30mで、遼寧に比べて面積は約20%増した。

上が遼寧の、下が山東のアイランド。山東のアイランドの方が幅が狭く、長さも短かくて、飛行甲板のスペースがより有効に使えるようになった。

前
煙突
レーダーのアレイ
凸面アレイの346型レーダーのアレイはこういう配置。

煙突
レーダーは平面アレイの346A型になって、アレイ配置はこうなった。

スキージャンプの角度は12度と、遼寧よりもゆるくなって、その分戦闘機は高い速度で発進できる。

中国はさらに国産新設計の空母「003」を建造してる。
003はカタパルトを装備して、通常離発着空母になると見られてる。

力を見せつけるものとなった。その意味では中国にとっては「一石三鳥」の効果があったかもしれない。

遼寧打撃群はその後バシー海峡を抜けて太平洋に戻り、4月28日には宮古島南東を北西に向かって航行するのが、海上自衛隊の護衛艦「こんごう」「うみぎり」、P-3C哨戒機によって確認され、その後「遼寧」は5月3日に母港の青島に帰港した。今回の「遼寧」の展開はおよそ1ヶ月にわたり、アメリカ海軍の空母打撃群の展開が6ヶ月以上に及ぶことが多いのに比べると短いものといえる。「遼寧」にどこか不具合があって、長期の作戦航海に不安があるという見方もあるようだ。

中国の国営メディアは、この4月の「遼寧」部隊の行動について、中国海軍の即応能力が新型コロナウィルス感染症の影響を受けていないことを示すものであり、新型コロナウィルス感染症の終息後のアメリカによる挑発行動に備えるものだ、と報じている。

この間、西太平洋のアメリカ海軍も、空母を動かすことができなかったとはいえ、何もしなかったわけではない。遼寧が太平洋に戻ったころの4月23日には駆逐艦バリーが台湾海峡を北から南に通過したのだ。これでバリーは4月中に2度も台湾海峡を通ったことになる。そしてバリーは4月28日には南シナ海のパラセル諸島、中国側が西沙諸島と呼ぶ島々の周辺で「航行の自由」作戦を実施しており、翌29日には巡洋艦バンカーヒルがスプラトリー諸島で航行の自由作戦を行っている。バンカーヒルはセオドア・ルーズヴェルト空母打撃群に所属し、セオドア・ルーズヴェルト自身はグアム島に停泊していたが、打撃群のバンカーヒルが独自に任務を遂行していたのだ。

さらに30日にはアメリカ空軍のB-1B爆撃機2機がバシー海峡を通過して南シナ海へと飛行している。このB-1Bはサウスダコタ州エルズワース基地の第28爆撃航空団の所属機で、往復32時間にわたる長時間飛行となった。アメリカ空軍はグアム島のアンダーセン基地に爆撃機部隊をロー

J-11：中国空軍・海軍航空隊の戦闘機。ロシアのスホーイSu-27SKフランカーをライセンス生産した機体で、初期型J-11Aと電子装備など国産化率を高めた改良型J-11Bがある。速度はマッハ2.5以上、極めて優れた運動性と大きな兵装搭載量を持ち、優秀な制空・防空戦闘機と考えられる。中国のSu-27とJ-11A/Bの配備数は合計で300機以上とみられる。しかしJ-11の対地攻撃能力は限定的で、中国は発展型の多用途戦闘機Su-30MKKとその海軍型Su-30MK2を導入するとともに、J-11Bを基に独自にJ-16を開発している。また海軍の空母搭載用にやはりJ-11Bを基礎に艦上戦闘機J-15を開発した。

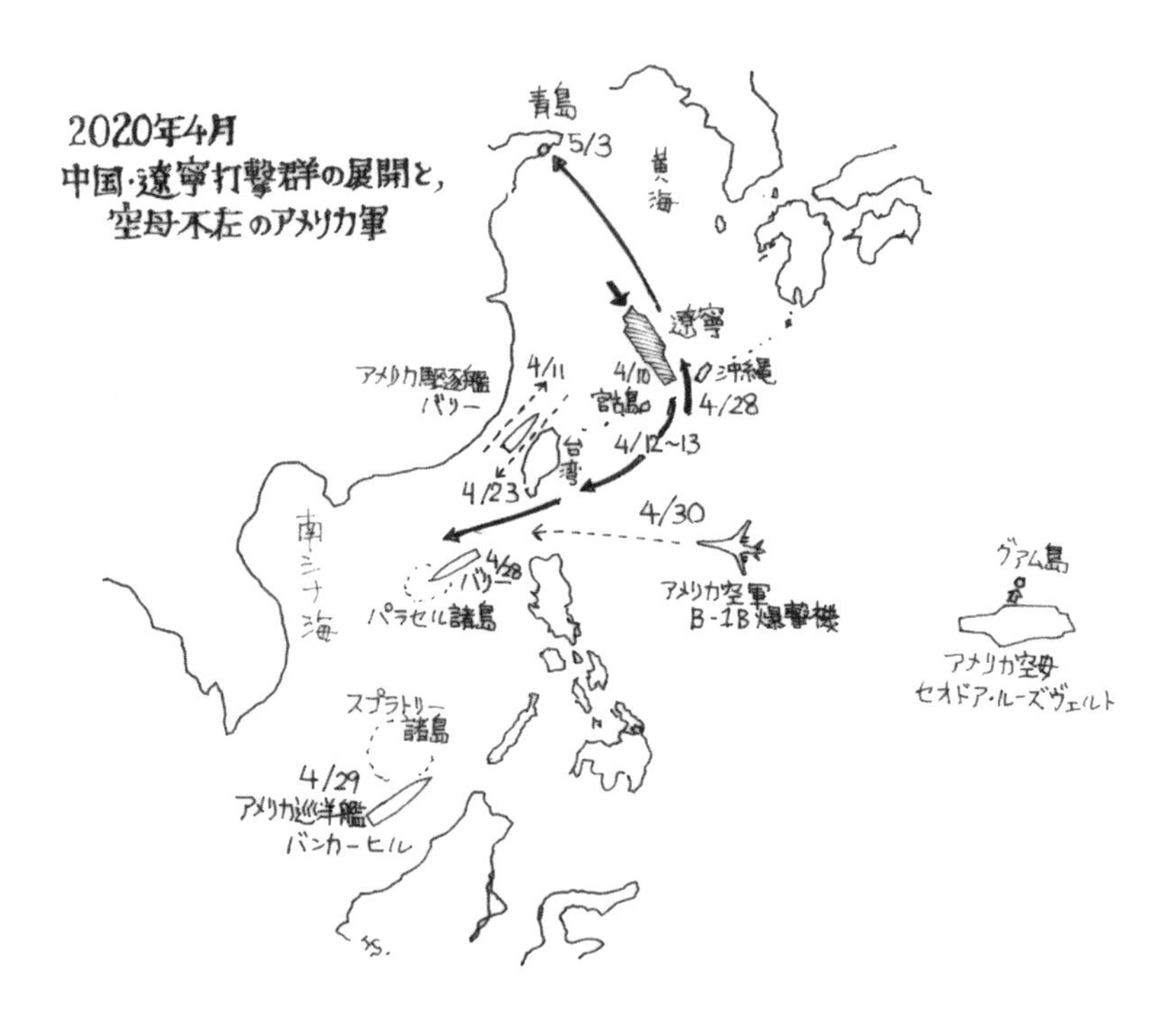

テーション展開させる「継続的爆撃機プレゼンス」の態勢を2020年4月に取り止めたが、西太平洋～アジアへの爆撃機の展開は、この本国基地からの直接展開も含めて、形を変えてなおも行われている。4月30日のB-1Bの飛行もこの時限りのものではなく、それ以前にも5月に入ってからも、アメリカ爆撃機は西太平洋にしばしば飛来している。

空母2隻態勢に向けた新空母「山東」の訓練

「遼寧」は5月3日に青島に帰還したが、それからまだ話は続く。中国海軍の2隻目の空母、国産設計・建造による初の空母である「山東」が、5月25日に

EP-3E:ロッキード・マーチンP-3対潜哨戒機を改造した電子偵察機で、胴体下面の大きなレドームと背部の細長いアンテナ・フェアリングが特徴。

バリー:アメリカ海軍のアーレイ・バーク級駆逐艦の2番艦。フライトⅠ型。就役は1992年12月で、近代化改修により、イージス・システムのベースラインは9C1、BMDシステムは5.0CUとなり、弾道ミサイル迎撃用のSM-3ブロックⅠBを運用でき、統合防空ミサイル防衛（IAMD）能力を持つようになった。2016年3月から横須賀へ前方展開。2023年2月に前方展開を終えた。

大連を出港し、黄海北部の渤海で訓練を開始したのだ。「山東」は「遼寧」を基に設計され、一見したところ外見も配置も良く似ているのだが、実は「遼寧」に比べて基準排水量が4万6637tから5万8500tに、満載排水量は5万9439tから6万7500tに増え、全長は4m長い308・5m、飛行甲板幅は70mから75・5mと大きくなっている。アイランドも「遼寧」より幅が狭く、レーダーアレイの配置も変更されて、搭載機の発進速度が向上しているとみられる。「遼寧」は中国海軍では001型と呼ばれ、「山東」はその改良型であることから001A型と見られていたが、002型という呼称が正しいようだ。

「山東」は2019年12月に就役したばかりで、今回の航海ではJ-15戦闘機など搭載航空部隊の発着や各種兵装のテストなどが行われている。中国海軍は空母搭載機の生産ペースが遅く、その乗員も高い技量水準を求めているため、まだ数が十分にそろっていないといわれており、この「山東」の訓練も、「遼寧」に搭載されていた航空部隊の帰還後の技量維持や、「山東」の航空関連要員の訓練と慣熟を目的としているのかもしれない。

中国の国営メディアの伝えるところでは、中国海軍は2020年の夏に「遼寧」と「山東」の2隻の空母による演習を予定しているという。中国海軍は、空母2隻を組み合わせて行動させ、1隻が洋上補給中でも、もう1隻で即応態勢を維持することを考えているといわれ、「遼寧」と「山東」の共同演習はそのモデルケースとなるのかもしれない。ただしそれにしても、「山東」のテストや慣熟が早くも「遼寧」との実戦的な演習を行えるほどに進んでいるとしたら、むしろ驚くべきではないだろうか。

そして一方6月に入ると、アメリカ海軍の空母が再び動き出している。セオドア・ルーズヴェルトは6月4日にグアムを出港、西太平洋展開を再開し、8日には横須賀からロナルド・レーガンが

P-3C：アメリカのロッキード・マーチン社が開発した対潜哨戒機。原型機の初飛行は1958年と古いが、センサーやコンピューターなどに改良がくりかえされ、現在も20ヶ国以上で運用されるベストセラー機である。海上自衛隊では八戸、厚木、鹿屋、那覇にP-3C航空隊を配置している。日本ではP-1に、アメリカ海軍ではP-8Aポセイドンに交代しつつある。

スキージャンプ：空母の飛行甲板の前端に傾斜をつけて、発進する固定翼機に上方への速度をつけてやるもの。スキージャンプを用いることで、推力の大きい機体ならばカタパルトなしで発進できる。STOVL機ならば発進時の重量を増やすことができるため、燃料搭載量を増やして航続距離を伸ばし、あるいは兵装の搭載量を増やすこともできる。1970年代末にイギリス海軍で考案された。

出港している。日本時間の翌9日に、カリフォルニア州サンディエゴからは空母ニミッツが展開に出発し、6月21日にはニミッツとセオドア・ルーズヴェルトの二つの打撃群が「フィリピン海」、つまりフィリピン東方～台湾南方の太平洋で合同で訓練を行った。台湾にも南シナ海にも、もちろん宮古海峡にも近い海域だ。このようなアメリカ海軍空母部隊の動きを予想して、中国は遼寧打撃群の訓練について「コロナウィルス後のアメリカの挑発行為に備えて」と予防線を張っていたのだろう。

こうして日本周辺を含めて西太平洋はアメリカと中国の空母がその存在を競い合う海となりつつある。アメリカと中国の空母打撃群の西太平洋での直接の出会いは、いつ、どこで、どのような状況で起きるのだろう。

アップデートコラム

そして案の定、台湾海峡や日本の南西諸島周辺での中国空母の行動は増加、活発化した。「遼寧」は2022年12月から2023年1月にかけて沖縄近海で行動し、日本の防空識別圏の中で搭載機を発着させた。その延べ機数は12月17～20日だけで130機を数えた。それが防空識別圏の中でのことだから、航空自衛隊は対領空侵犯措置として戦闘機をスクランブル発進させて監視し、領空へ進入しないよう警告しなくてはならない。沖縄の空自戦闘機部隊にとっては大きな負担だ。さらに2隻目の空母「山東」は2023年4月に太平洋に進出、海上自衛隊は初めて「山東」を直接確認した。その後も「山東」は9月と11月にも沖縄近海に進出し、10月28日から11月7日にかけて発着機延べ機数は570機に達した。中国空母は集中的な航空機運用の能力を高めているようだ。

ニミッツ：ニミッツ級の1番艦。1975年に就役。2001年に燃料交換とオーバーホールを終了。艦名は第二次大戦時の太平洋艦隊司令長官チェスター・ニミッツ大将にちなむ。

B-1B：アメリカ空軍の超音速戦略爆撃機。1986年から実戦配備となり、今日も約40機が現役にある。以前は核爆弾搭載能力があったが、現在は通常兵器専用となっている。精密誘導爆弾やJSSM巡航ミサイル、LRASM対艦ミサイル、機雷など最大56,000kgの兵装を搭載でき、最高速度はマッハ1.25、航続距離は約12,000km。

第12考 対中国で牽制強める各国海軍と自衛隊

2020年の秋は南シナ海・インド洋が騒々しくなった。合同演習が頻繁に行われ、対中国を意識する国々がその意思を示したといえよう。10月19日には、日豪国防大臣が会談し、印豪の接近、印の超音速対艦ミサイルの発射試験とさまざまなことが重なった。この状況を中国はどう見ているのだろうか。

南シナ海～インド洋での西側諸国合同演習活発化

2020年の秋は、日本政府のいう「自由で開かれたインド太平洋」にとって、なかなか画期的な季節だったようだ。日本の海上自衛隊とアメリカ海軍、それにオーストラリア海軍と韓国海軍も加えた演習が行われ、さらに日本とインドとの演習も行われたのだ。その演習の海域も、グアム近海やフィリピン東方の西太平洋から、中国の海洋進出で周辺国やアメリカ、オーストラリアとの軋轢が増す南シナ海、さらにはインドの西海岸沖のインド洋にまで広がっている。

その一つが、9月の12日から13日にかけて行われた、日本の海上自衛隊とアメリカ海軍、オーストラリア海軍、それに韓国海軍による4ヶ国合同演習「パシフィック・ヴァンガード20」だった。演習海域はグアム近海で、海上自衛隊はヘリコプター護衛艦の「いせ」とイージス護衛艦でベースライン9C相当への近代化改修を終えた「あしがら」、アメリカ海軍からはベースライン9Cの駆

「あしがら」: 海上自衛隊の「あたご」型護衛艦の2番艦。2008年に就役したイージス・システム搭載艦で、2018年には定期検査とBMD能力付与が行われている。佐世保の第2護衛隊群第2護衛隊に所属。

逐艦バリーと補給艦ジョン・エリクソン、それに攻撃型原潜と航空機が参加した。オーストラリア海軍はアンザック級フリゲートのアランタとスチュアート、そして韓国海軍はフリゲートのチュンムゴン・イスンシンを参加させ、対空・対水上・対潜戦の共同訓練を行った。

海上自衛隊の「いせ」と「あしがら」は8月後半にハワイ近海で行われた、アメリカ太平洋艦隊主催の多国間演習「リムパック２０２０」に参加したところで、韓国海軍の2隻も、オーストラリア海軍の2隻も同様だ。「リムパック」と「パシフィック・ヴァンガード」の両演習は、日本と韓国の艦が久しぶりに一緒に行動する機会となった。

さらにこの後、9月末にはアメリカ太平洋軍は自分たちだけの高度に実戦的な演習、「ヴァリアント・シールド２０２０」をグアム近海で行い、これにはロナルド・レーガンの空母打撃群と攻撃型原潜シカゴ、それにアメリカ空軍のF‐22ラプター戦闘機やB‐1B爆撃機、海兵隊も参加し、退役したオリバー・ハザード・ペリー級フリゲートのカーツ（FFG38）を実艦標的としてミサイルや砲撃で撃沈している。原潜シカゴは対艦ミサイルを発射したとも報じられ、アメリカ海軍の攻撃型原潜が水中発射型ハープーンの運用を再開したことが示された。また巡洋艦からはトマホークも発射され、この演習はアメリカ太平洋軍としては「寸止め稽古」のような本気の実戦訓練だったようだ。

そして「パシフィック・ヴァンガード」が始まる前、9月7日には海上自衛隊の令和2年度の「インド太平洋方面派遣訓練」が開始された。海上自衛隊は近年このインド太平洋方面への派遣訓練を行っており、今年はヘリコプター護衛艦「かが」と護衛艦「いかづち」、搭載航空機3機と潜水艦1隻が派遣された。

この派遣部隊は南シナ海に入って、9月13〜17日にかけて、オーストラリア海軍のイージス駆逐

スプラトリー諸島：南シナ海の中央部、ちょっと南寄りに広がる島々。島といっても本当の陸地はなく、岩礁や珊瑚礁、浅瀬ばかりだ。とはいえこれらを自国の「島」ということにすれば、その周りを領海や排他的経済水域として、漁業や天然ガスなど地下資源を独占的に利用できるので、周辺各国のフィリピンやベトナム、ブルネイ、マレーシア、台湾、それに中国が岩礁や珊瑚礁の領有を主張し、中には埋め立てて「島」の体裁を作り、人員を送り込んで実効支配の形をとっている国もある。とくに近年では中国がいくつもの岩礁・珊瑚礁に大規模な浚渫（しゅんせつ）や埋め立てを行ない、滑走路を作り、さらには軍を常駐させており、「力による現状変更」を見せつけている。中国の領有権主張は、国際司法裁判所から「法的根拠がない」と断じられている。

艦ホバートと補給艦シリウスとともに共同訓練を行った。実はオーストラリア海軍は強襲揚陸艦キャンベラと駆逐艦ホバート、フリゲートのアランタとスチュアート、補給艦シリウスからなる任務部隊を、「リジョーナル・プレゼンス・ディプロイメント（地域プレゼンス展開）」として太平洋から南シナ海にかけて行動させた。この部隊はリムパック演習にも参加し、それから各艦が分かれてさまざまな行動を取っていて、アランタとスチュアートは「パシフィック・ヴァンガード」へ、ホバートはこうして日本との共同訓練に参加している。日本の「インド太平洋派遣訓練」とオーストラリアの「地域プレゼンス展開」は、ほぼ同じような時期に同じ地域・海域で北半球と南半球から艦隊を展開させていることになる。

このオーストラリア艦隊がリムパックに向かうため南シナ海を通過した際、中国が領有を主張するスプラトリー諸島の近海を通ったが、その12カイリ以内には近寄らなかったにもかかわらず、中国軍艦の監視を受けたと報じられている。その南シナ海に再びオーストラリア海軍の最新鋭艦であるイージス駆逐艦が入り、今度は日本と共同訓練を行った。中国からすると、南シナ海に日本やオーストラリアの艦艇が頻繁に入り込んで自由に行動するのを見せつけられた、ともいえるだろう。

日本の派遣部隊は南シナ海を抜けてインド洋に入り、9月24日にはコロンボ沖でスリランカ海軍の外洋警備艦ガジャバフと共同訓練を行った。ガジャバフは元アメリカ沿岸警備隊のハミルトン級警備艦で、２０１９年にスリランカ海軍に就役したものだ。スリランカは近年中国の影響力が強まっており、２０１９年には中国海軍を退役した０５３Ｈ２Ｇ（「江衛（チアンウェイ）Ｉ」）型フリゲート「銅陵」がスリランカ海軍に贈与されている。

それから派遣部隊は9月26～28日にインド海軍との共同訓練を行った。これにはインド海軍からコルカタ級駆逐艦のチェンナイ、タルワー級フリゲート・バッチ２（テグ級とも）のタルカシュ、

ハミルトン級：アメリカ沿岸警備隊の警備艦（長期行動型カッター）。1967～72年に12隻が就役した。満載排水量3,300tで29ノット。当初5インチ38口径砲を装備していたが、近代化で76㎜砲に換装。フィリピンに3隻、ナイジェリア、バングラデシュ、スリランカ、ベトナムに各2隻が売却されている。

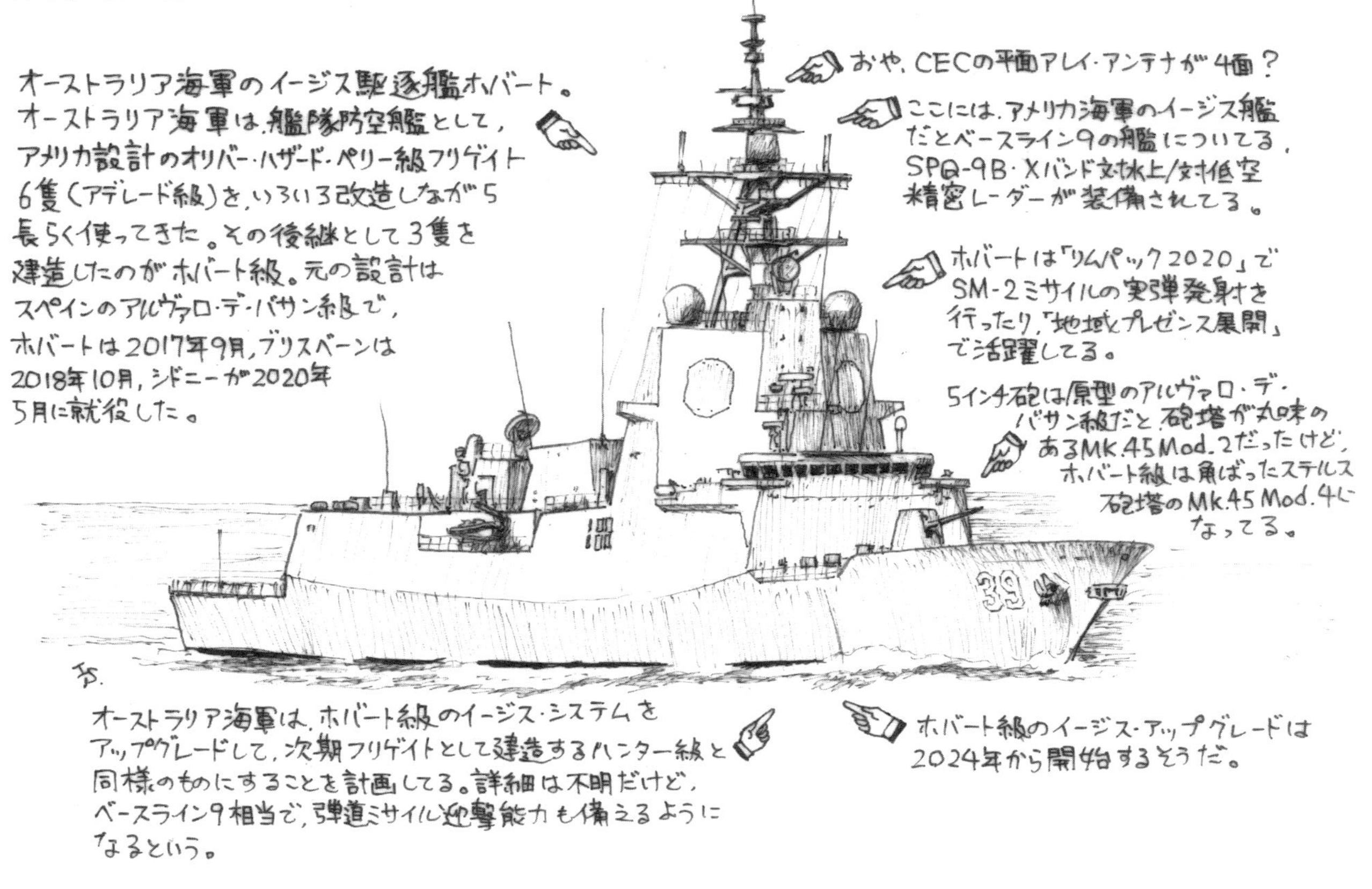
HMAS Hobart
オーストラリア海軍のイージス駆逐艦ホバート。
オーストラリア海軍は、艦隊防空艦として、
アメリカ設計のオリバー・ハザード・ペリー級フリゲイト
6隻(アデレード級)を、いろいろ改造しながら
長らく使ってきた。その後継として3隻を
建造したのがホバート級。元の設計は
スペインのアルヴァロ・デ・バサン級で、
ホバートは2017年9月、ブリスベーンは
2018年10月、シドニーが2020年
5月に就役した。
おや、CECの平面アレイ・アンテナが4面？
ここには、アメリカ海軍のイージス艦
だとベースライン9の艦についてる、
SPQ-9B・Xバンド対水上/対低空
精密レーダーが装備されてる。
ホバートは「リムパック2020」で
SM-2ミサイルの実弾発射を
行ったり、「地域プレゼンス展開」
で活躍してる。
5インチ砲は原型のアルヴァロ・デ・
バサン級だと、砲塔が丸味の
あるMK.45Mod.2だったけど、
ホバート級は角ばったステルス
砲塔のMK.45Mod.4に
なってる。
39
オーストラリア海軍は、ホバート級のイージス・システムを
アップグレードして、次期フリゲイトとして建造するハンター級と
同様のものにすることを計画してる。詳細は不明だけど、
ベースライン9相当で、弾道ミサイル迎撃能力も備えるように
なるという。
ホバート級のイージス・アップグレードは
2024年から開始するそうだ。

それに補給艦ディーパックが参加して、各種の戦技訓練を行った。訓練海域がベンガル湾ではなく、インドの西側で行われたというのも面白いが、さらにインドがコルカタ級駆逐艦を参加させて、海軍力の最新の部分を日本に見せた、という点もなかなか面白いところだ。

2年連続で海自DDHがベトナムに入港

派遣部隊はまた南シナ海に戻る。南シナ海の南側の有力国、インドネシアと10月6日に共同訓練を行った。「かが」と「いかづち」はインドネシア海軍の元ブルネイ発注のイギリス製コルベット、ブン・トモ級ジョン・リーと、旧東ドイツ製パルチムⅠ型対潜コルベットのスタントと親善訓練として、戦術運動や近接運動、通信訓練を行った。インドネシアは南シナ海とインド洋に面した国で、マラッカ海峡やロンボク海峡など、海上輸送路として重要な海峡がある国でもある。

それから派遣部隊は南シナ海で対潜訓練を実施して、10月10～11日に補給のためにベトナムのカムランに入港する。ここでは「かが」と「いかづち」だけではなく、潜水艦「しょうりゅう」も一緒だった。ベトナムに日本の潜水艦が寄港するのは２０１８年の「くろしお」から2度目、しかも今回はＡＩＰ機関を持つ「そうりゅう」型だ。それに２０１９年には「いずも」がベトナムを訪問していて、これで日本のヘリコプター搭載護衛艦、外国ではしばしば「ヘリコプター空母」と呼ばれる艦が2年続けてベトナムに入港したことになる。しかも潜水艦とＤＤＨ、ＤＤという日本の対潜任務部隊の「サンプル」編成だ。

南シナ海の北部、中国の海南島には中国海軍の戦略ミサイル原潜の基地があり、ご承知のとおり、ベトナムもまた中国の南シナ海への進出やスプラトリー諸島の人工島建設とその軍事基地化に神経

コルカタ級：インド海軍の駆逐艦。イスラエルが開発した多機能レーダーEL/M-2248 MF-STARを搭載し、ミサイル発射機はすべてVLSになっている。2014年に1番艦コルカタが就役し、2016年就役のチェンナイまで3隻建造。発展型ヴィシャーカパトナム級の建造もされている。

ディーパック：イタリアのフィンカンティエリで建造されたインド海軍の補給艦。二重底構造で両舷と艦尾に補給ステーションを設け、ヘリコプターも収容可能。2011年に1番艦ディーパック、2番艦シャクティが就役している。

アメリカと日本とオーストラリアとインドの4カ国，いわゆる“クォッド”が共通して持ってる能力や装備を表にして見てみると……

	イージス	空 母	F-35戦闘機	P-8哨戒機
アメリカ	たくさん持ってる	空母も 強襲揚陸艦も	空軍 A型 海兵隊B型 海軍 C型	P-8A
日 本	7隻+1隻	「ヘリコプター 搭載護衛艦」	A型 B型導入予定	なし (国産P-1)
オーストラリア	3隻	強襲揚陸艦	A型	P-8A
インド	持ってない	1隻+1隻	なし	P-8I

こうして見ると，米・日・豪・印は4カ国とも「飛行甲板のある大きなフネ」を持っていて，米・日・豪は「イージス・ユーザー」で，「F-35オーナーズ・クラブ」の会員でもある。日本以外の米・豪・印は「P-8系哨戒機」を共通して持ってる。さて，インドは米・日・豪に意外に近いのか，まだ遠いのか？そして将来は？

を尖らしている国の一つだ。そこに日本の対潜部隊が入港したというのは、中国から見ると、安閑とはしていられない気になったのではないだろうか。

ベトナムを出港した派遣部隊は10月12日、アメリカ海軍の駆逐艦ジョン・S・マケイン（DDG56）と給油艦ティピカヌーと共同訓練を行った。ジョン・S・マケインは10月9日に、中国が領海を主張するパラセル諸島の近海を通過し、中国が抗議したばかりだ。そのジョン・S・マケインと日本の艦隊が南シナ海で一緒に行動したのだ。派遣部隊はこの後、17日に日本に帰還した。しかしそれで終わったわ

「そうりゅう」型：2009年から就役した海上自衛隊の潜水艦。海上自衛隊初のAIP 潜水艦で、スウェーデンで開発されたスターリング機関を補助動力として採用した。このほかにも非貫通式潜望鏡、永久磁石電動機、X舵などさまざまな新機軸が採り入れられた。2018年に進水した11番艦「おうりゅう」と最終艦の12番艦は、スターリング機関と鉛蓄電池を廃止してリチウムイオン電池を搭載する。

AIP (Air-Independent Propulsion)：大気非依存型推進装置。空気中の酸素に頼らずに駆動することのできる推進機関で、これを装備することで通常動力潜水艦の潜航持続能力を向上させることができる。スターリング機関や燃料電池など、いくつかの方式がある。

けではない。10月19日に、パラセル諸島近海で「航行の自由作戦」を行ったジョン・S.マケインと、日本の護衛艦「きりさめ」、そして「地域プレゼンス展開」を続けていたオーストラリア海軍のアランタが、またもや南シナ海で3ヶ国共同訓練を行った。

しかも同日、東京では岸防衛大臣とオーストラリアのレイノルズ国防大臣が会談して共同声明を発した。声明では両大臣が「南シナ海における力を背景とした一方的な現状変更のいかなる試みに対する強い反対の意を強固なものとし、航行及び上空飛行の自由を維持することの重要性を再確認した」と述べられていて、「係争のある地形の継続的な軍事化、沿岸警備船舶や『海上民兵』の危険かつ威圧的な活用、及び他国の資源開発活動を妨害する取組を含む最近の事案について、深刻な懸念を再確認した」としている。この声明では名指しはしていないものの、日本とオーストラリアが南シナ海や東シナ海での中国の行動に対し、共通した認識を持っていることがあらためて示された。この両国国防担当大臣の共同声明と、日米豪の南シナ海での共同訓練がぴったりタイミングが合っているところが非常に興味深い。

またこの岸・レイノルズ会談では、これまでアメリカ軍だけだった「武器等防護」の対象をオーストラリアの艦艇や航空機も含めるよう調整することで一致している。

しかもこの日はもう一つ、大きな出来事があった。インド国防相は、今年の11月に開催される日米印3ヶ国合同海軍演習「マラバール」に、初めてオーストラリアを招待することを発表した。インドはマラバール演習などを通じて、アメリカや日本との防衛協力を進めてきたが、それに比べてオーストラリアとの間には近い関係がなかった。それがいよいよ日本とアメリカ、インド、オーストラリアの4ヶ国が共同で演習を行うこととなったのだ。

しかもしかも、この19日にインド海軍は、日本との共同訓練にも参加した駆逐艦チェンナイから、

武器等防護：日本の防衛に資する活動をしている外国の軍隊を自衛隊が守ること。2015年のいわゆる「平和安全法制」で新しく設けられた自衛隊法95条の2に定められている。たとえば弾道ミサイル警戒・防衛任務に従事中のアメリカ駆逐艦に向かってくる対艦ミサイルを、日本のイージス護衛艦が撃墜する、といったケースが「武器等防護」にあたることになる。

ジョン・S.マケイン：アメリカ海軍のアーレイ・バーク級駆逐艦の6番艦。1994年に就役し、BMD能力を持つよう改修され、1997年から2021年まで横須賀に前方展開されていた。2017年8月にはシンガポール沖で石油タンカーと衝突し、乗員が死傷する事故を起こした。

超音速対艦ミサイル、ブラモスの発射テストを行い、退役したナヌチュカ級コルベットの標的に命中、撃沈している。ブラモスはロシアとインドが協同で開発し、射程500km、最大速度マッハ3という性能を持ち、インド海軍にあっては〝空母キラー〟となる対艦攻撃の主力兵器だ。中国海軍の空母がインド洋に進出するとしたら、インド海軍のブラモスは潜在的な脅威となるだろう。
日本とオーストラリアの共同声明と、アメリカ駆逐艦も加えた南シナ海での共同訓練、インドのマラバール演習へのオーストラリア招待、ブラモスの実艦標的テスト。これが同日のうちに起った10月19日は、中国海軍にとってはどんな日だったのだろう。

アップデートコラム

ここでは海上自衛隊とオーストラリア海軍の共同訓練に注目したわけだが、この後も日本の自衛隊とオーストラリア軍との共同訓練は、空でも陸でも海でも近年さらに大きく充実してきている。2022年10月の岸田首相とオーストラリアのアルバニージー首相との首脳会談での共同宣言では、防衛協力関係をさらに強めることが謳われて、アルバニージー首相は日本とオーストラリアの関係について「アンザス同盟（オーストラリア‐ニュージーランド‐アメリカの同盟）のすぐ手前まで来ている」と発言している。日本にとってもオーストラリアとの関係は安保条約による日米同盟ほどではないが、外国との防衛協力関係としてはアメリカ以外では最も強いものとなっている。でも、「同盟」とまで呼べる関係や条約を結ぶとなると、オーストラリアの安全のために日本の自衛隊が出かけることにもなるわけで、日本人はその覚悟ができてるかな？

第13考 2021年秋——西太平洋波高し

2021年の晩夏から秋にかけて、英空母を中核とするCSG21とともに、西太平洋に面する各国が、さまざまな共同演習を立て続けに実施した。その背景には中国を念頭に置いた防衛協力態勢の深化があるが、中国もそれに対抗、ロシアと大艦隊を組み、日本を一周したのである。

2021年晩夏〜秋 相次ぐ国際共同演習

2021年秋の日本周辺と西太平洋では、各国海軍による共同演習が次々に行われ、大いに波立つこととなった。

8月23日〜9月10日にはグアム近海で日本とインド、アメリカ、オーストラリアの特殊部隊を中心とした「マラバール共同訓練フェーズI前段」が、26日〜29日にはフィリピン東方のいわゆるフィリピン海で「マラバール・フェーズI後段」として海上自衛隊の護衛艦DDH「かが」、DD「むらさめ」「しらぬい」と、アメリカ海軍駆逐艦バリー、インド海軍フリゲートのシヴァリクとコルベットのカドマット、オーストラリアのフリゲート、ワーラムンガによって行われた。

9月2日には海上自衛隊のDD「たかなみ」とアメリカ海軍の空母カール・ヴィンソン空母打撃群が関東南方で共同訓練、9月2日〜9日にはイギリス空母クイーン・エリサベスと海上自衛隊の共

シヴァリク：インド海軍が国産建造したフリゲート、シヴァリク級の1番艦。2010年4月に就役した。満載排水量6,300t。ステルス設計で、対空・対水上・対潜にバランスのとれた兵装を搭載している。日本にも寄港したことがある。さらに改良型7隻を建造中。

同訓練「パシフィック・クラウン」が関東南方から四国南方～東シナ海で行われている。さらに9月14～15日には日本の潜水艦とイギリスの原潜が初めての共同訓練を行っている。

そして10月2日から9日にフィリピン海から南シナ海にかけて、6ヶ国17隻による、これらの訓練の中でも最大規模の共同訓練が行われた。参加したのは日本のＤＤＨ「いせ」、ＤＤＧ「きりしま」、ＤＤ「やまぎり」、イギリスの空母クイーン・エリザベスと駆逐艦ディフェンダー、フリゲートのケント、補給艦フォート・ヴィクトリア、給油艦タイド・スプリング、アメリカの駆逐艦ザ・サリヴァンズ、オランダのフリゲート エヴァーツェン、カナダのフリゲート ウィニペグから成るＣＳＧ21、アメリカの空母カール・ヴィンソンと巡洋艦レイク・シャンプレン、駆逐艦チェイフィー、同じくアメリカ空母ロナルド・レーガンと巡洋艦シャイロー、それにニュージーランドのフリゲート テ・カハだった。

アメリカとイギリスの空母合わせて3隻、しかもクイーン・エリザベスはＦ‐35Ｂを搭載し、カール・ヴィンソンはＦ‐35Ｃを搭載して、第5世代戦闘機の本格的な洋上展開を行っており、そこに日本のＤＤＨ「いせ」も加わっている。この強力な陣容での共同訓練が、中国が自分の勢力圏と考える南シナ海と、そのすぐ外側のフィリピン海で行われたことも注目すべきところで、しかも9月27日にはＣＳＧ21のフリゲート リッチモンドが台湾海峡を南下している。

さらに10月6日～8日にはインド洋西部で日本の「かが」と「むらさめ」がインド海軍の新鋭コルカタ級駆逐艦コチとタルワー級フリゲートのテグと共同訓練「ＪＩＭＥＸ」を行い、それに続いてインド洋東部で10月14日から「かが」「むらさめ」「しらぬい」、アメリカのカール・ヴィンソンとレイク・シャンプレン、駆逐艦ストックデール、インド海軍のカシン改級駆逐艦ランヴィジェイ、シヴァアリク級フリゲートのサトプラ、潜水艦、オーストラリア海軍のフリゲート バララットと補

シャイロー：アメリカ海軍タイコンデロガ級巡洋艦の21番艦。1992年に就役し、初のイージス弾道ミサイル防衛の実戦能力を持つ艦として、2006年8月から横須賀に前方展開した。シャイローは平成24年度海上自衛隊観艦式に参加し、自衛隊観艦式に参加した初の外国艦となった。

給艦シリアスが参加して「マラバール・フェーズⅡ」が行われた。一方クイーン・エリザベスのCSG21は、マレーシアとシンガポール、オーストラリア、ニュージーランド、イギリスによる「5ヶ国防衛取極」の50周年を記念する「ベルサマ・ゴールド」共同演習を行い、さらにその後はインド海軍との共同演習を行っている。

イギリスの決意と新たな防衛協力態勢

こうしたCSG21のさまざまな共同訓練はイギリスのインド洋〜アジア〜太平洋への関与の復活を強く印象づけるものであり、アメリカと日本、イギリスの海軍力協力態勢の深化を示すものだった。マラバール演習は日本とアメリカ、オーストラリア、インドのいわゆる「クォッド」4ヶ国の防衛協力の強化を示すものとなり、しかもCSG21にはオランダやカナダの艦が参加しており、インド洋〜アジア〜太平洋の情勢に多くの国が注目し、関与しようとする姿勢が現れている。

これらの海軍力とその展開は、日本が提唱する「自由で開かれたインド太平洋」や「クォッド」態勢、また9月16日に発表されたオーストラリアとイギリス、アメリカの防衛協力の新たな枠組み「AUKUS（オーカス）」を裏打ちするものであり、どうやら2021年秋はインド〜太平洋の各国の防衛協力態勢の新たな時代の始まりとして記憶されることになりそうだ。

この各国の防衛協力は日米安保条約やオーストラリアとニュージーランドとアメリカのANZUS（アンザス）条約、それに5ヶ国防衛取極といった以前からの同盟関係、協力関係に、クォッドやオーカスといった新しい関係や枠組みが加わり、互いに重なり合うネットワークとなりつつある。で、このネットワークが抑え込もうとしているのが中国の一方的な海洋進出と勢力伸長だ。

Type 055 南昌

2021年10月に日本を1周した、中国とロシアの合同艦隊10隻のうちの新鋭艦2タイプ。一応同じ縮尺にして描きました。

2020年1月に就役した、満載排水量13000トンの、中国海軍055型駆逐艦の1番艦「南昌」。大きくて「中華イージス」の346Bレーダーを備え、兵装も強力。アメリカのズムウォルト級が未だ展開に出ていない現在、西太平洋〜アジアで最大の駆逐艦だ。

この「南昌」は北海艦隊所属、052D型「昆明」と054A型「柳州」は南海艦隊、054A型のもう1隻「浜州」は東海艦隊と、中国海軍は各艦隊からの艦を中ロ合同演習に参加させている。

Gromkiy

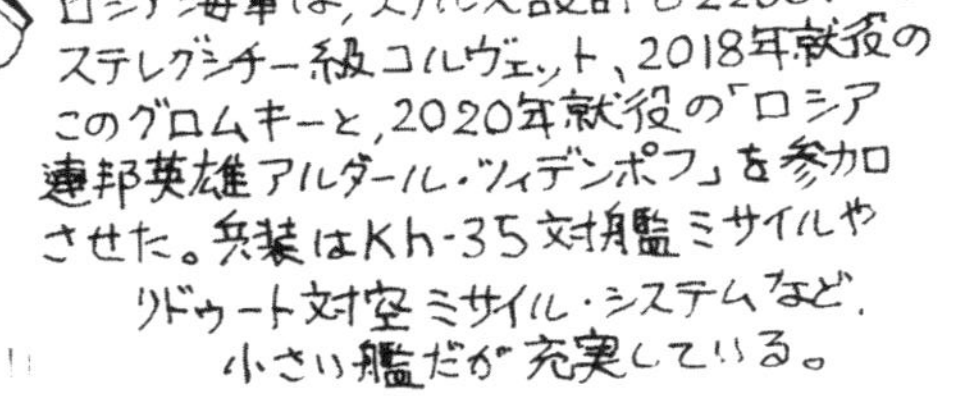

ロシア海軍は、ステルス設計で2200トンのステレグシチー級コルヴェット、2018年就役のこのグロムキーと、2020年就役の「ロシア連邦英雄アルダール・ツィデンポフ」を参加させた。兵装はKh-35対艦ミサイルやリドゥート対空ミサイル・システムなど、小さい艦だが充実している。

もちろんウダロイ級駆逐艦の方がずっと大きいんだけど、このステレグスチー級の方が断然新しい。さらにこのクラスに続く、新型のグレミヤシチー級1番艦も、ロシア海軍太平洋艦隊に配備されている。

お。

中国政府はクイーン・エリザベスが7月に南シナ海に入ったときから「あらゆる手段で対応する」と強く反発してみせた。さらにリッチモンドの台湾海峡通過に対しては、中国軍のスポークスマンが「イギリスがろくでもない下心で台湾海峡の平和と安定を破壊した」とずいぶんな言いようで批判した。どちらの場合も中国の反発は言葉の上だけで、イギリス艦の行動に対して追尾や監視は行ったと考えられるが、実際には無理な接近や進路妨害などの危険な行為は報じられていない。

日本を一周した中ロ艦隊の意図

中国海軍の行動が見られたのは10月11日、6ヶ国合同訓練とＪＩＭＥＸが終わり、インド洋東部でマラバール・フェーズⅡが始まった日のことだった。海上自衛隊が対馬の西南３２０㎞を北東に、つまり東シナ海から日本海に向かう中国艦5隻を発見したのだ。この中国艦は０５５型大型駆逐艦「南昌」、０５２Ｄ型駆逐艦「昆明」、０５４型フリゲートの「柳州」と「浜州」、９０３型補給艦の艦番号「９０２」だった。

それから1週間後の10月18日、この5隻の中国艦の姿が再び見られた。日本海の奥尻島南西１１０㎞を東に進み、津軽海峡を抜けて下北半島の尻屋崎を過ぎて南東の太平洋へと向かったのだ。しかも今度は中国艦だけでなく、ロシア海軍の5隻とともに航行していた。

ロシア艦はウダロイ級駆逐艦のアドミラル・トリブツとアドミラル・パンテレーエフ、新型のステレグシチー級フリゲートのグロムキーと「ロシア連邦英雄アルダール・ツィデンザポフ」、それにマーシャル・ネデリン級ミサイル観測支援艦マーシャル・クリロフ、中国とロシア5隻ずつの10隻の艦隊を組んでの航行だった。

ウダロイ級：冷戦時代の1980年代に当時のソ連海軍が13隻建造した対潜駆逐艦。満載排水量8,636t、速力29ノット。艦橋脇にSS-N-14対潜ミサイル4連装発射機2基を装備するのが特徴だが、最終艦はSS-N-15対艦ミサイルを装備してウダロイⅡ型と呼ばれる。現在も現役にあるのは8隻で、実用寿命延長のために近代化改装を受けつつあり、対潜ミサイルに替えてSS-N-25対艦ミサイルを搭載、100㎜砲1基に替えて汎用VLS 16セルを装備し、カリブル巡航ミサイルも発射可能となっている。

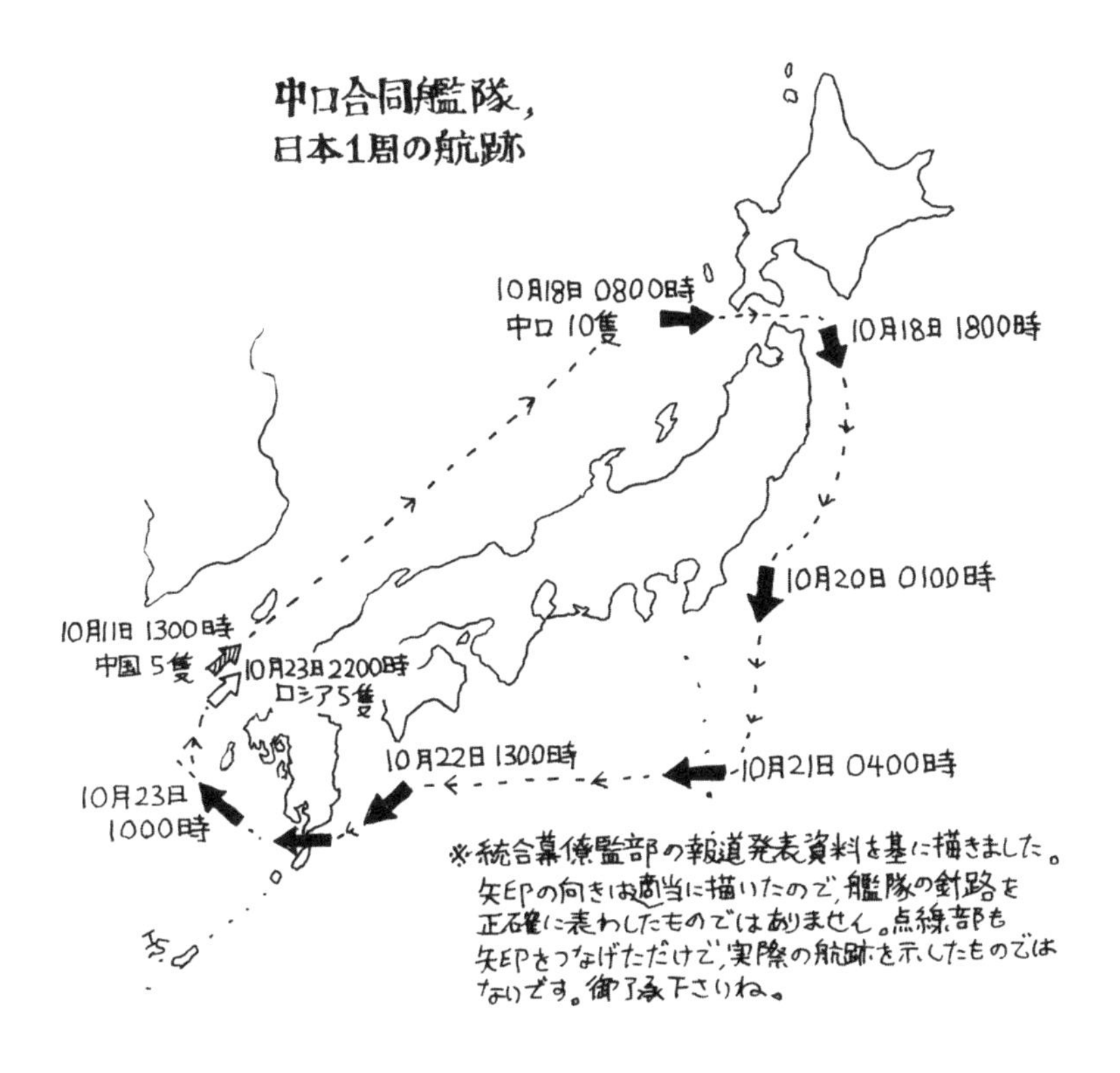

この中ロ合同艦隊は2日後の10月20日には犬吠埼東方130kmを南に向かい、21日に伊豆諸島の須美寿島と鳥島の間を通過、その後054A型フリゲートとステレグシチー級フリゲートからヘリコプターが発進、日本の防空識別圏内に航空機が現れたため、航空自衛隊の戦闘機がスクランブル発進している。中ロ艦隊は22日に足摺岬南約180kmを西に航行、23日には大隅海峡を通過して太平洋から東シナ海に入った。

中国とロシアの軍艦が艦隊を編成して津軽海峡を通過したのは初めてのことで、しかも津軽海峡を東へ抜けて太平洋を南下し、大隅海峡を西に

マーシャル・ネデリン級:ロシア海軍のミサイル観測艦。試験発射される弾道ミサイルやロケットをレーダーで追跡、飛翔をモニターし、送信されるデータを受信することを主目的とする。有人宇宙飛行の支援や、有事の際に指揮艦となることも本級の任務である。冷戦時代末期にソ連で建造され、2隻が1984年と1990年に就役したが、1番艦マーシャル・ネデリンは1998年に退役し、現在は2番艦マーシャル・クリロフのみが2018年に近代化改修を受けて太平洋艦隊で現役にある。排水量は約24,000tで、マーシャル・ネデリンの方が若干大きかった。巨大なアンテナドームをはじめ、多数のアンテナを装備しているのが外見上の特徴となっている。

通過して、つまり日本を一周した。このようなコースでの航行も初めてのことだ。ただし津軽海峡も大隅海峡も、日本の領海の幅を狭めて中央に公海となる部分を設けた「特定海域」であり、伊豆諸島の須美寿島と鳥島間の海域も領海にはあたらないため、これら中ロ艦隊の航行は法的には全く問題ない（2021年10月24日付「乗り物ニュース」、稲葉義泰氏の記事を参照）。

また中国とロシアの合同海軍演習は「海上協力」の名で2013年以来行われており、2013年、2015年、2017年にはウラジオストック沖で、2016年には南シナ海、2019年には黄海でと場所もさまざまである。この艦隊の行動も、通例の中ロ海軍合同演習の一つでもあり、中国側も「特定の国を対象としたものではない」としている。そう考えれば、中ロ艦隊の日本一周もとくに怖がったり腹を立てたりする必要はないのだろう。

しかしこの時期に中ロが5隻ずつ同数の、しかも艦の規模も同じような編成で合同艦隊を組んで行動させたことは、明らかに日米英、それにオランダ、カナダ、オーストラリア、ニュージーランド各国の共同訓練に対抗しようとしたように見える。中国の海洋進出に対して、これら各国が力を合わせて対応する姿勢を示していることは、やはり中国にとって愉快ではないのだろう。ロシアは西太平洋でアメリカや各国と対立しても得るものはないはずだが、「アメリカの損は自分の得」というゼロサム・ゲームの計算があるのだろうか。

そのうえで中国海軍もロシア海軍も、アメリカとイギリス、それにオーストラリアに直接の圧力をかけることはできないから、手の届くところにある日本を艦隊で一周して、日本と各国に対して、自分たちの海軍力を誇示してみせた、といったところなのだろう。

またこの合同艦隊に中国は055型、ロシアはステレグシチー級という最新艦を参加させ、テクノロジーの面でもアメリカや日本に引けは取らないことを示している。クォッドやオーカスといった各国の防衛協力がより重層的になり、深化していくのに対し、中国やロシアの反応もまたより強力なものとなりつつある。インド洋～太平洋の波はこれからも高くなっていくのだろうか。

アップデートコラム

この項を書いたのは２０２１年10月のことだった。このときの演習は両国の艦艇が日本列島を一周して、中国海軍の行動力の伸長とロシア海軍太平洋艦隊の復活ぶり、両国が揃って西側諸国の合同演習や訓練での連携と協調に対抗しようとする意志の表明として、それなりに注目されるものではあった。しかしそれから４ヶ月後の２０２２年２月にロシアがウクライナへの違法でいわれのない侵攻を開始した。中国は中国で相変わらず東シナ海や南シナ海で力による現状変更を追求していて、中ロ海軍の合同演習も、そういう両国が西太平洋～日本周辺で手を結んでいることの現われとして見えるようになった。権威主義体制・独裁体制で力の行使をためらわない国々と、自由と安定と協調を求める国々。世界はそれら二つの陣営の対立と緊張へと進もうとしているようになるのだろうか。

第14考 日本近海に波風立てる中国・ロシア艦隊の遊弋

2022年6月、米原子力空母2隻に、強襲揚陸艦トリポリが加わり「ヴァリアント・シールド2022」が展開された。この間、中ロの艦隊が日本近海を遊弋し、西太平洋を舞台とする各国の動きがはげしくなってきた。

日本の周りに波が立つ

2022年6月、ロシアによるウクライナへの武力侵攻という野蛮で醜悪な戦いがなおも続いているが、ユーラシア大陸の反対側である東側の海、つまり日本周辺の西太平洋では、中国とロシアの海軍力が蹴立てる波が高まっている。

中国海軍はすでに5月初めに、空母「遼寧」と055型大型駆逐艦「南昌」、052D型駆逐艦「西寧」と「烏魯木斉（ウルムチ）」、「成都」、901型高速戦闘支援艦「901」、それに052C型駆逐艦「鄭州」、054Aフリゲート「湘潭」を加えて、九州西方の東シナ海から宮古島と沖縄本島の間の海峡を抜けて太平洋に進出させている。

この部隊の編成は空母打撃群と呼ぶにふさわしいもので、「遼寧空母打撃群」は5月21日に東シナ海に戻るまで、日本の南西諸島の南方の太平洋で活発に航空機を発着させて訓練を行った。この間に海上自衛隊の「いずも」が監視にあたったが、中国国防省はスポークスマンを通じて「日本の近距離での追跡と妨害は非常に危険なもの」として怒ってみせた。この遼寧空母打撃群の太平洋での行動はほぼ3週間にわたり、その間に多くの離発着を行っており、中国海軍が空母と搭載航空部隊、それに打撃群としての訓練を充実させており、真剣に運用の経験を身につけようとしていることが見てとれる。中国海軍の空母運用に向けての明確な意欲の先に、6月17日の新空母「福建」の進水があることを考えると、中国の海軍力の成長の早さに改めて感心させられる。

この遼寧打撃群に続いて、6月にはさらに中国海軍は目立った行動を見せている。6月12～13日には055型駆逐艦の2番艦「拉薩（ラサ）」と052D型駆逐艦「成都」、815型情報収集艦「799」、901型高速戦闘支援艦「902」の4隻が東シナ海から対馬海峡を通って日本海に入り、このうち駆逐艦2隻は6月16日に北海道の北の宗谷海峡を抜け、情報収集艦と高速戦闘支援艦は16～17日に津軽海峡を抜けて、それぞれ太平洋に入った。これらの中国艦部隊は後に合流して東北地方から関東地方の東方沖を南下、6月21日には駆逐艦2隻と高速戦闘支援艦の3隻が伊豆諸島の須美寿島と鳥島の間を通過した。情報収集艦はこれより遅れて6月26日に八丈島と御蔵島の間を西に向かっている。

これらの部隊が伊豆諸島近海を行動しているのと同じ頃、6月21～22日にかけて052D型駆逐艦「淄博」と「太原」、054Aフリゲート「安陽」と「舟山」が沖縄本島と宮古島の間を通って東シナ海から太平洋に進出、同じ6月21日には052C型駆逐艦「西安」と056型コルベット（海上自衛隊は小型フリゲートとしている）「孝感」が与那柴島と台湾の間の海峡を抜けて、やはり東シナ海から太平洋に入っている。この二つの部隊はともに6月24日にそれぞれ同じ海峡を通って東シナ海に戻っている。

福建：中国海軍が建造中の3隻目の空母。1隻目の「遼寧」は旧ロシア未成空母を買い取って中国で改良して竣工させて、2隻目の「山東」は「遼寧」を基に中国で設計・建造した最初の国産建造空母である。この「福建」は設計も建造もすべて中国で行った最初の空母となる。中国初のカタパルト発進／拘束着艦（CATOBAR）方式を採用、蒸気タービンの通常動力だが、満載排水量80,000t以上、およそ60機を搭載と、アメリカのスーパーキャリアーに近づいている。しかも3基のカタパルトは電磁式とみられている。起工は2015～16年で、2022年6月に進水し、2023年11月にはカタパルトの射出試験に成功している。2024年には就役するという。

中ロ艦隊の日本周航

しかもこの中国艦隊が東シナ海から日本海、太平洋へと日本列島をぐるりと回っているのとほぼ時を同じくして、ロシア海軍もまた動いている。ウダロイ級駆逐艦のアドミラル・パンテレーエフとアドミラル・シャポシニコフの2隻が、新鋭のステレグシチーII級フリゲート1隻、グレミヤシチーとステレグシチー級フリゲートのソヴェルシェンヌイ、グロムキー、ロシア連邦英雄アルダー・ツィデンジャポフの3隻、それにマルシャル・ネデリン級ミサイル観測支援艦が6月15日に北海道の根室南方の太平洋を南に進むのが確認されている。

これらのロシア艦部隊は本州の東方沖の太平洋を南下、6月16～17日には伊豆諸島の須美寿島と鳥島の間を西へ通過、19日にはマルシャル・シャポシニコフを除く艦が沖縄本島と宮古島の間を北進して東シナ海に入り、21日には対馬海峡を通って日本海へ入っている。ロシア艦も日本列島を北から南へと時計回りにぐるりと周回したのだ。しかも時期は中国艦隊の周回の直前で、伊豆諸島の間を抜けるときの海峡も同じだ。

中国もロシアもこの行動について両国が連携したものとは言っていない。しかしこれが「偶然ですよ?」と言われて、「あー、そうなんですね」と納得する気になる人は日本にはいないだろう。両国はおそらく協調して日本の周りでの海軍力を誇示して見せたようだ。

ロシアはウクライナ侵攻の一方で、太平洋にも軍事力を持っており、海軍力を動かせることを、ウクライナを支援する日本に示して見せたのだろう。中国は日本周辺の海にも中国の海軍力が自由に行動できることを示そうとしたようだ。日本列島を周回したり、伊豆諸島を通過したり、沖縄南方で空母部隊の訓練をしたり、あるいは中国海軍は南シナ海～東シナ海の「第1列島線」を超えて、

第1列島線：中国が考えている海の防衛線。日本の九州から南西諸島、台湾の東側を通り南シナ海のほぼ全域を囲み、この内側は中国が確実に防衛することを目指している。言いかえれば中国の軍事的な制圧範囲の目標であり、つまり「A2AD（接近阻止・領域拒否）」の「AD（Area Denial：領域拒否）」として、台湾有事の際に中国がアメリカ軍の侵入や行動を許さない範囲でもある。この第1列島線には日本やフィリピン、その他の国々の領海も含まれていて、南シナ海のいわゆる「九段線」にもつながっている。こんな線を引かれては周辺国としては大いに困るし迷惑な話だが、中国海軍や空軍の近年の行動は、どうやらこの第1列島線の「領域拒否」能力の確立へと進もうとしているようだ。

USS TRIPOLI, THE LIGHTNING CARRIER

太平洋の「ライトニング・キャリアー」、
F-35Bを20機搭載して
「ヴァリアント・シールド2022」演習に
臨んだ強襲揚陸艦トリポリ。
2020年7月に就役して
この2022年5月からの航海が
最初の作戦展開だ。

トリポリは5月2日に母港サンディエゴを出港して、
5月20日に日本の岩国に入港。これがトリポリに
とって初の外国の港への寄港となった。
岩国でVMFA-121（第121海兵戦闘攻撃
飛行隊のF-35Bを搭載した。

トリポリはアメリカ級の2番艦で、外側に傾いた
煙突が外見上の特徴の一つ。アメリカが佐世保に来た時、
士官に「この煙突は航空機の発着に対する排煙の
影響を減らす効果があるんですか？」と質問したけど、
なんか答をはぐらかされてしまった。

トリポリの艦名は、1801〜1805年に、
アメリカ海軍と海兵隊が北アフリカの
海賊を打ち負かしたバーバリー戦争での、
トリポリの戦いにちなむもの。

日本からグアムに至る「第2列島線」に進出しての行動能力を実証しつつあるのかもしれない。

第5世代戦闘機 太平洋へ

その一方、アメリカ海軍も西太平洋に大きな力を広げている。今年1月に母港サンディエゴを出港した空母エイブラハム・リンカーンの打撃群は西太平洋で行動してきたが、5月21日には横須賀に初めて寄港した。その翌日には初めて日本を訪れるバイデン大統領が横田基地に降り立っていて、大統領の訪日といい、原子力空母の寄港といい、いかにも日米の同盟関係の確かさを示す出来事となった。この5月初めには強襲揚陸艦トリポリが、初の作戦展開に向けてサンディエゴを出港している。

実はエイブラハム・リンカーンの搭載航空団には海兵隊のF‐35C戦闘機の1個飛行隊が含まれていた。これは昨年の空母カール・ヴィンソンに続いて2回目のF‐35Cの作戦航海だ。そして強襲揚陸艦トリポリは、通例の海兵隊のヘリコプター部隊ではなく、F‐35B戦闘機約20機を搭載して展開に出ている。

トリポリはアメリカ級強襲揚陸艦の2番艦で、このクラスはウェルドックを廃止してF‐35B運用能力を強化している。このようにF‐35B 20機搭載の「ライトニング・キャリアー」はこのクラスが目指した運用形態の一つでもあり、トリポリの展開で「ライトニング・キャリアー」構想の実証と評価が行われることとなる。

エイブラハム・リンカーンは5月26日には横須賀を出港し、すでに展開に出ていた空母ロナルド・レーガン、それに西太平洋に到着したトリポリとともに6月6日から17日にかけてマリアナ諸島〜

第2列島線：第1列島線のさらに外側、本州中部から小笠原諸島、グアム、パラオを通ってパプア・ニューギニアに至る線。中国がこの内側で軍事的に優位に立つことを目指している範囲。つまり中国はこの範囲でアメリカ軍の西進を食い止めるだけの軍事力を持つつもりでいて、「A2AD」の「A2（Anti Access：接近阻止）」をするつもりの範囲だ。中国はこうして太平洋の西半分を自国の支配下に置こうとしているわけで、中国海軍がしばしば太平洋に進出して演習を行なっているのも、この第2列島線での十分な作戦能力を身につけようとしているためと考えられる。

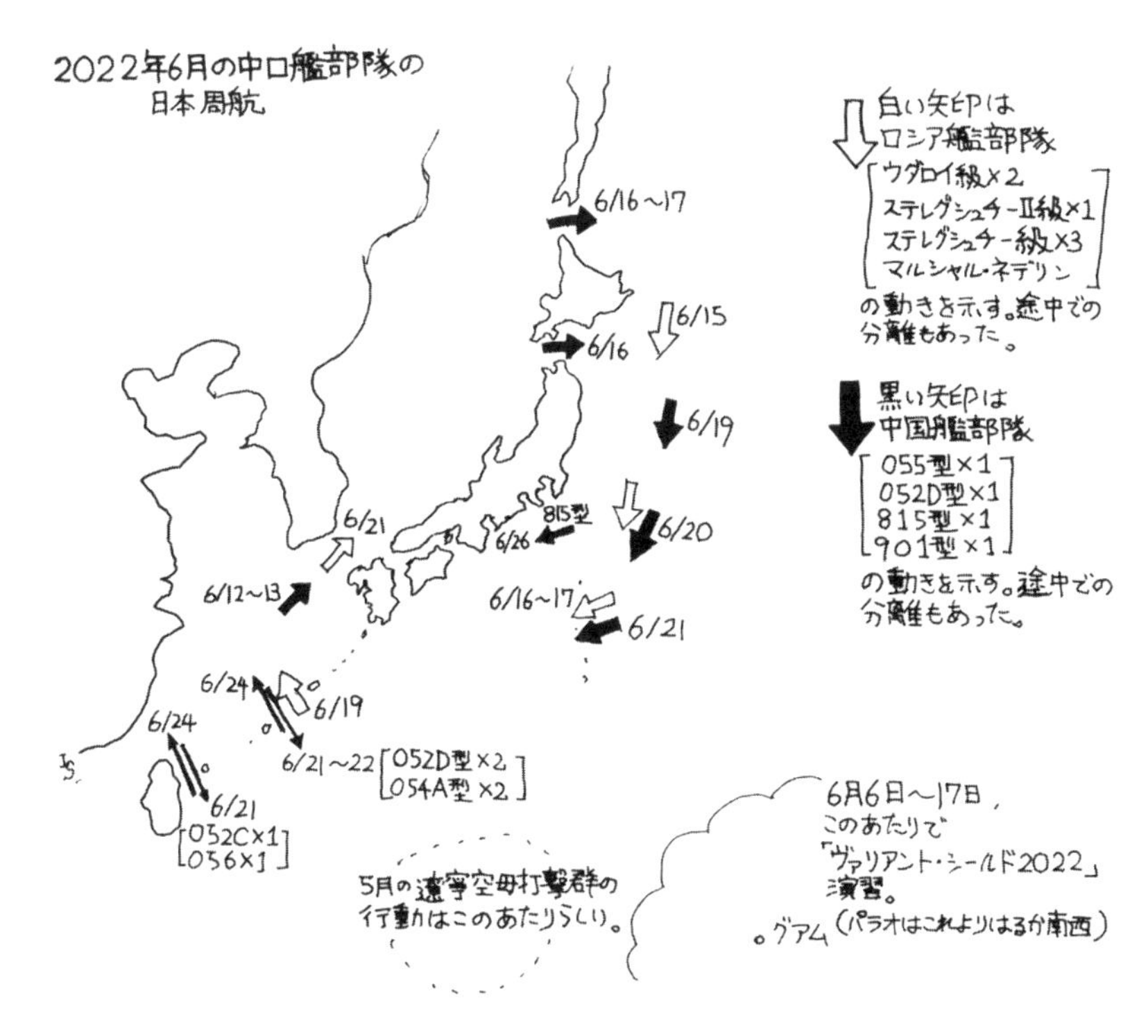

パラオ周辺海域で行われた太平洋のアメリカ海軍と海兵隊、空軍、陸軍、宇宙軍の統合演習「ヴァリアント・シールド２０２２」に参加した。この演習は広範で多岐にわたる実戦的な演習で、参加艦艇15隻、航空機２００機以上、人員1万３０００人以上という大きな規模となった。その演習にエイブラハム・リンカーン搭載の10機のF-35Cと、トリポリ搭載の20機のF-35Bの合計30機の「第5世代戦闘機」F-35が参加したのだ。

　F-35がどのようなシナリオの下でどのような働きをしたのかは明らかではないが、この演習がアメリカ海軍／海兵隊のF-35作戦運用の大きなステップとなったことは想像に難くない。

　この「ヴァリアント・シールド

2022」では、海兵隊がHIMARS高機動ミサイル発射車両を州兵空軍のC-130J輸送機でパラオのアンガウル島に急速展開し、ロケット弾を発射後、迅速に輸送機で撤収する「HI-RAIN（HIMARS迅速侵入）」を行っている。今回は訓練用ロケット弾を発射したが、海兵隊は将来NSM対艦ミサイルを導入し、HIMARSに搭載する予定であり、このHI-RAINによって島々を迅速に対艦ミサイルの発射地点とすることができるようになる。

また「ヴァリアント・シールド2022」には陸軍の防空およびミサイル防衛部隊も参加しており、グアムなど太平洋のアメリカ軍の基地に対する中国の弾道ミサイルの脅威への対抗を目指していることがうかがえる。

SM-6による対艦攻撃

「ヴァリアント・シールド2022」のハイライトとなったのがSINKEX、つまり実艦標的撃沈演習だ。今回のSINKEXでは標的とされたのは旧オリヴァー・ハザード・ペリー級フリゲートのヴァンデグリフト（FFG48）で、ヴァンデグリフトは1984年に就役、1998年から2006年まで横須賀に前方展開していたこともあり、2015年に退役した。

ヴァンデグリフトを標的として、海軍のF/A-18E/Fスーパーホーネットや海兵隊のF/A-18Dホーネットからのハープーン対艦ミサイル、空軍のB-1B爆撃機からの対艦ミサイル（おそらくLRASMか）が発射されたようである。海兵隊のF-35Bもヴァンデグリフトを標的に対艦攻撃を行ったとされており、おそらくGPS誘導爆弾JDAMを投下したものと考えられる。

今回のSINKEXで注目されるのは、ロナルド・レーガン打撃群の駆逐艦ベンフォールドがSM-6ミサイルを対艦攻撃に用いたことだろう。SM-6は、アメリカ海軍の巡洋艦や駆逐艦が

SM-6：アメリカのレイセオン社製対空ミサイルRIM-174。従来のSM-2の後継で、射程は不明だが200km以上ともいう。海上自衛隊も採用する。

現在搭載しているハープーン対艦ミサイルに比べて、射程が長く、ハープーンのような海面上低くを飛ぶ「シースキミング」ではないが、超音速で飛行するため、おそらくハープーン以上に迎撃は困難となるのではないだろうか。ＳＭ‐６による水上目標攻撃はこれが初めてではないが、今回のＳＩＮＫＥＸでもＳＭ‐６は「大きな効果があった」と評されている。

ＳＭ‐６はアクティブ・レーダーホーミングで、発射された後はプログラムされたコースを飛翔して、終末段階で弾頭部のレーダーで目標を捉えて命中するので、発射した艦はＳＭ‐６を誘導する必要がない。いわば「撃ちっぱなし」ができるのだが、今回のＳＩＮＫＥＸでのＳＭ‐６による攻撃では、誰がどのように目標捕捉と選定を行ったのか、つまり「ターゲティング」がどう行われたのかが気になるところだ。

Ｆ‐35ＢやＦ／Ａ‐18Ｅ／Ｆがレーダーやセンサーで目標のヴァンデグリフトを捕捉、そのデータをＦ‐35ＢのＭＡＤＬやＦ／Ａ‐18Ｅ／Ｆのリンク16といったデータリンクで駆逐艦ベンフォールドに送り、そのデータを基にベンフォールドがＳＭ‐６を発射、ヴァンデグリフトに命中させたのであれば、アメリカ海軍の航空機とイージス艦、それにＳＭ‐６ミサイルのネットワークでの対水上戦の実例となるところなのだが、残念ながらまだＳＭ‐６による対艦攻撃の実態は明らかになっていない。

こうして海軍や空軍、海兵隊の海と空からの攻撃を受けたヴァンデグリフトは、最終的にロサンゼルス級原潜キーウェストによって止めを刺されたようだ。キーウェストによる攻撃の詳細も不明だが、おそらくMk48魚雷が艦底で爆発したのだろうと思われる。

こうして「ヴァリアント・シールド２０２２」は6月17日に終了したのだが、この時期は中国海軍の遼寧打撃群の行動の後、ちょうど中国駆逐艦部隊やロシア駆逐艦部隊が日本列島の周りを回っ

ロサンゼルス級：1976年から1996年にかけて62隻が就役したアメリカの攻撃型原子力潜水艦。約20年にわたる建造期間の間にさまざまな改良が加えられ、32番艦以降はVLSを追加、40番艦以降は潜舵を艦首に移し、静粛性やセイル構造の強化が施されている。ヴァージニア級の就役とともに、順次退役しつつある。水中排水量7,124t、33ノット。

ていたころと重なる。「ヴァリアント・シールド」演習が行われる時期や海域は、中国海軍もロシア海軍も承知していたことだろうから、この両海軍の行動は「ヴァリアント・シールド」に対抗する力を見せようとするものだったのかもしれない。

いずれにせよ、もしこれらアメリカと中ロの海軍の行動を、西太平洋を盤面とする将棋あるいはチェスに喩えるならば、２０２２年の５〜６月には駒の動きが激しくなってきたようだ。そしてこの６月の末からは、ハワイ近海とカリフォルニア沖で、アメリカ太平洋艦隊主催の多国籍海軍演習リムパックが始まる。

アップデートコラム

第13考の２０２１年10月の続きが、この２０２２年６月の行動だ。ロシアのウクライナ侵攻開始から４ヶ月ほど後に、中国艦隊とロシア艦隊が呼応するように日本列島の周囲を行動して見せた。この両国の協調ぶりは前項に書いたように大いに気になるところだが、中国海軍が新鋭艦を続々送り出してくるのに対し、ロシア海軍太平洋艦隊が出してきた大型艦は古く、新型艦は小ぶりなフリゲートしかない。この両国海軍の艦艇の差が、太平洋での中ロ海軍の力関係を現わしているようにも見える。ロシア海軍も新型艦の建造を進めているが、ウクライナでの戦争、とくに陸上戦力や弾薬、ミサイルに多大な予算を注ぎ込まなければならない状況では、今後の海軍力の整備は思うようには進まないかもしれない。

3章
艦艇たちの悲喜こもごも

2020年7月12日の朝に炎上するボノム・リシャール。艦橋部分から炎が上がり、朝焼けの空へ黒煙がたなびいている

第15考
ボノム・リシャールが大火災——艦隊復帰への可能性は？

2020年7月、猛烈な炎と煙に包まれたボノム・リシャールの映像にショックを受けた読者も多かったのではないだろうか？
まだその被害状況すらも掴めていない状況ではあるが、今後この艦がどうなるか、太平洋の海にどう余波を残すか考えてみよう。

4日間かけて燃え続け船体主要部も大ダメージか⁉

アメリカ海軍の強襲揚陸艦ボノム・リシャールが燃えてしまった。ボノム・リシャールは2019年6月から近代化改修工事に入り、サンディエゴのNASSCO社のドライドックを2019年11月に出て、サンディエゴ海軍基地に移って工事を続けていた。ところが2020年7月12日に艦内で火災が発生、火災は4日間にわたって燃え続け、艦内の広い範囲が損傷を受けた。アイランドの艦橋部分も内部が焼け落ち、前部マストは倒壊してしまった。

アメリカ海軍は火災の原因を究明するとともに、損傷の確認と評価を行っているが、艦内の片づけだけでも2020年11月までかかるという。その損害評価の結論が出るのはまだ先のことだろうが、すでに懸念されているのはボノム・リシャールが果たして艦隊に復帰できるかどうかだ。損傷が激しく、修理に要する経費によっては、ボノム・リシャールはこのまま退役、廃艦として除籍さ

ボノム・リシャール：アメリカ海軍のワスプ級強襲揚陸艦6隻の最終艦。1998年に就役し、2012年4月から2018年1月まで佐世保基地に前方展開し、その後ワスプと交代して母港をカリフォルニア州のサンディエゴ海軍基地に移した。満載排水量41,300t。

れてしまうことも考えられるのだ。ボノム・リシャールはワスプ級強襲揚陸艦の6番艦として1998年に就役して、今年で艦齢22年となる。その実用寿命と考えられる艦齢45年~50年の折り返し点として、近代化改修が施されていたのだが、修理に要する経費が新造の建造費に迫るようなことになれば、残りの20年あまりの寿命のためにそこまでの経費はかけられない、とアメリカ海軍が判断するかもしれない。

艦内の焼損箇所はおそらく内部の機器や電気の配線、配管も燃えてしまっているだろう。船体や隔壁が熱で歪んだり、あるいは強度を失ってしまった箇所もあるかもしれない。とくにアイランド部分は艦橋をはじめ、艦の指揮通信機能の多くが集中し、レーダーや通信、電子戦用のアンテナなどの機器も装備されていた。それらの機器類やコンピューター類を取り換えるとなると、おそらく費用もかなりかかることだろう。

損傷の修理だけでなく、ボノム・リシャールは火災発生時には近代化改修工事の工程の3分の2を終えたところで、2億4800万ドル（約250億円ほどだ）をかけた近代化改修もこれでほぼやりなおしとなる。ちなみに火災の後片付けはNASSCO社に1000万ドル（約10億円）で発注されている。ボノム・リシャールの機関はこの火災でも無傷で、水線下の船体も損傷を受けていない。鎮火後にボノム・リシャールを視察した、海軍作戦部長マイク・ギルデイ大将は「造船技術者がこの艦を再び航行可能にできることには100%確信がある」と述べているが、それに続いて「問題は、この艦齢22年の艦にそれほどの資金を投じるべきなのか、だ」とも語っている。

稼働隻数減で太平洋のF-35B空母が不足する?

ではもしボノム・リシャールの修理に経費がかかりすぎて引き合わないと判断されて、このまま退役、除籍となった場合、アメリカ海軍、とくに太平洋艦隊の強襲揚陸艦勢力にはどんな影響があるのだろうか。

アメリカ太平洋艦隊に配備されている強襲揚陸艦は、ワスプ級のエセックスとボクサー、このボノム・リシャール、マキン・アイランド、それにアメリカ級のアメリカと、その2番艦トリポリが2020年7月に就役し、サンディエゴに配備される。このうちご存知のようにエセックスとボノム・リシャールはかつて佐世保に前方展開し、今ではアメリカが前方展開している。これらの強襲揚陸艦の中で、F-35Bを運用できるのはアメリカとエセックス、それにまだこれから訓練や各種の認証を控えているとはいえ、トリポリの3隻だ。ボノム・リシャールは近代化改修でF-35B運用能力を持つことになるはずだった。この火災がなければ、おそらく2020年中には改修工事を終えて、それからテストや訓練を経て、2021年の秋にはF-35B運用能力を備えて作戦展開可能になっていたのではないだろうか。もしボノム・リシャールが修理されて、その際に近代化改修も施されるとするなら、工事期間は2年以上はかかりそうで、艦隊復帰は2023年以降となるだろう。

実はアメリカ海軍は太平洋艦隊の未改修強襲揚陸艦ボクサーの近代化改修を2020年5月にBAEシステムズ社に発注しており、ボクサーは6月にドライドックに入っている。ボクサーの改修工事は2021年秋に終了する予定で、改修後のボクサーはもちろんF-35B運用能力を持つことになる。ボクサーが改修後のF-35B運用訓練や認証を終えるのは2022年の半ばごろになるだろうか。それを考えると、ボノム・リシャールの火災がなければ、2022年後半には太平洋艦隊の6隻の強襲揚陸艦のうち5隻までがF-35B運用能力を持つことになっていたはずだ。マキン・

BAEシステムズ社：世界的な総合軍事航空宇宙メーカー。イギリスの統合航空宇宙メーカーのブリティッシュ・エアロスペース（BAe）社を中心に、火砲メーカーや電子機器メーカー、造船会社などを吸収し、今日では陸海空・宇宙、サイバー分野から、その統合や訓練も提供する巨大な軍事企業になっている。しかもアメリカにも子会社を持ち、数多くの事業所を置き、世界中に顧客を持つ。ヴァージニア州ノーフォークの艦艇造修所「ノーフォーク・シップ・リペア」もBAEシステムズ社の傘下にある。

エセックス：アメリカ海軍のワスプ級強襲揚陸艦の2番艦。1992年に就役し、2000年7月から2012年4月まで佐世保を母港とした。

The fire of Bon Homme Richard

改修工事中に火災を起こしたボノム・リシャールを含む、
ワスプ級強襲揚陸艦の艦内配置は、大ざっぱに
描くと、だいたいこうなってるようだ。

ボノム・リシャールは艦橋後方のアイランド内部が
焼け落ちて、前部マストも前方に倒れた。

指揮・通信機能の多くは
アイランド内部にある。

士官居住区
士官食堂
海兵隊兵員居住区
海兵隊士官居住区
格納庫
車輌甲板
ウェルデッキ
下層車輌甲板
倉庫など
機関室
可燃性液体タンク
海兵隊弾薬庫
医療室
下士官居住区/食堂

ごく大ざっぱではあるんだが、
ボノム・リシャールの火災の写真と
見比べると、どのような区画が
焼けてしまったか、なんとなく
わかる……かな？

斜線で示したのが、火災の発生場所とみられる
下層車輌甲板。その下には、海兵隊用の弾薬庫があるが、
もちろん改修工事中なので、弾薬類は全て下ろされていたはずだ。

アイランドはまだF‐35B運用のための改修を受けていない。

短期的に見れば、ボノム・リシャールが退役するにせよ、修理されるにせよ、改修工事が終わるはずだった2021年秋ごろまではボノム・リシャールは艦隊から離れているので、アメリカ太平洋艦隊のF‐35B運用可能な強襲揚陸艦の数は、エセックスとアメリカ、それにトリポリの3隻に変わりはないことになる。しかし問題はその先で、ボノム・リシャールが艦隊復帰するとしても、展開可能になるのが2024年だとすると、それまではボノム・リシャールが欠けた分、1隻が足りなくなる。もちろんこのまま退役すれば、1隻減ることになる。そのときにアメリカが佐世保に前方展開しているとして、本国にはエセックスとトリポリ、ボクサーの3隻しかない。

ご存知のように、アメリカ海軍の強襲揚陸艦は、上陸作戦に際して海兵隊部隊とその装備をヘリコプターやティルトローター機、LCACやLCUで揚陸させるだけでなく、F‐35Bを搭載して、洋上航空戦力のプラットフォームとしての働きも期待されている。そのためにワスプ級の近代化改修でF‐35B運用能力の付与が進められていて、アメリカ級の1番艦「アメリカ」と2番艦「トリポリ」では、ウェルドックを廃してLCACやLCUの収容を諦めて、その分のスペースを格納庫の拡大やF‐35B運用のための航空燃料庫や整備・部品保管スペースの拡充に当てている。

しかもF‐35Bはアメリカ海兵隊が運用するが、そのレーダーや電子装備、搭載兵装、データリンクは空軍の陸上型F‐35Aや海軍の空母艦上型F‐35Cとも共通で、つまり強襲揚陸艦からのF‐35Bは陸上基地からのF‐35Aや空母からのF‐35Cとネットワークを組んで戦うことができる。さらにいえば、F‐35Aを採用している国は、アジア～太平洋には日本の航空自衛隊やオーストラリア、韓国、シンガポールがあり、これらの国のF‐35Aも機能的にはF‐35Bとのネットワーク戦が可能だ。もちろん実際の作戦運用に際して、それぞれの国のF‐35Aを、アメリカのF‐35

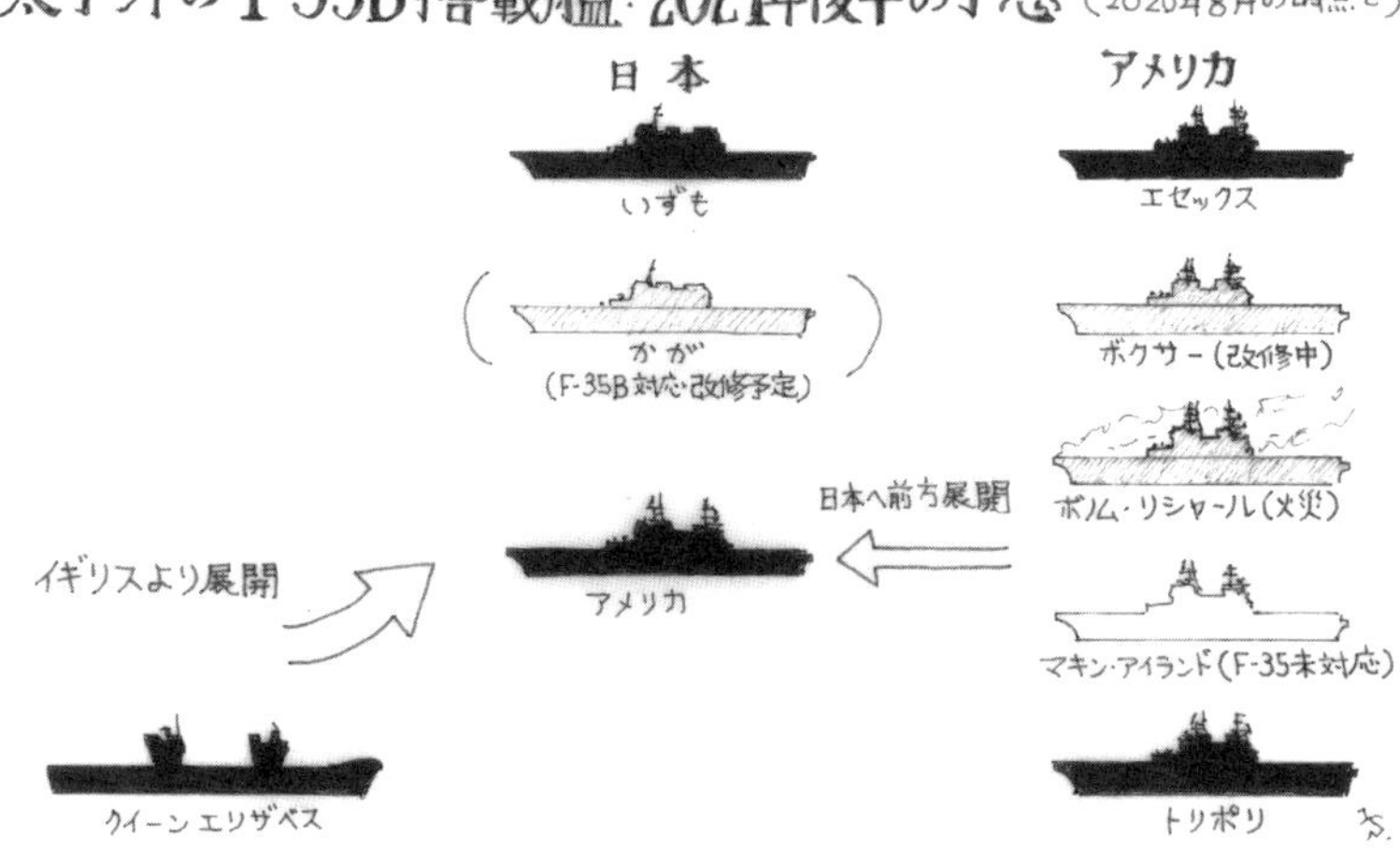

A／B／Cとデータリンクのネットワークを組んで、一体となった情報環境の中で行動させるかどうかは、各国の政治的判断や運用構想などによるだろうが、少なくとも機能としてはネットワーク化が可能ではある。

その意味でも、アメリカ太平洋艦隊の強襲揚陸艦の稼動隻数は、インド洋〜アジア〜太平洋のアメリカとの同盟国にとっては気にかかる問題だ。ボノム・リシャールが欠けたとしても、それだけでアメリカ海軍の空母やF-35B搭載強襲揚陸艦のローテーションに大きな穴が開く、という事態にまではならないかもしれないが、将来のこの地域の状況によっては、ここでもう1隻空母を、あるいはせめてF-35B搭載強襲揚陸艦を投入できれば、といったことにならないとは限らない。

アジア〜太平洋のF-35B搭載艦事情

アジア〜太平洋で、F-35Bの洋上プラッ

データリンク：艦艇や航空機、地上の司令部などからのさまざまなデータを無線を通じて伝送、交換する装置。平たく言えばデータ通信だ。アメリカ海軍では1960年代からNTDS戦闘指揮システムのためのデータリンクとして「リンク11」を使い始め、今日では改良型のリンク22も現れている。さらに大きな通信量を迅速かつ安全に交換するものとして、独特な時間分割方式を用いる「リンク16」が現われ、リンク16と同じだが衛星通信を使って水平線を越えてデータ交換を行なう「S-TADL-J」もあり、アメリカ海軍やNATO諸国、日本など多くの国々で使われている。

トフォームとなるのは、アメリカ太平洋艦隊の強襲揚陸艦だけではない。日本はヘリコプター搭載護衛艦（ＤＤＨ）「いずも」の改修工事を進めており、今回は飛行甲板の耐熱処理や着艦誘導装置の装備など、Ｆ‐35Ｂ運用に向けての限定的な改修にとどまるにせよ、将来は同型艦「かが」とともに本格的な改修を受け、航空自衛隊が導入するＦ‐35Ｂを運用することになる。太平洋艦隊の強襲揚陸艦のアジア～西太平洋への展開ローテーションに、ボノム・リシャールが欠けたことで穴が開くようなことがあると、あるいは同盟国である日本に対して、アメリカ海軍のプレゼンス任務をできる範囲で肩代わりすることが求められるかもしれない。何が求められて、そのときに日本がどうするかは、そのときの状況や日本の政治判断によるだろう。

日本の他にも韓国がＦ‐35Ｂ搭載の軽空母を計画している。2020年8月に報じられたところでは、従来の次期強襲揚陸艦ＬＰＸ‐Ⅱの構想を改めて、ウェルドックを廃してＦ‐35Ｂを含めた航空機運用に特化した艦とするという。韓国版のアメリカ級強襲揚陸艦といったところだろうか。排水量は3万トン級となり、ＬＰＸ‐Ⅱ計画では2033年進水の予定だったが、2020年代末の進水へと前倒しされるようだ。これが就役する2030年代中期には、東アジア～西太平洋のＦ‐35Ｂ搭載艦を持つ国は日米韓の3ヶ国となる。

さらにＦ‐35Ｂを載せた空母は遠くイギリスからもやってくる。イギリス海軍は2021年5月から、空母クイーン・エリザベスの打撃群を初の作戦展開に出す予定で、その展開先はインド～太平洋～アジアになるという。クイーン・エリザベス打撃群はおそらく2021年の後半にアジア～太平洋に到着し、アメリカ海軍の強襲揚陸艦や、海兵隊の、つまり岩国基地のＦ‐35Ｂとともに共同訓練などを行うことになるのだろう。あるいは「いずも」の改修が間に合えば、「いずも」とも共同訓練を行うかもしれない。

さらにイギリス海軍は2隻のF-35B搭載空母、クイーン・エリザベスとプリンス・オブ・ウェールズのうち、1隻を常時アジア~太平洋に前方展開させることを考えているという。イギリス空母のアジア前方展開が実現すれば、この地域でのF-35B搭載艦の勢力は一層強化されるものとなる。これでアメリカ太平洋艦隊からボノム・リシャールが抜ける穴を塞ぐことになるのか、それはそのときの状況次第だろうか。

長期的に見れば、アメリカ海兵隊は従来の「上陸作戦を任務とした小さな陸軍」というあり方から、迅速に陸上に展開して、防空ミサイルや対艦ミサイルをもって、海軍と一体になって対空・対水上戦を任務とするあり方に変わろうとしている。その中では、おそらく強襲揚陸艦の任務も変わってくることと考えられるが、F-35B母艦としての重要性は一層高まるのではないだろうか。

アップデートコラム

案の定、ボノム・リシャールの命運はこの火災で尽きてしまった。アメリカ海軍は2020年11月に、ボノム・リシャールは修理せずに廃艦として除籍することを決定した。火災による損傷が大きすぎ、修理するのは経済的に引き合わないと判断したのだ。そりゃそうだろうな。

ボノム・リシャールはアイランドなどを撤去され、2021年4月に除籍、サンディエゴから曳航されてパナマ運河を通過して、6月に解体場所のテキサス州ブラウンズヴィルに到着した。ボノム・リシャールの火災の原因は乗員による放火が疑われ、2020年8月に容疑者として19歳の水兵が拘束された。しかし軍法会議は2022年9月、容疑者を無罪と結論を下した。出火の原因は艦内の車両甲板に置かれたリチウム電池が爆発し、付近の可燃物に引火したと考えられ、いずれにせよ改修工事の安全管理と消火態勢の不備がボノム・リシャールの全損につながったことは間違いないようだ。ボノム・リシャールは1998年に就役し、実用寿命40年を見込まれていたが、艦齢22年にして除籍となってしまった。

第16考 米海軍にフリゲートが復活!?

2015年にシンプソンが退役して以来、フリゲートと呼ばれる艦種を保有してこなかった米海軍だが、2020年10月のコンステレーション発注で復活することになった。兵装も速力も限られた能力で、「小型水上戦闘艦」に位置付けられるこのコンステレーション級を、米海軍はどのように活用していくつもりなのだろうか?

新フリゲートはLCSの後継艦となる?

アメリカ海軍省ブレイスウェイト長官は2020年10月、建造発注した新フリゲートの1番艦の艦名をコンステレーションとすることを発表した。艦番号は「FFG-62」となる。この新フリゲートは計画名「FFG(X)」と呼ばれていたが、これからは「コンステレーション級」ということになる。

アメリカ海軍のフリゲートは、2015年にオリヴァー・ハザード・ペリー級の最後の1隻、シンプソン(FFG56)が退役したことで姿を消したが、それがコンステレーション級で復活することになる。

とはいえ実はコンステレーション級はオリヴァー・ハザード・ペリー級の後継艦ではない。コンステレーション級は沿海域戦闘艦LCSの後継艦というかLCSを補う艦というか、むしろLCS

フリゲート:フリゲートは今や世界各国の海軍で使われている中型〜大型の水上戦闘艦の艦種名として定着しちゃってるけど、実は帆船時代の快速でそれなりの数の大砲を備えた、偵察〜索敵用の艦種の名前だった。フリゲートは蒸気船時代に「巡洋艦」に取って代わられて消滅したが、第2次世界大戦で駆逐艦より小さくて低速で、武装も弱い対潜護衛用の艦種名として復活、第2次世界大戦後にも駆逐艦より小さい主に護衛用の艦種名として広く使われた。そのフリゲートが次第に大型化して、今日ではだいたい主に対潜用だが、対空任務も対水上任務もこなせる多用途艦になっている。

に代わる艦なのだ。

そもそもLCSは、冷戦終結後のアメリカ海軍には外洋で戦う相手がいなくなったので、海から陸地に軍事力を投射することが主任務になる、という「フロム・ザ・シー」戦略に沿う新艦種として作られた。LCSはオリヴァー・ハザード・ペリー級フリゲートやアーレイ・バーク級駆逐艦よりも、陸地近くの海域で、情報収集や特殊部隊侵入支援、哨戒・警備、機雷戦や対潜戦などを行うのに適した、安価で機動性の高い艦として52隻が建造されるはずだった。

LCSは小型で高速、固有の兵装は少なく、機雷戦や対潜戦などの兵装・装備モジュールを任務に応じて積み替え、他の艦艇や航空機とのネットワークでセンサー能力を補うという構想だった。ところが2008年からLCSが就役してみると、LCSは各種兵装モジュールの開発に手間取り、整備や補給支援、乗員養成も含めた運用構想もうまくいかず、艦自体の故障やトラブルも多かった。しかもそのうちに世界情勢はLCSを計画していたころとは違ってきて、2010年代後半にはアメリカは中国やロシアとの「大国間の競争」に臨むこととなり、アメリカ海軍はこれらの相手と外洋で戦うことを考えなければならなくなった。

そんな状況ではLCSはセンサー能力や対空戦能力が小さすぎる。アメリカ海軍としてはLCSの建造数を当初の52隻から32隻に減らし、代わってLCSよりももっと強力な戦闘能力を持ち、LCSのように沿海域での戦闘にも適し、外洋での海戦でも戦える艦を20隻建造することとした。

当初はLCSの拡大武装強化型も考えられたのだが、2014年にはさらに対空戦能力や電子戦能力、生残性を高めてLCSとは違う強力な艦とすることが求められて「フリゲート」という艦種名が用いられることになった。計画名は「将来のミサイル・フリゲート」という意味で「FFG(X)」となった。LCSは32隻建造で終了するはずだったが、海軍艦隊増勢構想の影響か、実際には38隻まで建造されるようだ。

イタリアのFREMM型を原型にシステムはCOMBATSS-21を搭載

アメリカ海軍はFFG（X）の設計案をメーカーに求めたが、開発の経費と時間を節約するために、外国艦も含めてすでに就役している艦の設計を基にすることが要求された。フリーダム級LCSのメーカーのロッキード・マーチン社と、インディペンデンス級LCSのメーカーのオーストラル社、ジェネラル・ダイナミックス社とハンティントン・インガルス社、フィンカンティエリ社の5社から1社の概念設計案が選ばれることとなった。

このうちロッキード・マーチン社はフリーダム級LCSの拡大発展型を、オーストラル社はインディペンデンス級の発展型を提示した。ジェネラル・ダイナミックス社はオーストラル社とともにインディペンデンス級LCSのメーカーだったが、FFG（X）計画ではスペインのナヴァンシア社と組んで、アルヴァロ・デ・バサン級イージス駆逐艦を基にした案を提出、マリネット・マリン社がイタリアのフィンカンティエリ社と組んで、FREMM型フリゲートのカルロ・ベルガミーニ級を基にした案を提出した。ハンティントン・インガルス社はどのような案を提示したか公表しなかったが、おそらく沿岸警備隊のバーソルフ級警備艦を基にしていたものと思われる。

ロッキード・マーチン社は2018年5月に提示案を撤回して、FFG（X）メーカー選定から脱退したが、FFG（X）の戦闘指揮システムはロッキード・マーチン社のイージス・システム派生型のCOMBATSS-21が採用されることになっていたため、どのメーカーが選ばれるにせよ、ロッキード・マーチン社がFFG（X）の重要な部分を担当することに変わりはなかった。

戦闘指揮システム：レーダーやソナー、電子戦システムなどのセンサーや、他の艦艇や航空機などからの情報を統合して表示、指揮官の判断と意志決定を助けるシステム。今日の戦闘指揮システムとしてはアメリカが作ったイージス・システムが有名だが、それ以前にも1950年代に作られたNTDSなど、さまざまな戦闘指揮システムがある。イージスは1970年代に開発され、対空戦闘指揮を重視したものだが、対水上戦や対潜戦にも使われ、対空戦闘ではコンピューターにより自動的に多数の目標の脅威度を判定、攻撃優先順位を決め、さらには自動的に対空ミサイルを発射し、交戦することまでできる画期的なシステムだった。

FREMM：2005年に開始されたフランスとイタリアが共同で行う汎用フリゲート開発計画。対潜型や対空型、対地攻撃能力を重視した汎用型など複数タイプが建造されている。

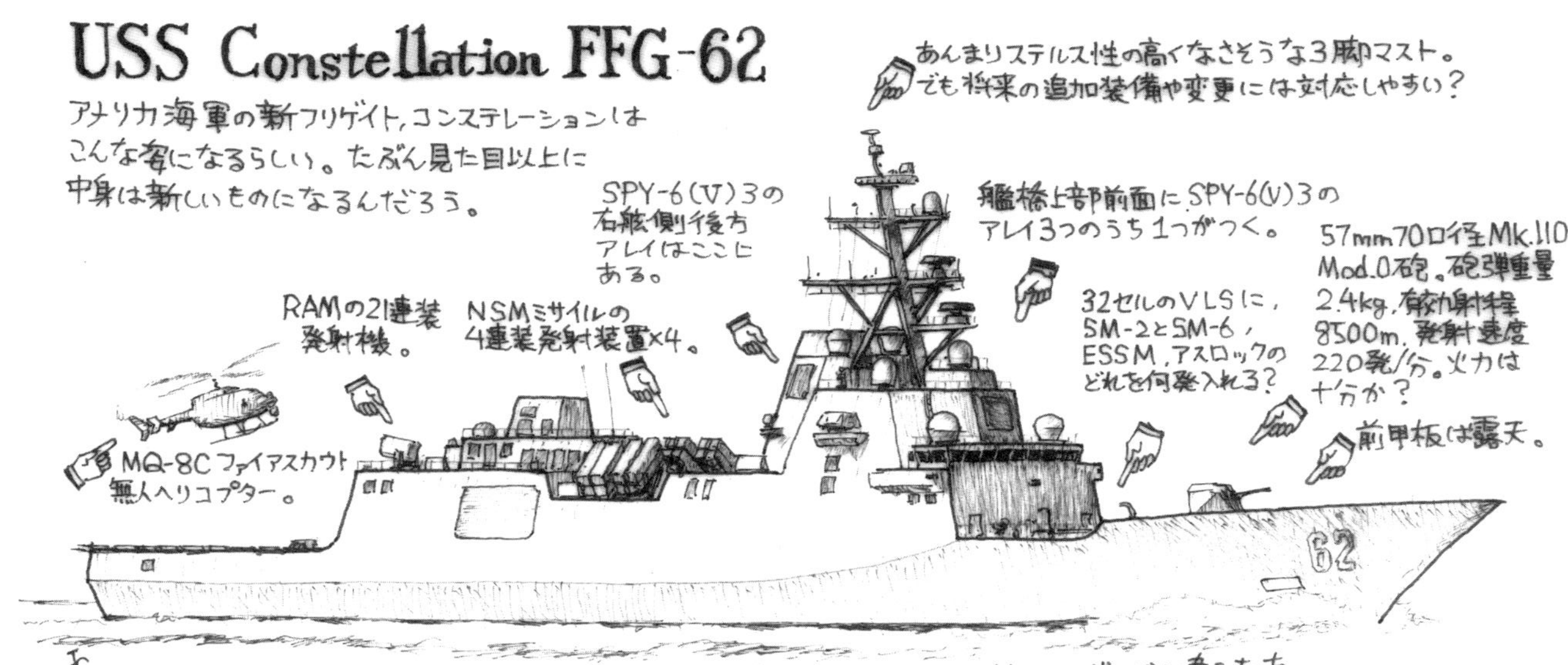
USS Constellation FFG-62
アメリカ海軍の新フリゲイト,コンステレーションは
こんな姿になるらしい。たぶん見た目以上に
中身は新しいものになるんだろう。
あんまりステルス性の高くなさそうな3脚マスト。
でも将来の追加装備や変更には対応しやすい?
SPY-6(V)3の
右舷側後方
アレイはここに
ある。
艦橋上部前面にSPY-6(V)3の
アレイ3つのうち1つがつく。
57mm70口径Mk.110
Mod.0砲。砲弾重量
2.4kg,有効射程
8500m,発射速度
220発/分。火力は
十分か?
RAMの21連装
発射機。
NSMミサイルの
4連装発射装置x4。
32セルのVLSに,
SM-2とSM-6,
ESSM,アスロックの
どれを何発入れる?
前甲板は露天。
MQ-8Cファイアスカウト
無人ヘリコプター。
62
カルロ・ベルガミーニ級とはずいぶん違うなあ。
塔型の統合マスト。側面に
機関の排気口がある。
こちらはコンステレーション級の基になった,イタリア海軍の
フリゲイト,カルロ・ベルガミーニ。
127mm砲と,その後ろに16セルのVLS。
前甲板は覆われてる。
F590

これらの各社案の中からＦＦＧ（Ｘ）として２０２０年4月に選定されたのは、マリネット・マリン／フィンカンティエリ社案だった。もっと要求がＬＣＳ寄りであれば、オーストラル社案にも分があったのかもしれないが、インディペンデンス級のようなトリマラン船体では船体内の容積の不足や、整備の際にドライドック入りが必要になるなどの点が問題になったのかもしれない。筆者はＦＦＧ（Ｘ）の戦闘指揮システムがイージス系統であることから、イージス駆逐艦のアルヴァロ・デ・バサン級を基にしたジェネラル・ダイナミックス／ナヴァンシア案が有利なのではないかと思ったのだが、原型1番艦の就役が２００２年では、船体の原設計が古かったのだろうか。

こうしてＦＦＧ（Ｘ）が決まり、選定から間もなく当時のモドレー海軍長官代行は、1番艦の艦名を「アジリティ（敏捷）」と予定すると発表した。しかしモドレー海軍長官代行は空母セオドア・ルーズヴェルトの新型コロナウィルス感染者発生事件への対応のごたごたから解任され、新たに任命されたブレイスウェイト長官は改めてＦＦＧ（Ｘ）の1番艦を「コンステレーション」とすることにした。

ＬＣＳと新フリゲートの比較 乗員は１４０名と3倍以上

コンステレーション（Constellation）とは「星座」のことで、アメリカ国旗の星のならんだ部分も示唆するというから、アメリカ軍艦にふさわしい艦名であるといえる。18世紀の独立戦争当時の帆船の大砲38門装備フリゲートが初代のコンステレーションで、今度のＦＦＧ62は5代目にあたる。先代はキティホーク級空母2番艦ＣＶ64、その前は１９２０年代にワシントン条約で建造中止となったレキシントン級巡洋戦艦の2番艦だった。

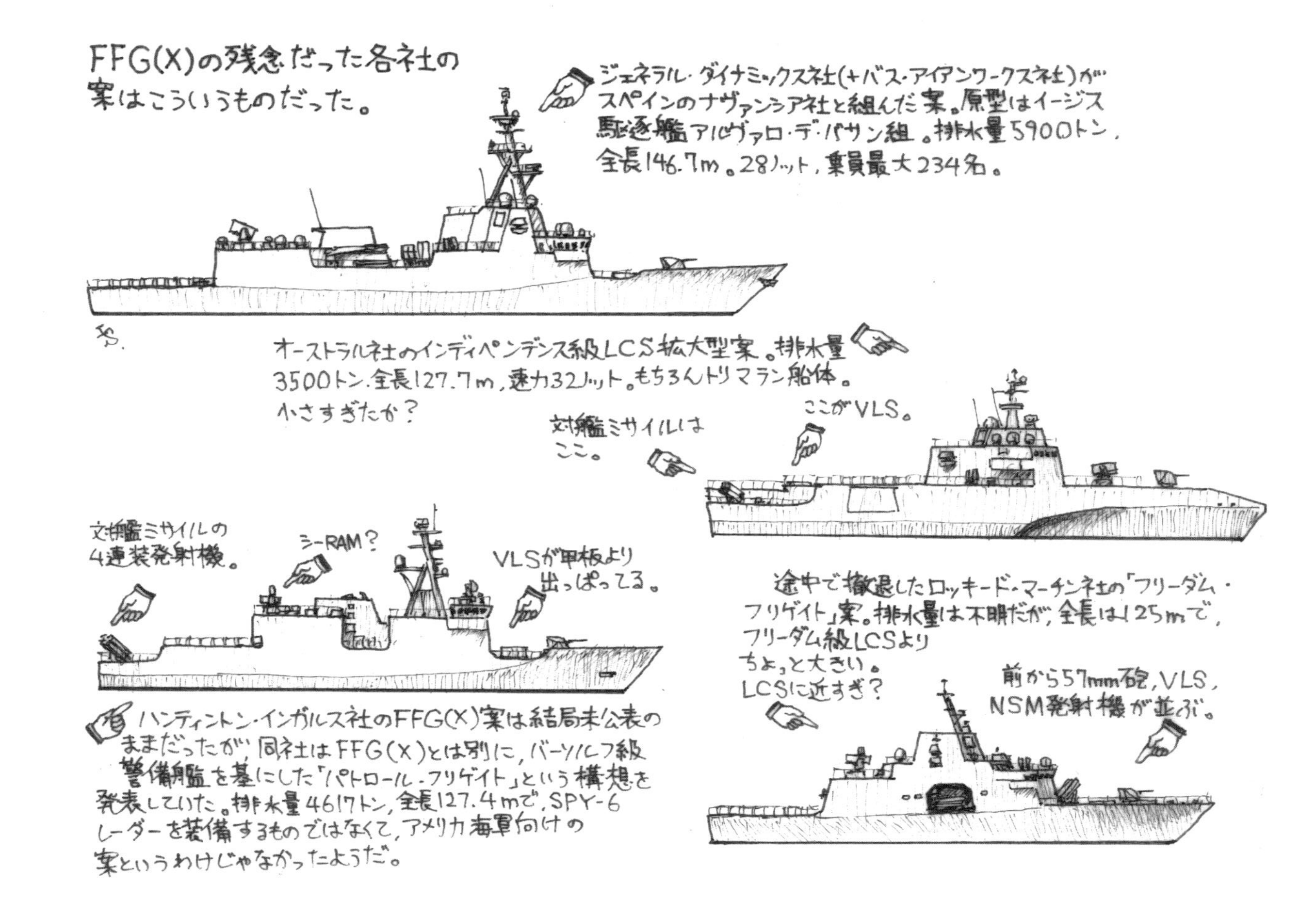
FFG(X)の残念だった各社の
案はこういうものだった。
ジェネラル・ダイナミックス社(+バス・アイアンワークス社)が
スペインのナヴァンシア社と組んだ案。原型はイージス
駆逐艦アルヴァロ・デ・バサン級。排水量5900トン、
全長146.7m。28ノット、乗員最大234名。
オーストラル社のインディペンデンス級LCS拡大型案。排水量
3500トン、全長127.7m、速力32ノット。もちろんトリマラン船体。
小さすぎたか?
ここがVLS。
対艦ミサイルは
ここ。
対艦ミサイルの
4連装発射機。
シーRAM?
VLSが甲板より
出っぱってる。
ハンティントン・インガルス社のFFG(X)案は結局未公表の
ままだったが、同社はFFG(X)とは別に、バーソルフ級
警備艦を基にした「パトロール・フリゲイト」という構想を
発表していた。排水量4617トン、全長127.4mで、SPY-6
レーダーを装備するものではなくて、アメリカ海軍向けの
案というわけじゃなかったようだ。
途中で撤退したロッキード・マーチン社の「フリーダム・
フリゲイト」案。排水量は不明だが、全長は125mで、
フリーダム級LCSより
ちょっと大きい。
LCSに近すぎ?
前から57mm砲、VLS、
NSM発射機が並ぶ。

コンステレーション級はイタリアのカルロ・ベルガミーニ級を基にしているとはいえ、かなり異なる部分が多い。満載排水量は6700t、全長151・2m、幅19・8mで、大きさは当然アーレイ・バーク級駆逐艦より一回り小さく、日本の護衛艦でいえば「あきづき」型とほぼ同じくらいだ。機関は巡航時にディーゼル電気推進、高速時にガスタービンを併用するCODLAG方式で、2軸というのは原型のカルロ・ベルガミーニ級と同じ。出力は4万4600馬力、最大速力は26ノット以上とされている。

乗員は140名で原型より若干増える。この乗員数はアーレイ・バーク級の約290名の半分ほどで、「あきづき」型の210名よりも少ない。LCSの基本乗員は40名で、それに比べるとコンステレーション級は3倍以上になるが、やはりLCSよりもダメージ・コントロール能力を強化して、生残性を高めるにはこれだけの乗員数が必要とされたのだろう。

対空兵装は原型がアスター対空ミサイル用VLS 16セルだったのに対し、コンステレーション級はMk41VLSを32セル装備して、SM-2とESSM、さらにはSM-6対空ミサイルを搭載し、それなりの対空能力を持つことになった。そこがLCSとは全く違うところだ。個艦防御用にはRAMの21連装発射機1基を搭載する。対艦攻撃用には57㎜砲Mk110が1門、これはLCSと同じだが、原型のカルロ・ベルガミーニ級は76㎜砲だった。対艦ミサイルはNSM(RGM-184A)の4連装発射装置2基を装備し、これもLCSと共通の装備となる。後部にはヘリコプター甲板と格納庫があり、MH-60RまたはSを1機と、MQ-8Cファイアスカウト無人ヘリコプター1機を搭載する点もLCSと同じだ。

レーダーはアーレイ・バーク級フライトⅢのSPY-6(V)1の多機能AESAレーダーの小型版で、アンテナアレイ1面のモジュール9個のSPY-6(V)3を、艦橋上部の前面と斜め後

NSM (RGM-184A)：2012年に配備開始されたノルウェーが開発した対艦巡航ミサイル。NSMは「Naval Strike Missile（海軍攻撃ミサイル）」という直截な名称の略語。陸上発射型と水上発射型があり、ターボジェット推進で亜音速、射程は飛行高度にもよるが、100カイリ、約180㎞といわれる。慣性航法装置やGPSなどで誘導され、最終段階では赤外線画像でデータベースと照合して命中するため、デコイや妨害に対する耐性が高い。発展型として航空機搭載用のJSMがあり、F-35A型に搭載される予定となっている。

方の2面、計3面に装備し、対空センサー能力はＬＣＳよりも格段に高いものとなる。戦闘指揮システムはイージスと同系のＣＯＭＢＡＴＳＳ-21で、データリンクとしてＣＥＣも装備される。電子戦装置もＳＬＱ-32（Ｖ）６ＳＥＷＩＰブロックⅡが搭載される。対潜兵装は船体のソナーもしくは可変深度ソナーを装備し、ＶＬＳからアスロックを発射し、対潜魚雷発射管も装備される。

外見では、原型のカルロ・ベルガミーニ級が高い塔型マストを備えて、そこにレーダーや各種アンテナを装備した、いわゆる「統合マスト」だったのに対し、コンステレーション級はアーレイ・バーク級のような3脚マストとなる。ステルス性は原型よりも低そうだが、建造費を抑えるためだろうか。

コンステレーション級はアメリカ海軍の中では、「大型水上戦闘艦」とされる巡洋艦と駆逐艦に対し、ＬＣＳとともに「小型水上戦闘艦」と位置付けられる。コンステレーション級はＬＣＳよりも対空兵装が強力で、ＣＥＣも備えて、他のイージス艦や空母、揚陸艦、早期警戒機とも対空戦ネットワークを構成できることになるが、ＶＬＳが32セルしかないので搭載できるミサイルの数が限られ、脅威度の高い海域で何度も戦闘するには心許ない。対水上戦能力も57㎜砲では小型艦艇より強力な相手には力不足とされるかもしれない。また26ノット以上という速力は、揚陸艦部隊との行動には十分だろうが、空母打撃群に加わって行動するには制約がありそうだ。

アメリカ海軍はコンステレーション級フリゲートを20隻建造する計画だが、新しい艦隊整備構想「バトルフォース２０４５」の中では、フリゲートを38隻とすることも考えられている。コンステレーション級2番艦も予定艦名が「コングレス」（議会）と決まっている。日本人の感覚では「議会」というのはヘンな艦名のように感じられるが、実はこれもアメリカ海軍では帆船フリゲートの時代から使われている由緒ある艦名だ。

コンステレーション級は、当初の計画経費見積もりが少なすぎたことが議会で問題になっている

アスロック：アスロックとはASROC、つまり「Anti-Submarine ROCket（対潜ロケット）」の略。1960年代初期にアメリカ海軍が開発した対潜兵器で、ロケットの弾頭部にホーミング魚雷を搭載して水上艦から発射し、所定の位置で弾頭の魚雷を分離、魚雷はパラシュートで海面に落下し、自身のソナーで潜水艦を捕捉、追尾して命中する。当初は専用の四角い8連装発射機から45度上方に向けて発射し、ロケットの燃焼時間で飛翔距離をコントロールする無誘導の「ロケット弾」だったが、今日ではVLSから発射される慣性誘導方式の新型に代わっている。射程は900m〜22km。海上自衛隊もアスロックを使用してきたが、2007年に国産開発の「07式垂直発射魚雷投射ロケット」を導入している。

と報じられている。しかしとにかく1番艦は２０２６年に就役の予定で、２０３０年代には何隻かは日本に前方展開してくるかもしれない。しかし筆者などはそのころには老いぼれてしまっておるじゃろうなあ……。

アップデートコラム

その新世代フリゲートの1番艦、コンステレーションは２０２０会計年度予算により２０２１年5月にマリネッタ・マリン社に建造発注が出されている。２０２３年12月現在でまだ実際の建造工事は始まっていないが、4番艦まで発注されている。アメリカ海軍の艦隊戦力構想では、ＬＣＳ32隻とこのフリゲート20隻で「小型水上戦闘艦」合計52隻を揃える予定となっているが、ＬＣＳはすでに退役艦も出ていて32隻よりも少なくなってしまう。そうなると小型水上艦勢力を52隻とするにはフリゲートの建造数が20隻より増えることもありそうだ。あるいはコンステレーション級20隻に続くものとして、それとは違う新型艦が計画される、ということになるのかもしれない。もしそうなるのなら、アメリカ海軍はフリゲートに何を求めてどんな艦にするのか、見てみたいものだ。

第17考 バッドニュースとグッドニュース——LCSはどうなる？

モジュール式の兵装で高い汎用性を特徴とする新艦種として華々しく登場した2タイプの沿海域戦闘艦LCS。
しかし、就役からわずか10年で早くも退役する艦が現れた。
LCSにいったいなにがあったのか？　LCSの明日はどっちだ!?

2転3転する運用構想 トラブル続きのLCS

２０２１年６月、沖縄のアメリカ海軍ホワイトビーチ基地に、３胴型（トリマラン）のインディペンデンス級沿海域戦闘艦（ＬＣＳ）タルサが寄港した。ＬＣＳの日本寄港は、２０１５年３月に単胴型のフリーダム級２番艦フォートワースが、初の前方展開で長崎県の佐世保基地に入港して以来、実に６年ぶり２度目だ。

この６年間に、アメリカ海軍のＬＣＳとその運用・配備構想はさまざまなトラブルに見舞われて、２転３転している。そもそもＬＣＳは、かつてのオリバー・ハザード・ペリー級フリゲートやアヴェンジャー級掃海艇に代わる新しい構想の水上戦闘艦として、小型で安価で、喫水が浅くて高速で、乗員数が少なく、外洋での艦隊作戦よりも陸地に近い（リットラルな）沿海域での作戦に適した艦として考えられた。

フリーダム級：2008年から就役を開始したアメリカ海軍の沿海域戦闘艦（LCS）。ネットワーク中心戦（NCW）の中で活用できる低コスト艦として建造された。インディペンデンス級と同じくミッション・パッケージ方式で各種任務に対応する。乗員数は40名と少ない。満載排水量3,360t、ウォータージェット推進で速力40ノット。

インディペンデンス級：アメリカ海軍の沿海域戦闘艦（LCS）。2010年に1番艦インディペンデンスが就役した。固有の兵装は少ないが、対機雷戦、対水上戦、対潜水戦などの任務に応じて各種装備を「ミッション・パッケージ」として搭載する。三胴形式で、最大速力50ノットと高速である。3,188t、乗員40名。

モジュール式に兵装などを交換することで、対機雷戦や対水上戦、情報収集、特殊部隊支援、法執行支援、災害救助などに対応し、対潜能力や対空能力は限られるが、長距離センサーや対空能力などは他の艦や航空機とのネットワークに頼る、ということになっていた。乗員も艦を動かす基幹乗員に加えて、各任務に応じて兵装モジュールとともに専門員を乗せる、という構想だ。

単胴型の1番艦フリーダムは2008年に就役し、3胴型の1番艦インディペンデンスは2010年に就役、当初の構想ではアメリカ海軍としては各クラス26隻ずつ、合計52隻を建造するつもりだった。

ところが各任務対応のモジュールの開発、とくに機雷戦モジュールの開発が難航し、しかも基幹乗員+専門員の乗員構成も実際に運用してみると労力配分や訓練がうまくいかないことが分かった。それに加えて、とくにフリーダム級ではディーゼルとガスタービン併用のCODAG機関のギアボックスに故障が頻発し、稼働率が低く、しかも2016年にはフリーダム級LCSが前方展開先のシンガポールで機関に重大な故障を起こし、這うようにして本国に戻らなくてはならなくなり、LCSのローテーション展開は一旦中断されることになってしまった。

ライバル台頭と去り行くLCS

実はLCSが構想された1990年代、アメリカ海軍と外洋で張り合う他国の海軍はなかったことから、アメリカ海軍は海から陸への戦力投射を主任務と考える、いわゆる「フロム・ザ・シー」戦略を目指していた。LCSはこの戦略に沿った艦だったのだな。ところが実際にLCSが運用を始めた2000年代になると、中国海軍の目覚ましい増強や活動の強化、ロシア海軍の復興もあっ

CODAG方式: ディーゼルエンジンとガスタービンエンジンを組み合わせた艦船の推進方式のこと。通常時はディーゼルエンジンを使い、高速時にはガスタービンエンジンを併用して、2種類のエンジンの合計出力で航行する。COmbined Diesel And Gas turbineの略。

て、アメリカ海軍は再び外洋での戦闘能力を重視しなければならなくなった。そのため個艦の戦闘力の低い（しかもトラブルの多い）ＬＣＳよりも兵装やセンサーの充実した艦を求めて、アメリカ海軍はＬＣＳの建造を32隻で打ち切って、代わりにコンステレーション級フリゲートを新しく建造することとしたのだった。

ＬＣＳの運用も、太平洋側には3胴型のインディペンデンス級、メキシコ湾～大西洋側に単胴型のフリーダム級を配備、任務ごとに分けた部隊編成とし、一部は南シナ海（つまりシンガポール）に前方ローテーション展開させ、２０１９年7月からインディペンデンス級モンゴメリーによってＬＣＳの前方展開も再開された。また各クラスの1～2番艦合計4隻はサンディエゴ基地に配備して、ＬＣＳとそのモジュールのテストと開発にあてることとした。

ところがそれからまた話は変わって、アメリカ海軍はＬＣＳの初期艦を２０２１年から順次退役させていくことにしてしまった。これらの艦を退役させることで、維持や修理、整備の経費を他の計画に回せるというのが理由だ。そのためインディペンデンスが7月29日に退役し、続いて9月にはフリーダムが退役する予定となっている。さらに２０２２会計年度には、フリーダム級2番艦フォートワース、インディペンデンス級2番艦コロナド、フリーダム級の4番艦デトロイトと5番艦リトルロックも退役させることを考えている。

退役／退役予定のＬＣＳのうち、フリーダムは２００８年、インディペンデンスは２０１０年就役でとりあえず艦齢は10年を越えているが、コロナドは２０１４年、デトロイトは２０１６年、リトルロックは２０１７年の就役で、艦齢はまだ3～6年にしかなっていない。とくにデトロイトとリトルロックがたった3～4年の艦齢で退役するのは、やはりフリーダム級の持病のようになっている機関のトラブルのせいで稼働率が低く、修理経費がかかるというのが理由とみられる。

コンステレーション級：LCSがあんなことになったので、それを補うためにアメリカ海軍が建造する新しい「小型水上艦」。LCSよりも強力な艦として、フリゲートの艦種名が復活した。この新フリゲートは独立戦争当時の帆船フリゲートにちなんで「コンステレーション」級と名付けられる。建造を急ぎ、経費を抑えるため、外国の設計を基にすることとし、イタリアのカルロ・ベルガミーニ級の船体と機関を採用、満載排水量7,400t、CODLAG推進で速力26ノット以上、SPY-6（V）3レーダーと32セルのVLSを装備、NSM対艦ミサイル16発と有人・無人のヘリコプターを搭載する。すでに建造発注が与えられて、1番艦は2026年に就役する予定だ。

という具合にLCSに関してはバッドニュースばかりのようだが、実はグッドニュースもある。LCSの対機雷戦装備の一つの柱となる、機雷掃討装置を曳航する無人水上艇「UISS（無人感応機雷掃討システム）」が2021年8月にテストを完了し、すでに実用承認を受けているヘリコプター搭載のレーザー機雷探知システムとともに、どうやらLCSの対機雷戦能力も次第に充実しつつあるようだ。

またシンガポールにローテーション展開したインディペンデンス級のモンゴメリーとガブリエル・ギフォーズは南シナ海の周辺国と協同訓練を行い、LCSの小ささと喫水の浅さを活かして、フィリピンのプエルト・プリンセサのような、それまでアメリカの軍艦が利用できなかった港にも寄港している。この2隻に加え、インディペンデンス級のチャールストンとタルサもローテーション展開しており、タルサは主にグアムを根拠地に行動し、南シナ海でロナルド・レーガン空母打撃群と協同して行動している。

再評価されるかLCSの真価

タルサの沖縄への寄港は海兵隊部隊への艦の紹介や、連絡や協議を目的としたもので、LCSは西太平洋での活動を広げつつある。というよりも、むしろアメリカ海軍はようやくLCSを実際に運用してみて、その使い途や使い方を探っていける段階に入ってきた、といった方がいいかもしれない。今日アメリカ海兵隊は、これまでのような「上陸作戦を行う小さな陸軍」から、対艦ミサイルを保有して迅速かつ柔軟に島々に展開し、艦隊や航空部隊とともに敵海軍と戦う部隊へと変わろうとしており、アメリカ海軍もそれらの部隊を運ぶものとして小型高速の揚陸艦を計画している。

機雷：艦船を攻撃するために、水中に設置、または海面に浮遊させる兵器。機雷とは「機械水雷」の略。初期には艦船が機雷に接触することで爆発したが、その後艦船の音響や、機雷の上を通過する際の水圧の変化などを感知して爆発する「感応式機雷」へと進化している。海面に浮かんで艦船の接触を待つ浮遊機雷、海底に沈んでいる沈底機雷、海底からケーブルなどで海中につなぎとめられている係維機雷と、さまざまな設置方法がある。機雷を設置することを「敷設」といい、機雷が敷設された海域を機雷原、機雷を排除することを掃海という。

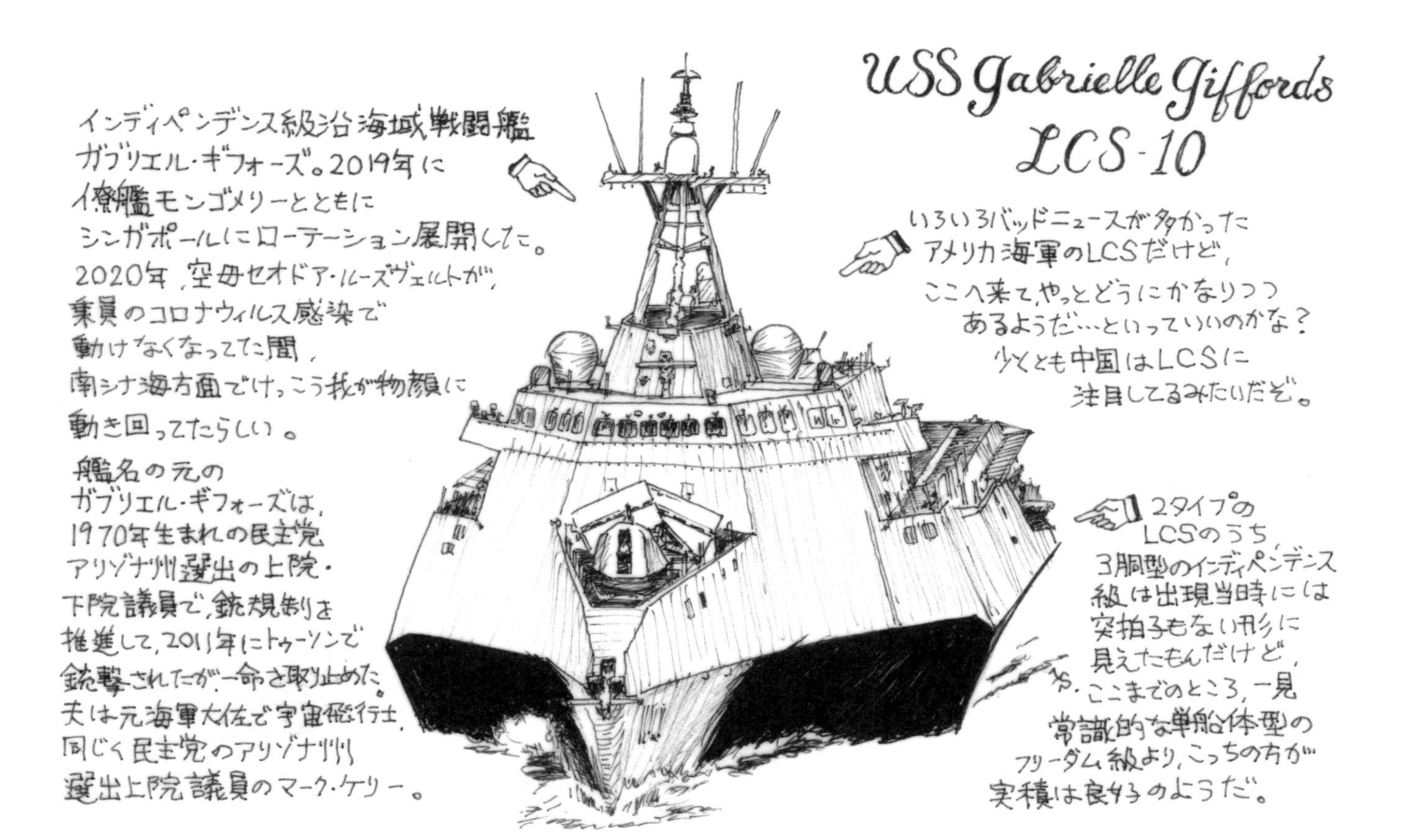
USS Gabrielle Giffords
LCS-10
インディペンデンス級沿海域戦闘艦
ガブリエル・ギフォーズ。2019年に
僚艦モンゴメリーとともに
シンガポールにローテーション展開した。
2020年、空母セオドア・ルーズヴェルトが、
乗員のコロナウィルス感染で
動けなくなってた間、
南シナ海方面でけっこう我が物顔に
動き回ってたらしい。
艦名の元の
ガブリエル・ギフォーズは、
1970年生まれの民主党
アリゾナ州選出の上院・
下院議員で、銃規制を
推進して、2011年にトゥーソンで
銃撃されたが、一命を取り止めた。
夫は元海軍大佐で宇宙飛行士、
同じく民主党のアリゾナ州
選出上院議員のマーク・ケリー。
いろいろバッドニュースが多かった
アメリカ海軍のLCSだけど、
ここへ来て、やっとどうにかなりつつ
あるようだ…といっていいのかな？
少くとも中国はLCSに
注目してるみたいだぞ。
2タイプの
LCSのうち、
3胴型のインディペンデンス
級は出現当時には
突拍子もない形に
見えたもんだけど、
ここまでのところ、一見
常識的な単船体型の
フリーダム級より、こっちの方が
実積は良好のようだ。

それを考えると、上陸地を偵察し、海兵隊の先遣部隊や特殊部隊を運び、海兵隊の対艦ミサイル部隊の上陸を支援する艦という役割がLCSに与えられるようになるのかもしれない。

一方大西洋側のフリーダム級LCSだが、アメリカ海軍はこちらもまず2隻をメキシコ湾〜カリブ海方面に前方展開させ、中南米からの海路による麻薬密輸の阻止にあたらせることを考えているようだ。

それともう一つ面白いのが、2020年に中国の船舶技術開発と研究の主要機関である「中国船舶海洋設計研究所（MARIC）」から出された論文が、アメリカ海軍のLCSの攻撃力に注目していることだ。この論文では、LCSがアメリカ海軍の「ディストリビューテッド・リーサリティ」——、つまり対艦攻撃能力の分散化のうえで大きく貢献していると評するもので、とくに2016年のRIMPAC演習でインディペンデンス級LCSのコロナドがハープーンの試射を行ったことを例に、LCSのモジュール兵装という構想が、建造費を抑えて迅速に攻撃能力の強化を可能にしていると捉えている。

LCSへのミサイル装備をはじめ、対艦攻撃能力の分散化によって、アメリカ海軍はこれまでの空母打撃群や揚陸即応群といった大きな部隊編成だけではなく、小さな部隊で柔軟に対艦攻撃能力を展開できるようになり、中国海軍の対応は複雑で難しいものとなるだろう、と論文は述べているという。

アメリカの軍事関連のメディアなどでは、LCSのトラブルや開発難航に主に目が向けられているようだが、中国から見るとLCSの能力の進展や、とくに南シナ海への展開は、脅威とはいかないまでも要注意とされているようだ。失敗作の駄作艦呼ばわりされかけていたLCSは、案外これからのアメリカ海軍と海兵隊の戦略にとっては便利な艦となるのかもしれない。

UISS：アメリカ海軍は大小さまざまな無人水上艦艇（USV）を開発しているが、UISSはその一つで「無人感応掃討システム」と呼ばれる、機雷掃討用の小型無人水上艇。その名のとおり、音響式や磁力式などの感応式機雷を掃討するためのもので、LCSや他の艦艇、あるいは陸上からコントロールする。UISSは従来の掃海艦の機雷掃討システムや航空掃海システムに代わるもので、2019年からテストに入り、2022年7月には初期運用能力（IOC）を達成した。LCSの機雷戦モジュールは開発が難航していたが、とりあえずこのUISSで無人水上艇についてはなんとか目途が立ったようだ。

こちらはフリーダム級LCSの5番艦リトルロック。
2017年に就役したばかりなのに，早くも2022会計
年度での退役リストに入れられてしまった。リトルロックは
フロリダ州メイポート基地を母港にして，
2020年にはメキシコ湾で
麻薬密輸取締りパトロールも
行って，ちゃんと働いてた。

リトルロックは他のフリーダム級LCSと同じく
ミシガン湖で建造されて，2017年12月にエリー湖に
面したニューヨーク州バッファローで就役式を行った。
そこからセント・ローレンス運河を通って大西洋を
南下するはずだったんだけど，寒さで運河が
凍って通れなくなって，2018年の3月まで
モントリオールで足止めされてた。
リトルロックって，ツイてないフネ
なのかもしれない。

でも，リトルロックと同型艦デトロイトは，2020年に機関の
ギアボックスのベアリングに欠陥が見つかって，その修理と
欠陥の改善はかなりの大ごとになるんで，リトルロックと
デトロイトはこのまま退役させることになった。

アメリカ海軍は太平洋でのＬＣＳのローテーション展開をさらに増やしたいと考えている。ＬＣＳのローテーション展開は現在シンガポールとグアムを基地として行われているが、ＬＣＳが掃海艇の任務も引き継ぐと考えられることから、日本の佐世保基地に展開している掃海艇もいずれＬＣＳに置き換わることになる可能性もある。西太平洋～南シナ海への展開が増えれば、日本でＬＣＳの姿を見る機会も出てくるのではないだろうか。

アップデートコラム

そのとおり、アメリカ海軍はフリーダム級ＬＣＳのフリーダムを２０２１年９月に、スーシティ、ミルウォーキー、リトルロック、デトロイトを２０２３年８～９月に退役させてしまった。インディペンデンス級も２０２１年７月に１番艦インディペンデンスが退役、２番艦コロナドも２０２２年９月に退役している。その一方でフリーダム級は16隻中３隻が、インディペンデンス級も19隻中最後の２隻が艤装中で、退役させつつ建造するという何とももったいない状況になっている。とはいえ２０２３年10月にはインディペンデンス級ＬＣＳのサヴァンナが、後部ヘリコプター甲板上に設置したコンテナ型発射装置（陸軍のMk70か？）からＳＭ－６対空ミサイルの発射テストに成功している。サヴァンナのセンサー能力でＳＭ－６の目標捕捉はできないから、他のプラットフォームからの目標情報で発射したわけだ。

また同じ10月にアメリカ海軍の無人水上艦が太平洋展開した際には、インディペンデンス級ＬＣＳのオークランドが無人水上艦の「世話役」として行動している。こういう例を見ると、冷戦後の「フロム・ザ・シー」戦略から生まれたＬＣＳはポスト冷戦後の「分散型海洋作戦」戦略の下で案外働き場所が出てきた、ということなのかもしれないな。

第18考
「来たるべき未来」を夢見るズムウォルトの憂鬱と希望

2022年9月28日、アメリカ海軍の駆逐艦ズムウォルトが初めて横須賀基地に寄港した――ことに関してはJシップス2022年12月号の乗艦レポートを読んでいただくとして、ここではさらに深くズムウォルトの今を掘り下げよう。

32隻建造されるはずだった新駆逐艦DD（X）の現実

ズムウォルトはご存知のとおり、徹底したステルス設計と特異な船体形状、新形式の機関、それに数々の新構想の兵装やシステムを採り入れた画期的な駆逐艦だ。しかし実際には同型艦32隻を建造する計画は中止となり、わずかに3隻のみで建造を打ち切られてしまい、アメリカ海軍の艦隊戦力の中でも、どのような任務に就くべき艦なのか、その位置づけが宙に浮いている。

サンディエゴを母港とするズムウォルトは、これまでパールハーバーまで来たことはあるが、太平洋を横断して日本にまで航海したのは今回が初めて。こうして日本に姿を見せたのは、ズムウォルトとそのクラスにとっては画期的なことであり、その存在意義が再評価されようとしている前兆なのかもしれない。――というところで、ズムウォルト級の構想からこれまでをちょっと復習してみよう。

そもそもズムウォルトをネームシップとするこのクラスは、アメリカ海軍が冷戦終結後の

1990年代から研究してきた水上戦闘艦構想が具体化したものだ。冷戦の終結により、アメリカ海軍は洋上で戦うべき敵艦隊や航空戦力の脅威が薄れたと考え、1990年代には海から陸上への兵力展開と火力投射を重視する「フロム・ザ・シー」戦略を目指すようになった。その新しい海軍戦略に沿った新世代の駆逐艦として、陸上攻撃能力を中心とする「DD21」の下で計画が始められたのがズムウォルト級だ。

「DD21」計画は2001年に「DD(X)」計画へと発展し、ジェネラル・ダイナミックス／バス・アイアンワークス社を中心とする「ブルー・チーム」と、ノースロップ・グラマン／ハンティントン・インガルス造船所などが組んだ「ゴールド・チーム」の2つの企業グループに設計案を提出させ、その中から一つを選ぶこととなった。この時点では新駆逐艦DD(X)は32隻を建造する予定だった。

2つの設計案から2002年に選定されたのはノースロップ・グラマン社などの「ゴールド・チーム」案だが、建造計画の具体化までにさらに時間がかかり、2007会計年度予算でやっと最初の2隻が建造発注された。この時点で構想開始からすでに20年近く経っている。

新駆逐艦、ズムウォルト級は当時の最新技術と構想を盛り込み、駆逐艦とはいえそれまでにない大きさと兵装を持つ艦となるはずだった。徹底したステルス設計で、船体はタンブルホーム、艦首も「ウエーブピアサー」型として、艦橋と煙突、格納庫は一つにまとめて艦の中央部に置かれる。機関はガスタービン発電機による統合電機推進を採用する。

実際アメリカ海軍はズムウォルト級の船体と統合電気推進機関のテストと実証のために全長40・5mでズムウォルト級そっくりの有人走行モデルAESD(先進型電力艦デモンストレーター)を作り、2005年から内陸アイダホ州のペンド・オレイル湖で走らせ、航行性能を確認している。

タンブルホーム：艦船の船体の断面形状の一つで、喫水線から上がだんだん細くなる形状。昔の帆船時代は、帆柱を支える側面ロープ、シュラウドの取り付けや操作に便利だったので広く用いられ、19世紀末〜20世紀初頭のフランス海軍の戦艦も、重心を低くできる利点があるとしてタンブルホームを採用したが、復元性で不利になるという弱点があるため、他の海軍では採用例は多くない。ズムウォルト級ではタンブルホームを使って舷側を傾斜させることでステルス性を高めている。

建造開始当時に予定されていたズムウォルト級の兵装や装備は、以下のようになるはずだった。ミサイルは艦の舷側に沿って新型ＶＬＳを80セル並べ、トマホークとＥＳＳＭを搭載する。つまり対空能力はＥＳＳＭによる近接防御だけで良いと考えられていたのだ。

対地攻撃には、長距離用のトマホークに加え、新型の１５５㎜単装の「ＡＧＳ（先進砲システム）」をステルス砲塔2基に収め、ロケット推進とＧＰＳ誘導による専用の射程延伸型の精密誘導砲弾ＬＲＬＡＰ（長距離対地攻撃飛翔体）を発射する。砲弾搭載数は３００発で、ＬＲＬＡＰの射程は１５０～１９０㎞ともいわれていた。自艦防衛用には57㎜砲2門を装備する。

レーダーは広域捜索用の「ボリュームサーチ・レーダー」と射撃指揮用のＳＰＹ-３を装備、どちらもアクティブ・フェーズドアレイだ。ソナーも沿海域での対潜作戦を重視したものが搭載される。

中露の台頭が歪めたズムウォルトの未来

１番艦のズムウォルトの艦番号はＤＤＧ１０００。ズムウォルト級の建造開始に伴って、ミサイル駆逐艦アーレイ・バーク級の建造は終了することとされ、その最終艦マイケル・マーフィーの番号がＤＤＧ１１２だった。ズムウォルトの番号はそれとは連続性がなく、このクラスが新時代の革新的な艦であることを示すものだった。

ところがこの新世代のズムウォルト級駆逐艦の建造が決まったときには、そもそもの「ＤＤ21」計画が始まった時とはもう状況が大きく変わっていた。中国海軍が急速に増強と近代化を進め、ロシア海軍も１９９０年代の低迷から脱して復活しつつあり、アメリカ海軍には再び洋上の敵が現れ

ウェーブピアサー：ウェーブピアサーとは「波を突き破る者」という意味で、鋭い艦首（船首）の水線下が突き出して、波を乗り切るよりも、波を突き破ることで荒天でも高速で航行しようという形状のこと。双胴船、とくに半水没船体の双胴船で高速性能を求める船で採用例が多いが、単船体の大型艦船では少ない。ズムウォルト級はこのウェーブピアサー艦首とタンブルホーム船体という特異な船体形状で、荒天時の安定性や操縦性について心配する声もあったが、横須賀に寄港した時にエミー・マッキニス艦長に訊いたら、「波が荒くても非常に安定して、スムーズに走る」と言っていた。

ようとしていた。この急速な変化に、ズムウォルト級は時代からずれてしまった。

ズムウォルト級はSM‐2／SM‐6ミサイルによる艦隊防空能力もSM‐3迎撃ミサイルによる弾道ミサイル防衛能力もなく、ソナーも外洋での対潜作戦には不十分だった。しかもボリュームサーチ・レーダーは開発費が高騰してしまい、そのためにボリュームサーチ・レーダーは中止となり、ズムウォルト級のレーダーはSPY‐3のみとなった。

ズムウォルト級の特徴だった155㎜AGS先進砲システムも、空母や海兵隊の航空機の対地攻撃能力があるので必要性が薄いと考えられるようになったうえ、そのLRLAP砲弾の開発費も高額となり、1発あたりの単価も予想よりも高くなるのは確実だった。

それにズムウォルト級自体も開発から建造までに大きな遅れが生じ、その建造費は当初の1隻あたり100億ドル程度の見積もりが大きく膨れ上がり、1～2番艦は350億ドルになっていた。新たな脅威が現れた状況に対応できず、計画も遅れ、しかも建造費も高騰したため、2008年7月にアメリカ海軍はズムウォルト級の建造を3隻で打ち切り、代わりにアーレイ・バーク級の建造を再開することとした。

ちなみに、ズムウォルト級駆逐艦と同じく、「フロム・ザ・シー」戦略の時代に計画されて建造された沿海域戦闘艦LCSも、そのモジュール式兵装の開発が難航し、当初の運用構想を抜本的に改めなければならなくなっており、建造計画も縮小されてしまっている。

悪いニュースと良いニュース

こうして1番艦ズムウォルトは2011年11月に起工され、2013年10月に進水、2016年

艦隊防空：広い範囲に展開している艦隊を、敵の航空機やミサイルなどによる攻撃から守ること。大ざっぱにいうと、艦隊防空は数十kmから数百kmの範囲に及ぶ。

AESD：そんな画期的な船体形状と、アメリカ海軍としては初の採用となる統合電気推進がうまく働くか確認するために、アメリカ海軍は2005年に実験用のモデル艦を建造した。それがAESD、「先進電気推進艦デモンストレーター」だ。全長約40m、排水量108tで、船体や上部構造の形状はズムウォルト級のスケールモデルになっている。AESDは内陸のアイダホ州のペンド・オレイユ湖で各種のテストに用いられ、ウォータージェット推進器を取り付けていたことから、「シージェット」という非公式名がついているそうだ。

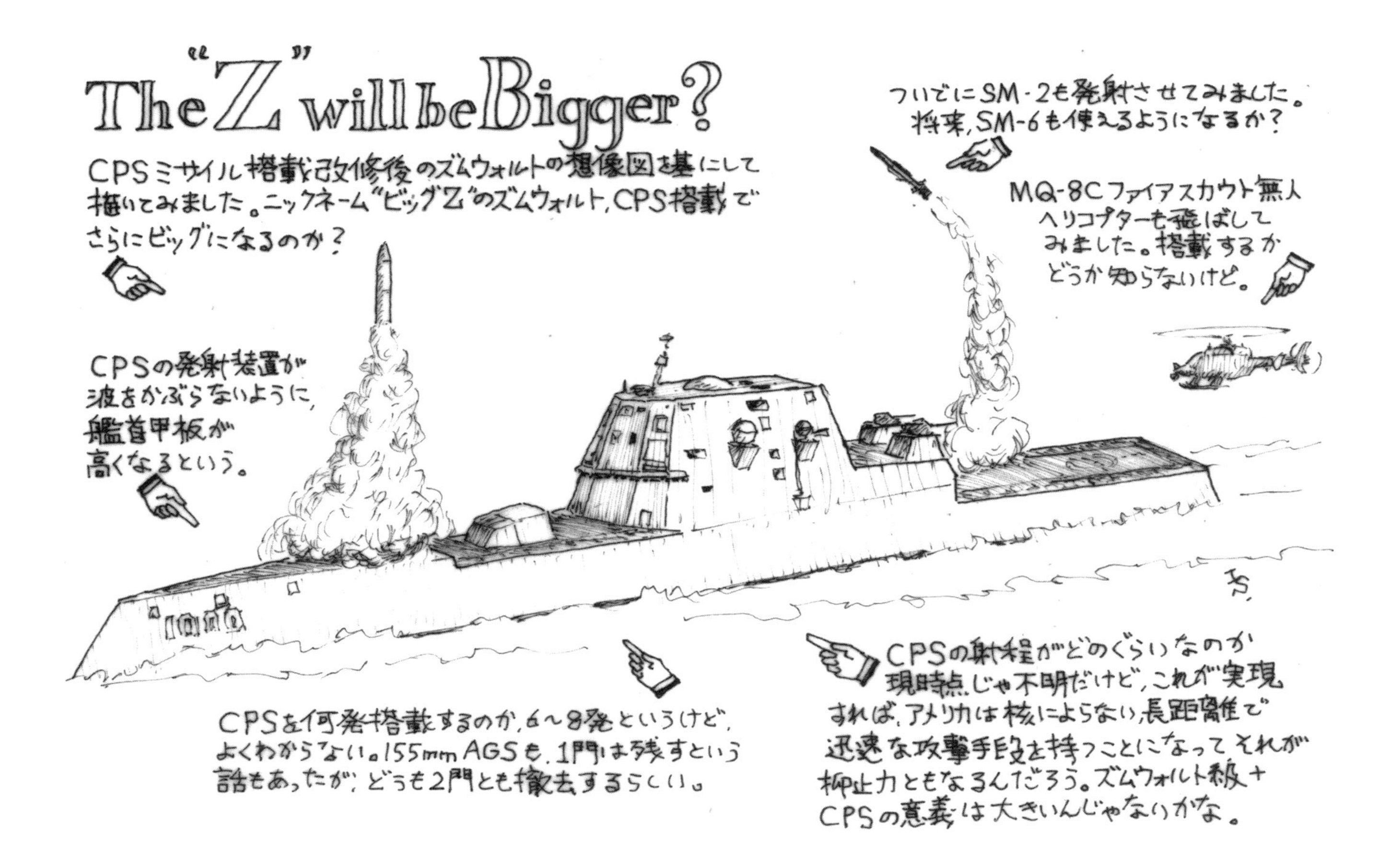
The "Z" will be Bigger?

CPSミサイル搭載改修後のズムウォルトの想像図を基にして描いてみました。ニックネーム"ビッグZ"のズムウォルト、CPS搭載でさらにビッグになるのか？

ついでにSM-2も発射させてみました。将来、SM-6も使えるようになるか？

MQ-8Cファイアスカウト無人ヘリコプターも飛ばしてみました。搭載するかどうか知らないけど。

CPSの発射装置が波をかぶらないように、艦首甲板が高くなるという。

CPSを何発搭載するのか、6〜8発というけど、よくわからない。155mm AGSも、1門は残すという話もあったが、どうも2門とも撤去するらしい。

CPSの射程がどのぐらいなのか現時点じゃ不明だけど、これが実現すれば、アメリカは核によらない長距離で迅速な攻撃手段を持つことになってそれが抑止力ともなるんだろう。ズムウォルト級+CPSの意義は大きいんじゃないかな。

10月に就役した。初代の艦長はジェームズ・Ａ・カーク大佐。ＳＦドラマ／映画の「スタートレック」の主役メカ、宇宙船エンタープライズの艦長の名前がジェームズ・Ｔ・カークで、就役時には未来的な駆逐艦ズムウォルトと宇宙船エンタープライズの艦長の名前がそっくりだったことがいろいろと面白がられたものだった。しかしそれから間もなく、ズムウォルト級にとってまたも悲報が届く。ズムウォルト級の建造が32隻ではなく、たった3隻になったということは、ＡＧＳ用の１５５㎜ＬＲＬＡＰ砲弾の必要数も大幅に減ることを意味する。ただでさえ価格が高騰していたＬＲＬＡＰ砲弾の生産数が少なくなれば、それだけ1発当たりの価格も高くなる。そんなわけで２０１６年11月、アメリカ海軍はＬＲＬＡＰの調達を諦めることとした。つまりズムウォルト級は１５５㎜砲で撃つべき弾がなくなってしまったのだ。

ズムウォルト級の2番艦マイケル・モンスーア（ＤＤＧ１００１）は２０１３年5月に起工、２０１９年1月に就役している。3番艦のリンドン・Ｂ・ジョンソンは２０１７年1月起工、２０１６年6月に進水して、２０２１年8月に造船所を離れて現在公試中、２０２３年10月に就役する予定だ。

現在、ズムウォルトはカリフォルニア州サンディエゴを母港として、第１水上開発戦隊（ＳＵＲＤＥＶＲＯＮ１）という部隊に姉妹艦のマイケル・モンスーアと、中型と大型の無人水上艇とともに配属されている。リンドン・Ｂ・ジョンソンもこの部隊に配備される予定だ。

ズムウォルト級は当面、アメリカ海軍の中で実際の作戦に就くというよりも、これからの水上艦と水上戦闘のあり方を探る実験艦として運用されていくということなのだろう。ちなみにマイケル・モンスーアは２００６年にイラクで戦死した米海軍特殊部隊シールズ隊員、リンドン・Ｂ・ジョンソンは第36代米大統領の名にちなむ。

公試：建造中の艦船が要求どおりの機能・性能が発揮できるかどうかを、実際に走らせて確認することを海上公試という。さまざまな速力での航行や旋回の他にも、錨を投入する試験、フィンスタビライザ（船体の動揺を抑える装置）などなどの作動試験、エンジン出力の設定調整など様々な試験が行われる。造船所が行う公試に続いて、引き渡しを受ける海軍側の受領公試も行われる。

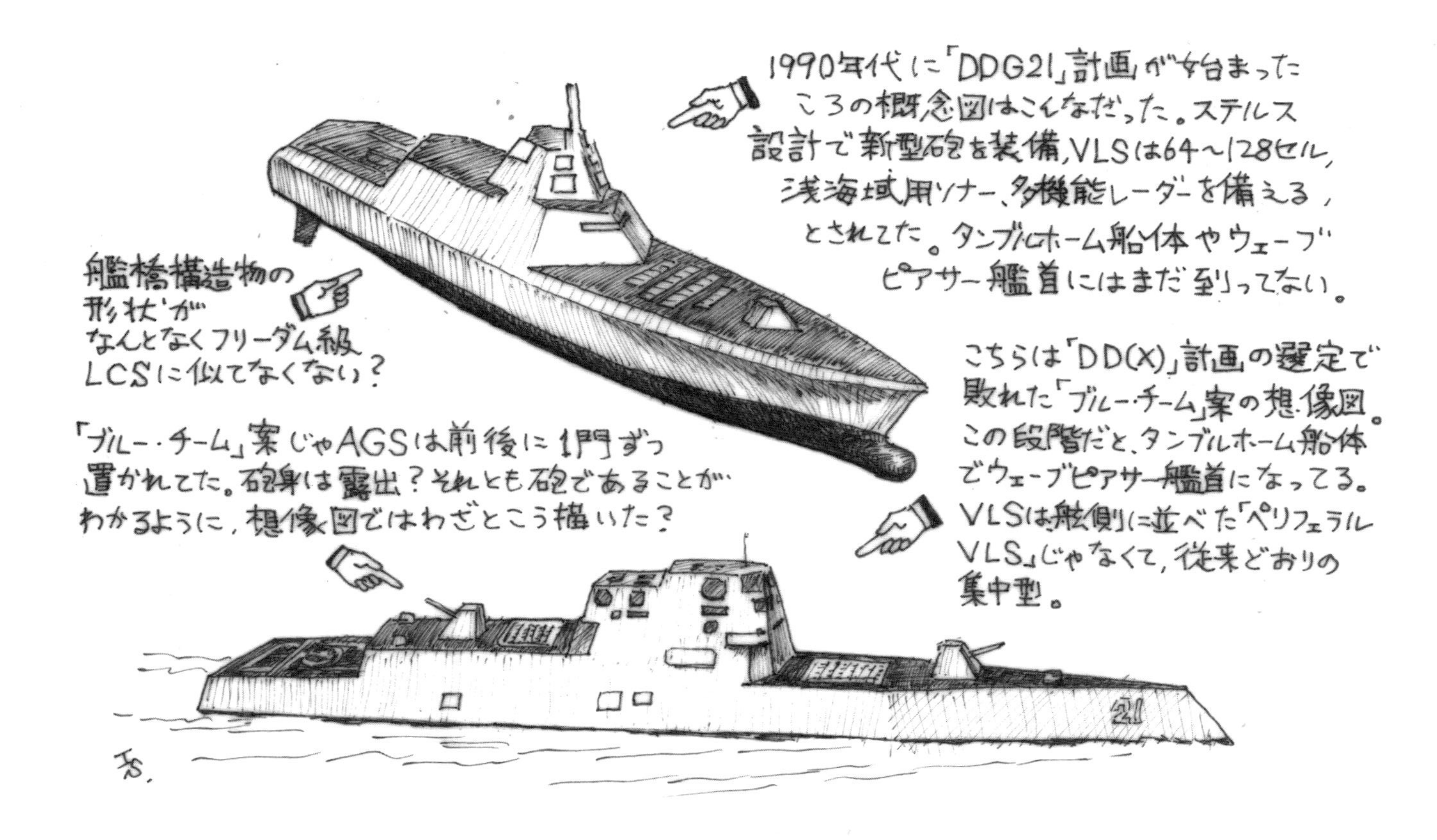
1990年代に「DDG21」計画が始まった
ころの概念図はこんなだった。ステルス
設計で新型砲を装備,VLSは64～128セル,
浅海域用ソナー、多機能レーダーを備える,
とされてた。タンブルホーム船体やウェーブ
ピアサー艦首にはまだ到ってない。
艦橋構造物の
形状が
なんとなくフリーダム級
LCSに似てなくない?
こちらは「DD(X)」計画の選定で
敗れた「ブルー・チーム」案の想像図。
この段階だと、タンブルホーム船体
でウェーブピアサー艦首になってる。
VLSは舷側に並べた「ペリフェラル
VLS」じゃなくて,従来どおりの
集中型。
「ブルー・チーム」案じゃAGSは前後に1門ずつ
置かれてた。砲身は露出?それとも砲であることが
わかるように,想像図ではわざとこう描いた?
21
FS.

ズムウォルトは2020年10月にはMk57VLSからSM-2対空ミサイルの発射テストを初めて行った。このテストでは巡航ミサイルへの対処がシミュレーションされ、目標を発見、追尾、撃墜することに成功している。さらに2022年4月にはSM-2とESSMを発射、ズムウォルトの防空能力が実証されている。

「来たるべき未来」の先駆けとなるか

そんな現状にあるズムウォルト級駆逐艦だが、どうやら将来は艦隊の中で新しい重要な任務を担うことになりそうだ。ズムウォルトは2023年に改修工事を受ける予定となっており、その改修では前甲板の155㎜AGSを撤去して、そこに極超音速滑空弾頭C-HGBを装備したミサイル「CPS（通常弾頭即時攻撃）」の発射装置6～8基を搭載することになるという。

CPSは中国やロシアの極超音速兵器に対抗してアメリカ海軍と陸軍が共同で開発を進めているもので、射程は数百～数千㎞とまだ明らかにされていないが、通常弾頭は大気圏上層部をマッハ5以上の極超音速で滑空し、航空機やトマホークよりもはるかに迅速に目標を攻撃することができる。ズムウォルトが実際にCPSを搭載するのは2025年以降になると予定されている。このCPSと従来からのトマホーク巡航ミサイルによって、ズムウォルト級駆逐艦3隻は他の水上艦にない強力な戦略攻撃能力を持つことになる。

またズムウォルト級は当初から将来の改良を見越して大きな発電能力を備えていて、レーザーなどエネルギー兵器に対応する余裕を持っている。実際、ボリュームサーチ・レーダーが不採用に終わったため、ズムウォルト級の艦橋構造物にはそのレーダーの平面アンテナアレイが装備されるはずだった部分が空いており、新型のレーダー（例えばＳＰＹ‐６？）が装備できる余地がある。そうなるとズムウォルト級の能力はまたさらに広がることとなるだろう。

今後、ズムウォルト級は「来るはずだった未来」の駆逐艦から、あるいは「来たるべき未来」の駆逐艦へと変貌することになるのだろうか。

アップデートコラム

駆逐艦ズムウォルトは２０２３年８月にそれまでの母港サンディエゴを発ち、パナマ運河を通って新しい母港であるミシシッピ州パスカグーラに到着した。ここのインガルス造船所で１５５㎜砲２門を撤去して、ＣＰＳミサイルを発射する直径２２１㎝のＶＬＳ ４基に更新する工事を受ける。このＶＬＳには各３発のＣＰＳミサイルが搭載され、ズムウォルトはＣＰＳ 12発を搭載することになる。ズムウォルトに続いて、同型艦のマイケル・モンスーアとリンドン・Ｂ．ジョンソンも同様の改修を受ける予定だ。

もしアメリカと中国が、例えば中国の台湾への武力侵攻を巡って直接戦うようなことになった場合、おそらく両国とも各種の弾道ミサイルや巡航ミサイル、空対艦ミサイル、極超音速滑空弾などを多数撃ち合い、その交戦距離は１０００㎞～１０００カイリに広がるという予想がある。そんな戦場では、３隻のズムウォルト級駆逐艦とそのＣＰＳミサイルは、アメリカ軍にとって切り札になるかもしれない。もちろん日本としてはそんな事態は望ましくないが、ズムウォルト級は抑止力になってくれるのだろうか。

第19考 塔型マストの新型イージス艦「ハンター級」豪州に誕生

オーストラリアの次世代フリゲートを決める「SEA5000」計画。条件は国産レーダーを搭載するイージス艦であること。イギリス、オーストラリア、スペインから3案が提出され、ハンター級としての建造が決まった。将来の太平洋にはどんな艦が浮かぶことになるのだろう。

オーストラリアの新型イージス艦

オーストラリア海軍が建造する次世代フリゲート、ハンター級はいろいろ気になる艦だ。

そもそもハンター級は、現用のアンザック級フリゲートの後継となる、対潜を主任務とするフリゲートを求める「SEA5000」計画で他の設計案と競った末に選定されたもので、「SEA5000計画」は2015年にスタートしている。

「SEA5000」が代替するアンザック級は、原設計がドイツのMEKO200型輸出フリゲートで、1996年から2006年にかけて8隻が就役して、基準排水量3300t、27ノットで、5インチ砲1門とハープーン対艦ミサイル8発、Mk41VLS 8セルにシースパローとESS Mを装備、ファランクスCIWS 1基、3連装対潜魚雷発射管2基、S-70BやMH-60Rヘリコプター1機を搭載する。日本の護衛艦でいえば、大きさでは「あさぎり」型、兵装などでは「たかな

ファランクス：対艦ミサイル迎撃を主用途とする自動機関砲。「CIWS（Close-In Weapon System）」、つまり「近接防御兵器」と呼ばれる。機関砲の上にはレーダーを備え、接近する目標を捕捉、自動的に射撃し、飛んでいく20㎜機関砲弾を追跡、目標と機関砲弾の飛ぶコースを一致させて撃墜する。発射速度は毎分1,000～3,000発。最新式のブロックＩＢでは赤外線センサーも備えており水上や低速飛行物体にも照準できる。

塔型マスト：面構造で囲まれ、塔のような形になっているマストのこと。「塔状マスト」ともいう。ステルス設計に都合が良いため、近年ではイギリスのタイプ45やフランスのフォルバン級など、駆逐艦やフリゲートなどに搭状マストが多く見られるようになっている。

み」型、就役時期では「むらさめ」型に近い、といったところだろうか。

このアンザック級に代わるSEA5000計画には、2016年4月にヨーロッパの艦艇メーカー3社の設計案が選ばれ、採用を競うこととなった。一つはイギリスのBAEシステムズ社のイギリス海軍タイプ26の派生型「GCS-A」で、GCSとはタイプ26のキャッチフレーズというか別名の「グローバル・コンバット・シップ（Global Combat Ship）」の略で、Aはオーストラリアの意味だ。もう一つは、スペインのナヴァンシア社の「F-5000」案で、これはオーストラリア海軍が3隻目を建造中のホバート級イージス駆逐艦、つまりスペイン海軍のアルヴァロ・デ・バサン級を基にしている。3つ目はイタリアのフィンカンティエリ社の「FREMM-A」案で、この名前のとおりイタリアとフランスが協同開発したFREMM（ヨーロッパ多用途フリゲートの略）の発展型だった。2017年3月にはこれら3社に詳細な設計要求が出されている。

塔型のマストに国産レーダーを搭載

SEA5000計画で特徴的なのは、戦闘指揮システムにホバート級対空駆逐艦と同じくイージス・システムを搭載することが求められたことで、この決定は2017年10月に行われた。しかしレーダーは、これまでのイージス艦がすべてSPY-1系列のパッシブ・フェーズドアレイ・レーダーを備えていたのに対し、SEA5000計画ではオーストラリア国産のCEA社製多機能レーダー、アクティブ・フェーズドアレイのCEAFAR2を用いることが要求された。

CEAFAR2は対艦ミサイル警戒に高い能力を持ち、同じくCEA社製のアクティブ・フェーズドアレイ目標照射レーダーCEAマウントと組み合わせ、CEAマウントでシースパロー／

アクティブ・フェーズドアレイ：1つ1つの位相変換器に電波送受信装置がついているレーダー。機械的にアンテナを回転する必要がなく、電子的に電波の方向を変える。広範囲を短時間で捜索でき、電波の方向を狭く絞ることでエネルギーを集中し、遠距離目標も追尾できる。

CIWS（Close In Weapon System）：近接防御システム。自艦の目前まで敵ミサイルが到達した際に使用する最終防衛装備となる。前述したレイセオン・システムズ社製のファランクスやオランダのゴールキーパー、ボフォース社製のMk.110などがある。

ESSM対空ミサイルの誘導を行う。このCEAFAR2（おそらく「シーファー2」と読むんだろう）と同系列のCEAFARレーダーとCEAマウントは、近代化改修されたアンザック級フリゲートにも装備されている。

つまりSEA5000フリゲートは、戦闘指揮システムはイージスなので、イージス艦といえばイージス艦だが、レーダーはSPY-1ではないので、これまでのイージス艦の特徴だった大型のレーダーアレイはなく、塔型のマストにCEAFAR2とCEAマウントの四角いアレイが並ぶという姿となる。

ただし艦内の戦闘指揮所であるCICには、イージスのディスプレイやワークステーションが装備され、対空・対水上・対潜の戦闘情報もイージス・システムによって統合、表示されることになる。このオーストラリア製レーダーと、アメリカのロッキード・マーチン社製イージス・システムの統合と連接は、スウェーデンのサーブ社のオーストラリア子会社が担当する。ミサイル発射装置はMk41VLSを装備し、SM-2とESSMを搭載する。

アメリカ海軍でも、アーレイ・バーク級フライトⅢからは新型のSPY-6レーダーが導入され、日本が建造するイージス・アショアもレーダーはSPY-1でもSPY-6でもなく、LRDRの派生型、LMSSRという新型レーダーに決定して、2020年代にはイージス・システムとレーダーの組み合わせは多様化することになりそうだ。

オーストラリア海軍としては、ホバート級対空駆逐艦がイージス艦なので、SEA5000フリゲートにも同じイージス・システムを装備すれば共通性が高まって、運用や訓練もやりやすいというメリットがある。それにオーストラリアは自国の防衛産業の育成に力を入れていて、SEA5000計画でも国産CEAFAR2レーダーの採用とともに、外国の設計を基に自国で建造する

CIC：「Combat Information Center」の略で、訳せば「戦闘情報センター」。戦闘艦の指揮中枢で、戦闘時には艦長はここが持ち場となる。CICでは各種のセンサーやデータリンク、通信による情報がここに集められて表示され、艦長がその情報に基づいて判断を下し、ここに置かれた各種の兵装のコントロール装置で戦闘を行う。近年では戦闘時の指揮だけでなく、操縦や機関の操作もCICで行う艦も現れている。CICのアイディアは1930年代のSF小説に現れていたというが、実際には第2次世界大戦中にアメリカ海軍で使われたのが始まりで、それまでは艦長は艦橋や装甲のある司令塔で、口頭で情報を受け取って判断を下し、指示を与えていた。

RAN Hunter class

オーストラリア海軍の次期フリゲイト、ハンター級。自国製CEAFAR2レーダーとイージス・システムを装備する。さて、イージスはベースラインいくつになるんだろう？

全体にステルス設計で、錨鎖とかの係留装置はみんな前甲板の下に配置される。VLSはMk.41が36セルというんだが、Mk.41は8セルが基本モジュールだから、36セルだとモジュールが4個半……こんなハンパな配置は初めて聞くが、どうなんだ？

マストの◇、大きい方がCEAFAR2レーダーで、小さい方がCEAマウント目標照射レーダーのアレイ。日本の「あきづき」型のFCS-3Aのアンテナアレイの構成と似てる。どちらもESSM対空ミサイルを射つしな。

MH-60Rヘリコプター1機搭載。もちろん無人機の搭載も考えてる。

オーストラリア海軍のホームページによると、ハンター級は全長149.9m×全幅20.8m、満載排水量はタイプ26の6900トンどころか8800トンとされてる。日本の「あきづき」型より、ちょっと短くて幅広で、ずっと重いことになる。速力は27ノット、乗員は通常約180名、最大208名だそうだ。

原型のタイプ26では、この側面シャッターの内側はミッション・モジュール区画で、無人水上／水中艇やRHIBボートの格納庫や、指揮施設、医療施設、資材コンテナなどを積み込める。その上のドアは対潜魚雷発射管だろう。

こととなっている。

SEA5000計画採用の決め手とは

SEA5000の設計案を出した3社のうち、スペインのF-5000案とイタリアのFREMM-A案は、ともに原型の艦が実際に建造され、就役していて、技術的な不安は少なく、建造経費や期間の見通しも立ちやすい。FREMM-Aは原型が満載排水量約6100t、ディーゼル電気/ガスタービン切り替え式のCODLOG機関で、ヘリコプター格納庫に2機収容できるのはこの案だけだった。F-5000はホバート級を原型として満載排水量6350tで、ガスタービン機関、ホバート級との共通性が高く、オーストラリアでの自国建造が容易なのが強みだが、原型のアルヴァロ・デ・バサンは1999年起工で、設計が古いといえるかもしれない。

一方、イギリスのBAEタイプ26改、GCS-A案は原型が6900tと大きく、機関はディーゼル電気/ガスタービン切り替えのCODLOGだが、まだタイプ26は建造を開始したばかりで、実物はできていないし、建造経費や建造期間が予想どおりにいくか不安がある。筆者の全くの野次馬としての予想では、おそらくホバート級との共通性でF-5000案が一番の有力候補なんじゃないか、と思ったものだった。

だが違った。オーストラリア国防省は2018年6月に、BAEシステムズ社のタイプ26改案を選定、ハンター級として9隻を建造することにした。野次馬の予想は外れてしまったわけだ。選定の理由は、タイプ26改案が静粛性を含めて対潜能力が最も高かったということだ。それとともに、艦の大きさや艦内容積に余裕があり、将来の改修に対応できる点も評価されたという。タイプ26の

LMSSR:この第19考は2018年8月に書いたもので、今日のSPY-7となるレーダーは当時LMSSRと呼ばれていた。LMSSRとは「ロッキード・マーチン・ソリッドステート・レーダー」の略で、Sバンドのモジュール式のアクティブ・フェーズドアレイ・レーダーだ。このモジュールはアメリカの早期警戒レーダー「LRDR（長距離識別レーダー）」と同じもので、モジュールの数を変えることで大型のLRDRから艦艇用のものまで各種の仕様に適合する。LMSSRは2019年にSPY-7と軍用名が与えられた。アメリカ軍のLRDRを始め、日本でもイージス・アショア用にSPY-7を採用、カナダ海軍の次期フリゲート（ハンター級と同じくイギリスのタイプ26の派生型）にも採用されている。

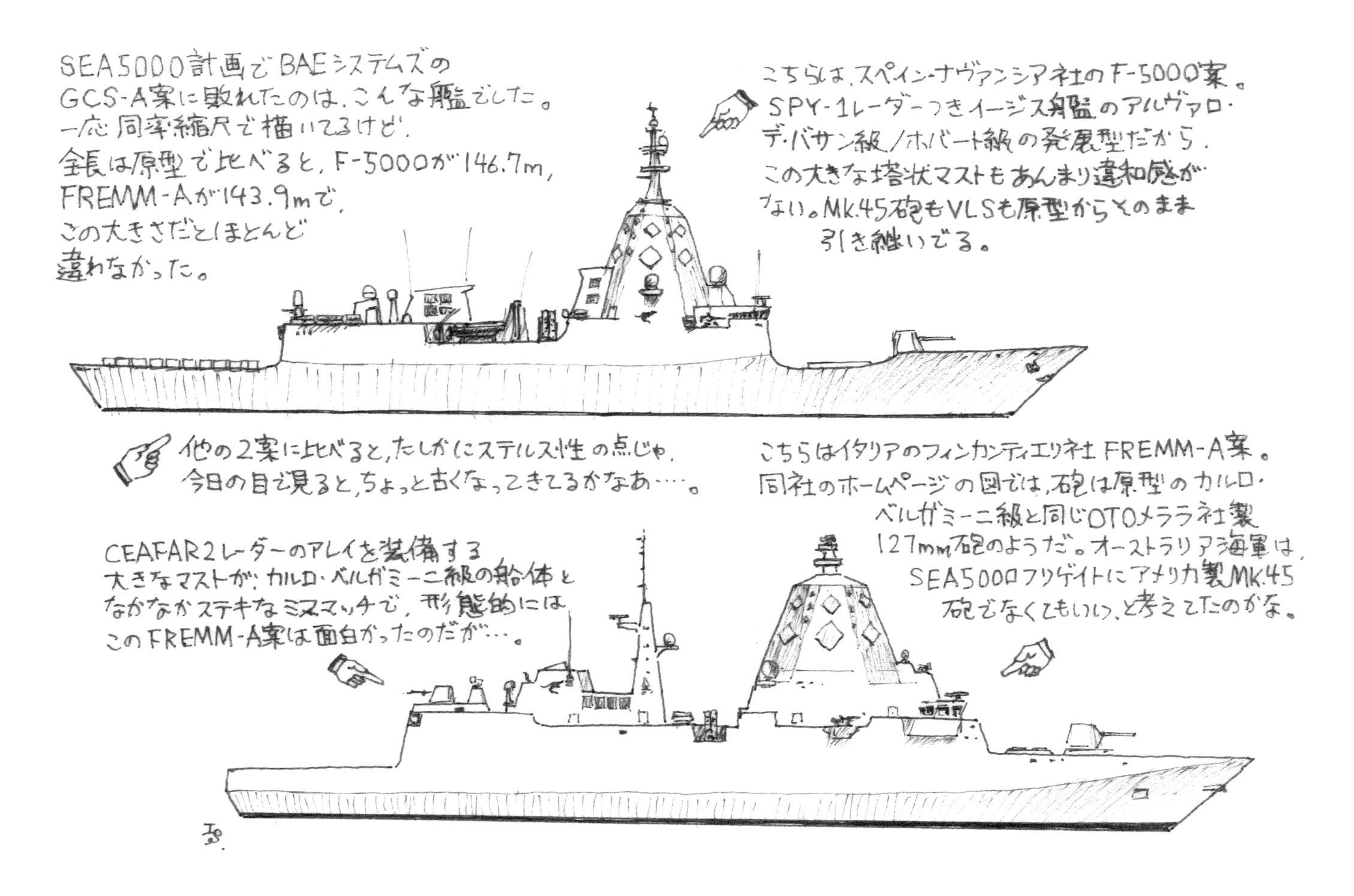
SEA5000計画でBAEシステムズの
GCS-A案に敗れたのは、こんな艦でした。
一応同率縮尺で描いてるけど、
全長は原型で比べると、F-5000が146.7m、
FREMM-Aが143.9mで、
この大きさだとほとんど
違わなかった。
こちらは、スペイン・ナヴァンシア社のF-5000案。
SPY-1レーダーつきイージス艦のアルヴァロ・
デ・バサン級/ホバート級の発展型だから、
この大きな塔状マストもあんまり違和感が
ない。Mk.45砲もVLSも原型からそのまま
引き継いでる。
他の2案に比べると、たしかにステルス性の点じゃ、
今日の目で見ると、ちょっと古くなってきてるかなあ…。
こちらはイタリアのフィンカンティエリ社FREMM-A案。
同社のホームページの図では、砲は原型のカルロ・
ベルガミーニ級と同じOTOメララ社製
127mm砲のようだ。オーストラリア海軍は、
SEA5000フリゲイトにアメリカ製Mk.45
砲でなくてもいい、と考えてたのかな。
CEAFAR2レーダーのアレイを装備する
大きなマストが、カルロ・ベルガミーニ級の船体と
なかなかステキなミスマッチで、形態的には
このFREMM-A案は面白かったのだが…。

新しさが有利に働いたわけだ。他にもメーカーのＢＡＥシステムズ社が各種レーダーや兵装についての経験が多いことも利点となったろうし、おそらくオーストラリア国内の建造や技術移転、アフターサービスについてもオーストラリア側の満足するような提案をしていたと考えられる。

そもそもオーストラリアは英連邦の一員で、今でも国家元首はエリザベス女王だ。実質的には独立国だが、イギリスとの関係は深い。今日でもオーストラリアはニュージーランド、マレーシア、シンガポールとイギリスとの間で「５ヶ国防衛取極」という防衛協力関係を結んでいる。オーストラリア海軍もイギリス海軍と近い関係にあり、１９６０年代にはイギリス海軍のリアンダー級フリゲートをリヴァー級として採用、独自改良型を含め6隻を１９９０年代まで使っていた。今回のハンター級は、リアンダー級以来ほぼ半世紀ぶりのイギリス設計のオーストラリア艦ということになる。

アジア～太平洋におけるイギリスの存在感増大か

実はイギリスは近年アジア～太平洋方面への海軍力プレゼンスを強めていて、２０１８年にもフリゲートのサザランド、揚陸艦アルビオンを極東に派遣、日本にも寄港させていて、さらに年末にはもう1隻、フリゲートのアーガイルを展開させる予定だ。空母クイーン・エリザベスの極東展開も予定されている。オーストラリアのタイプ26改ハンター級は、将来イギリス海軍のタイプ26グラスゴー級フリゲートが太平洋に展開する際には、インターオペラビリティ（相互運用性）を発揮するのかもしれない。まさかそれを見越してのタイプ26改選定だったということはないだろうが、これもイギリスの海軍力のプレゼンス強化の一種といえるかもしれない。ハンター級のインターオペラビリティといえば、今のところＣＥＣの装備については情報がないが、アメリカ海軍やホバート級との連携を考えれば、おそらく当然ハンター級にもＣＥＣが装備されることになるのだろう。

ハンター級の1番艦は２０２０年にオーストラリア南部のアデレードで建造を開始し、就役は２０２０年代後半に入ってからとなる予定だ。すでに3隻目までの艦名が決まっているといわれ、1番艦ハンター、2番艦フリンダース、3番艦タスマンと、オーストラリアの歴史上の海軍軍人や航海者にちなんで命名されるようだ。

さて、このようにイージス・システムの将来や太平洋におけるイギリスの存在など、オーストラリアのハンター級はいろいろ興味深い展望を見せてくれそうなのだが、ハンター級が建造される２０２０年代には、アメリカ海軍のＬＣＳ発展型フリゲート計画があり、日本には３９００トン型護衛艦、いわゆる「30ＦＦＭ」があり、大きさはさまざまだが、太平洋には新世代の水上艦の姿が浮かぶことになるようだ。

アップデートコラム

オーストラリアのハンター級フリゲートについては、２０２３年に「これでいいのか？」という批判がオーストラリアの軍事専門家からあがった。対潜能力に傾き過ぎてて対空・対艦兵装が足りない、9隻の計画を6隻に減らして、その分の予算でもっと違う艦を建造するべきではないのか、という意見だ。これに対してメーカーのＢＡＥシステムズ社は早速、設計変更案を出してきた。後部の多目的スペース部分にＶＬＳ64セルを増設、前部の32セルと合わせて96セルにして、さらにＮＳＭミサイルも8発増やして16発搭載にしようというものだ。これだとかなりの重武装艦になりそうだ。

ヨーロッパの新世代フリゲートは、本家イギリスのタイプ26も含めて、多目的性を重視しているが、中国海軍に向き合おうとしているオーストラリアは、むしろ多目的性よりも防空力と打撃力を求めようとしているようだ。つまり地球のこちら側は、ヨーロッパよりも海の安全保障環境が厳しい、ということの現われなんだろうな。

CEC：アメリカ海軍が開発した対空戦闘用精密データリンクと、それを用いる対空戦闘ネットワークのこと。CECとは「Co-operative Engagement Capability」の略で「共同交戦能力」と訳される。CECはイージス艦や早期警戒機などのレーダーが捉えた精密な目標情報を伝送・交換し、CEC情報に基づいて、自分のレーダーが目標を捉えていなくても、対空ミサイルを発射、誘導して交戦することができる。例えば超低空から飛来する対艦ミサイルが、自艦のレーダーでは水平線の下に入って探知できなくても、上空の早期警戒機がレーダーで捉えてCECで送ってくるデータを用いて、自艦の対空ミサイルを発射して、迎撃することができるというわけだ。日米のイージス艦では、マストに4方向に向いた長方形のアンテナ4基があるが、それがCECの送受信アンテナだ。E-2D早期警戒機は胴体下の円盤状の部分にCECの送受信アンテナが入っている。

第20考 "ムーアズタウン"レーダー工場見学記 SPY-1と未来のレーダー

ロッキード・マーチンの施設があるニュージャージー州ムーアズタウンでイージス艦が搭載するSPY-1レーダーの製造工場を訪問してきた。この訪問で見ることのできたモノや、イージスから離れて柔軟に進化しつつある各種のレーダーの将来のことを考えてみよう。

ロッキード・マーチンの工場でSPY-1とLRDRの製造過程を見た

2019年12月、アメリカはニュージャージー州ムーアズタウン（Moorestown。日本ではしばしば「モーレスタウン」と呼ばれるが、アメリカの人が言うのを聞くと「ムーアズタウン」の方が近い）のロッキード・マーチン社施設を訪れる機会があった。ここの工場ではイージス艦のレーダー「SPY-1」が製造され、さらにアメリカ本土防衛用の「LRDR」長距離識別レーダーも作られている。

SPY-1はご存じのとおりアメリカ海軍をはじめ、日本やスペイン、オーストラリア、ノルウェー、韓国のイージス艦、それにアメリカ軍のイージス・アショアに装備されているレーダーだ。工場ではSPY-1レーダーの組み立て工程を見学させてもらったが、SPY-1のアレイの一面となる八角形のフレームが作業台に下向きに置かれ、そのフレームにレーダーの素子を並べた「コ

SPY-1レーダー：イージス・システムの核心となる対空レーダー。フェーズドアレイ・レーダーを4面に配して全周をカバーしている。電波は発信装置からフェーズドアレイに並んだ素子に送られて、そこから送信される「パッシブ・フェーズドアレイ」方式である。

ラム」という板状の部品を取り付けているところだった。フレーム1個に32個のコラムが取り付けられる。取り付けが終わるとレーダーの表面には塗装が施され、同じ敷地内のテスト施設に運ばれてテストが行われる。テスト施設はいくつもあって、大きなものでは何面かのアレイが装備されて実際に電波を発信して機能が確かめられる。ＳＰＹ‐１レーダー単体の機能だけではなく、イージス・システムとしての機能の確認も行われるため、テスト施設にはＳＭ‐２ミサイルの目標照射用のＳＰＧ‐62レーダーも取り付けられていて、見た目はイージス・アショアによく似ていた。

このムーアズタウンのロッキード・マーチン社施設の外側には住宅地があり、近い所ではレーダーから３００ｍぐらいの距離だろうか。そんな近くでＳＰＹ‐１のレーダー電波を出しているのだが、周囲の環境への影響はないという。施設内には各所に電波モニター装置があって、電波の発信状況を監視していた。

組み立て中のＳＰＹ‐１レーダーのアレイのフレームには「４６０」という番号が書かれており、どうやらこの工場で作られる４６０番目のレーダーアレイのようだ。

アメリカ海軍のアーレイ・バーク級駆逐艦でＳＰＹ‐１レーダーを装備するものは、現在建造中で２０２４年就役予定のハーヴェイ・Ｃ．バーナムJr.（ＤＤＧ１２４）が最終艦となる。この艦はアーレイ・バーク級フライトⅡＡの「テクノロジー・インサーション」型、つまり次のフライトⅢに向けた新技術を採り入れた型で、フライトⅡＡの最終艦となる。その次のジャック・Ｈ．ルーカス（ＤＤＧ１２５）からは、新型の「ＳＰＹ‐６」レーダーとイージス・ベースライン10を装備する改良型のフライトⅢとなる。

おそらくＳＰＹ‐１レーダーを装備する最後の新造艦となるのは、韓国海軍が建造を決定したＫＤＸ‐Ⅲ型駆逐艦３隻となりそうで、このＫＤＸ‐Ⅲの１番艦は２０２４年に就役する予定だ。

フライトⅢ：アメリカ海軍のアーレイ・バーク級の最新型で、ズムウォルト級駆逐艦の建造が3隻で打ち切られたため、代わって建造されることになった。レーダーは従来のSPY-1Dに替えて、RTX（旧レイセオン）社製のSPY-6（V）1を装備し、探知距離も探知精度も大きく向上する。イージス・システムはベースライン10というバージョンになるほか、発電能力の強化なども図られる。フライトⅢの1番艦、ジャック・H.ルーカス（DDG125）は2019年に起工、2023年10月に就役し、2024年1月現在でさらに7隻が建造中、6隻が建造発注されている。

フライトⅡA：アーレイ・バーク級駆逐艦の改良型で、ヘリコプター格納庫を設けるなど、汎用性が向上している。最初のフライトⅡAは29番艦「オスカー・オースチン」で、それ以降の艦もさなざまな改良が施され、細部に相違が見られる。

ムーアズタウンの工場で見た「460番」のSPY-1レーダーのアレイがどの艦のためのものなのかはもちろん分からないが、まだしばらくはSPY-1の製造も続くようだ。

このムーアズタウン工場で製造されているLRDRは、SPY-1よりもさらに進んだ新世代のレーダーだ。LRDRはアラスカのクリア空軍基地に設置され、アメリカ本土に向かって飛来する大陸間弾道ミサイル（ICBM）や水中発射が可能な弾道ミサイル（SLBM）を遠距離で探知、捕捉するための早期警戒レーダーだ。SPY-1と同じSバンドの波長帯域の電波を用い、もちろんアクティブ電子スキャン・アレイ（AESA）方式で、高さ40m、幅20mのアレイを2面備える。

さて、見学することができたのは、そのアレイを構成する「パネル」という部分の製造とテストで、1枚のパネルでも高さ20m、幅4mという大きさを持つ。LRDRの1面のアレイは、このパネルを縦に2段、左右に5列の計10枚で構成される。LRDR全体ではパネルの合計数は40枚となる。このパネルには「サブアレイ」と呼ばれる素子が多数据え付けられる。LRDRも、SPY-1と同様、トンボの複眼のように、それぞれが小さなレーダーとして機能するサブアレイが多数集まって構成されるのだ。LRDRの「コラム」を製造している工程を見せてもらったが、1個のコラムは長さ9mで、1枚のパネルにサブアレイが何個取り付けられるのかは明らかにされなかったが、1個のサブアレイの大きさは「シューボックス（靴の箱）」程度との説明だった。

SPY-1はパッシブ・フェーズドアレイ・レーダーで、電波発信装置から電波をそれぞれの素子に送る方式だったが、LRDRのAESAはサブアレイのそれぞれが電波を発信する。SPY-1のアレイの裏側には、電波発信装置から素子まで電波を送るたくさんの導波管が複雑に張り巡らされていたが、LRDRではAESA方式のため、導波管は必要なくなった。

LRDRの完成したパネルをテストしている現場を見せてもらったが、確かにパネルの裏側はす

Sバンド：電波の周波数帯の一つで、マイクロ波と呼ばれる波長域のうち、1.5〜3.9ギガヘルツ前後の周波数で、波長では75ミリから150ミリあたりとなる。波長が短いので小さい目標も探知でき、目標の大きさなどの識別もできる。イージス・システムのレーダー、SPY-1や新型のSPY-6、SPY-7がSバンドの電波を用いている。他に電子レンジや医療用のMRIもSバンドの電波を使っている。イージス艦のSPY-1レーダーのアンテナアレイ付近の甲板には、「電波放射時にはこの範囲に入るな」との赤線が引かれていて、つまり人体に電子レンジのように作用してしまう恐れがあるのかもしれない。

ニューヨークから南へフリーウェイを２時間，
ニュージャージー州ムーアズタウンに
近づいたときに，突然見えてきたのがこれだ，
野原のまん中に，イージス艦の艦橋が…！
実はこれは，SPY-1レーダーの開発，
テスト用に1973年に建設(建造？)された
「LBST(Land Based Test Site; 地上
テストサイト)」で，現在の名称は
「Vice Admiral James H. Doyle Combat
System Engineering Development Site
(ジェームズ・H.ドイル中将 戦闘システム・
エンジニアリング開発サイト)」，
略してCSEDSと呼ばれている。

いうなれば，これが全てのイージス艦の
ご先祖さまでもある。イージスがこの
陸上施設でテストされ，開発された，
ということは，イージス・アショアって，
先祖返り……？

この艦橋のカタチは，タイコンデロガ級
以前の1970年代に，アメリカ海軍が
イージス搭載艦として計画した，
原子力打撃巡洋艦の艦橋に
そっくり。

VADM JAMES H. DOYLE
NAVY COMBAT SYSTEM ENGINEERING
DEVELOPMENT SITE

このジェームズ・H.ドイル中将CSEDSはランコカスRancocasという場所にあるので，
俗に「USS Rancocas(アメリカ軍艦ランコカス号)」と呼ばれたりする。建設当時は周りが
トウモロコシ畑だったようで，「トウモロコシ畑の巡洋艦 The Cornfield Cruiser」なんて
あだ名もある。イージス開発史上の名所ともいえる。

っきりして、サブアレイを収めた箱がぎっしり並んで、通電状態を示すものだろうか、赤や緑のライトが点滅していた。

日進月歩のレーダー開発　艦船搭載型も多様化

このＬＲＤＲのものと同じサブアレイで構成されるのが、日本のイージス・アショアに採用される「ＳＰＹ‐７」レーダー、それまで「ＬＭＳＳＲ」（ロッキード・マーチン・ソリッドステート・レーダー）と呼ばれていたものだ。ＳＰＹ‐７のアレイもＬＲＤＲのサブアレイを並べて構成されるが、もちろんアレイの大きさは小さくなる。しかもＬＲＤＲとＳＰＹ‐７とでは、同じサブアレイを使うといっても、要求がかなり違うはずだ。しかしロッキード・マーチン社の説明では、アレイの大きさとコンピューターのソフトウェアやアルゴリズムの違いで、ＳＰＹ‐７の要求も満たすことができるとしていた。またＳＰＹ‐７は、例えば北朝鮮の短距離弾道ミサイルＫＮ‐23のような、大気圏上層部を低い弾道で飛ぶ「デプレスト軌道」のミサイルや、中国のＤＦ‐17のような極超音速滑空弾も捕捉する性能があるという。

ＬＲＤＲやＳＰＹ‐７と同じサブアレイを用いて、アメリカがハワイに設置する「国土防衛レーダー（ＨＤＲ）」も作られる。こちらはＬＲＤＲとＳＰＹ‐７の中間の大きさになるようだ。さらにＳＰＹ‐７よりもアレイを小さくしたレーダーが、スペイン海軍が5隻を建造する新型フリゲートＦ１１０級と、カナダ海軍がイギリスのタイプ26を原設計として15隻を建造する新型フリゲート「カナダ水上戦闘艦（ＣＳＣ）」に採用される。アレイが小さい分、現用のＳＰＹ‐１に比べて探知

アクティブ電子スキャン・アレイ：英語で「Active Electronic Scan Array」略してAESAというレーダーの方式。多数の送受信素子をモジュールとしてアンテナ面（アレイ）を形成し、この素子それぞれが電波を発信（アクティブ）、電子的に電波の位相を変えることで電波の方向を変える（電子スキャン）、というレーダー。電波の操作が迅速で柔軟、モジュール1個が故障してもレーダー全体の機能の低下がわずかで信頼性が高い、という利点がある。SPY-6やSPY-7がこのAESAレーダーで、他にもイギリスのタイプ45駆逐艦のサンプソン・レーダーやオーストラリアのハンター級フリゲートが装備予定のCEAFAR2もAESAレーダーだ。

CSC Canadian Surface Combatant（カナダ水上戦闘艦）

近年日本でもおなじみになった，ハリファックス級フリゲイトの後継艦で，15隻という多数の建造が予定されている。

マストの4面に装備されるのは，アメリカのLRDRやHDR，日本向けのSPY-7と同系のSバンド・レーダーを装備する。指揮システムはカナダ製CMS-330。

CSCの原型は，イギリス海軍が8隻建造する，タイプ26グラスゴー級フリゲイト。

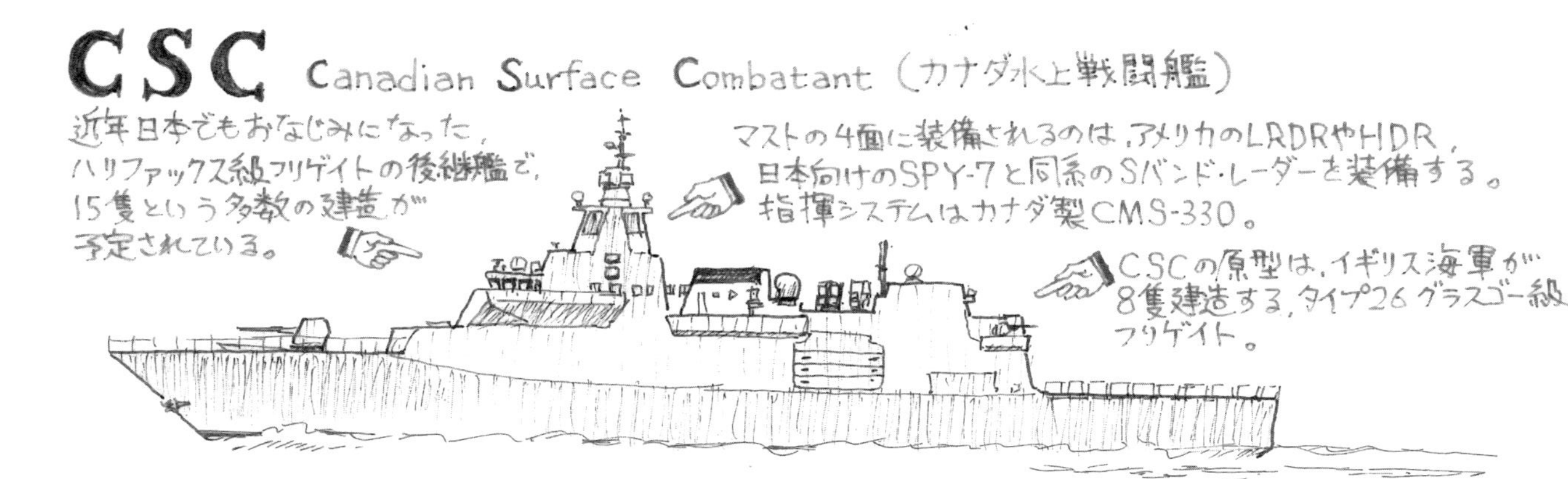

F110

スペイン海軍が5隻を建造する新型フリゲイト。建造メーカーのナヴァンティア社は，イージス・フリゲイトのアルヴァロ・デ・バサン級（オーストラリアのホバート級は準同型艦）やノルウェーのフリチョフ・ナンセン級も建造していて，イージス・システムとはなじみが深い。

統合マストに，SPY-7と同系のSバンドAESAレーダーを装備する。指揮システムはナヴァンティア社製のSCOMBAが採用される。

TS.

能力なども小さくなるかと思いたくなるが、ロッキード・マーチン社は「ＳＰＹ‐１Ｆ」（ノルウエーのフリチョフ・ナンセン級が装備しているＳＰＹ-１小型版）の大きさでも「ＳＰＹ-１Ｄ」（アーレイ・バーク級などが装備しているもの）並みの性能を持つ」としている。

つまりそれだけレーダー自身の性能が向上しているわけだが、それを達成できるのは新しいコンピューター・ソフトウェアやアルゴリズムとともに、ロッキード・マーチン社が開発したＧａＮ（窒化ガリウム）半導体(※1)のおかげだという。ＧａＮ半導体は従来のシリコン主体の半導体に比べて、スイッチ速度が向上し、大きさの割りに出力が大きく、必要なスペースも小さくて済むという利点がある。

Ｆ１１０フリゲートの戦闘指揮システムはイージスではなく、ＳＣＯＭＢＡ（スコンバと読むのか？）というスペイン製のものとなる。ＣＳＣフリゲートもＣＭＳ３３０というカナダ製の戦闘指揮システムを装備する。日本のイージス・アショア用ＳＰＹ‐７と同じ技術を用いたレーダーだが、これらのフリゲートはイージスとは違う指揮システムを装備するのだ。ただしＣＳＣの建造とシステム統合の主契約者は、ロッキード・マーチン・カナダ社なので、ＣＭＳ３３０もイージスの流れを汲むものとなるのかもしれない。

一方、オーストラリア海軍の新フリゲート、ハンター級（これもイギリスのタイプ26が原型だ）は、指揮システムにはイージスを採用するが、レーダーはオーストラリア自国製の「ＣＥＡＦＡＲ２」となる。アメリカの沿海域戦闘艦ＬＣＳの拡大強化型として計画されている新世代フリゲート、ＦＦＧ（Ｘ）でも、戦闘指揮システムはイージスの派生型のＣＯＭＢＡＴＳＳ‐21となるが、レーダーは「ＳＰＹ‐６」の派生型になる。

これまでイージス・システムは主レーダーとしてＳＰＹ‐１を用いるものとして発達してきたが、

パッシブ・フェーズドアレイ：多くの送受信素子を並べてアンテナ面（アレイ）を形成して、各素子から出る電波の位相を変える（フェーズド）ことで電波の方向を変える、つまりフェーズドアレイ・レーダーだが、素子そのものは電波を発信せず、別の発信器からの電波を素子に送って、素子から電波を出す、つまり素子は電波を受け取って（パッシブ）出すだけ、という方式。SPY-1レーダーがこのパッシブ・フェーズドアレイ方式で、当時は最新の技術だった。アンテナ面の裏側には素子に電波を流す「導波管」が沢山ひしめいている。整備に手間がかかり、電波コントロールや信号処理にコンピューター能力を割かなければならないのが不利な点だ。

今やSPY-1以外のレーダーもイージスに統合されるようになってきている。逆にイージス・アショア用SPY-7と同系のレーダーがイージス以外のシステムにも適用されるようにもなり、イージスもAESAレーダーもそれぞれ別個に、そして柔軟に進化するようになってきているのだ。

※1　GaN半導体
窒素とガリウムの化合物を使った半導体で、「窒化ガリウム半導体」と呼ぶのが一般的。それまでのシリコン（ケイ素）系の半導体に比べて、電力が無駄にならず、高い電圧にも耐えられ、小型化も容易と利点が多く、電力の変換や制御に用いる「パワー半導体」として非常に優れているといわれる。ロッキード・マーチン社もLMSSR／LRDR／SPY-7のモジュールにこの窒化ガリウム半導体を採用している。窒化ガリウム半導体の世界的メーカーの中には日本企業が多い。

アップデートコラム

イージス・アショアの配備撤回で、どうなるかと思われた日本のSPY-7導入だが、結局1万2000t程度の「イージス・システム搭載艦」2隻を建造することで落ち着いた。

一方のイージス・アショアだが、NATO配備の2施設のうちポーランドのレディズコヴォに建設されていたものも、2023年12月にやっとアメリカ海軍に引き渡された。このヨーロッパのイージス・アショアだが、当初は「イランなどからの弾道ミサイル攻撃に対する防御」として、ロシアの反対を抑えようと配慮していたものだ。しかしロシアのウクライナ侵略が2022年2月に全面侵攻へと激化したことで、そんな配慮もあまり意味がなくなってしまった。そんな情勢の中でのNATO防衛のためのイージス・アショアだが、ロシアからの弾道ミサイルや極超音速兵器、巡航ミサイルなどの攻撃に対しては、はたしてどこまで有効と考えられているのだろう？　いや、やはり必要ではあるだろうけど。

デプレスト軌道：弾道ミサイルの飛翔経路のタイプの一つ。最大距離を飛ばすミニマムエナジー軌道よりも、平べったく低い高度を保たせて飛ばす軌道を「押さえつけた＝デプレスト（depressed）」軌道という。もちろん無理に飛翔経路を低く抑えるので、そのためにエネルギーを使わなくてはならず、同じ推進剤の量ならば射程は短くなる。しかし飛翔高度が低いので、早期警戒レーダーに見つからずに目標に接近でき、また大気圏上層部ぎりぎりぐらいの高度を飛べば、大気圏外用のSM-3迎撃ミサイルでは撃墜できないことになり、弾道ミサイル防衛側にとっては迎撃が困難になる。

第21考 2023年、イタリア艦が日本に来る？

NATO諸国の軍艦が相次いで日本に寄港し日欧の関係が深まっている今、これまで訪日していなかったイタリア艦がアジア方面に展開するとの噂が。今回は〝その時〟に備えて、イタリア海軍および来日すると目されている新型艦「フランチェスコ・モロシーニ」に迫ってみよう。

日本と関係を深めるNATO諸国 そんな中、ある噂が流れる

日本とヨーロッパのNATO諸国海軍がこのところずいぶん近くなってきている。2021年9月にイギリス海軍の空母クイーン・エリザベスの艦隊が横須賀にやって来たし、その1艦としてオランダ海軍のフリゲート、エヴァーツエンも一緒だった。11月にはドイツ海軍のフリゲート、バイエルンが東京を訪問してる。フランス海軍の強襲揚陸艦やフリゲートもしばしば日本に来ている。ところがNATOの中でも有力な海軍国の一つ、イタリア海軍の軍艦はこのところ日本には来ていない。

もちろん日本の海上自衛隊とイタリア海軍の付き合いがないわけではなくて、海賊対処に派遣されている日本の護衛艦は、同じくアデン湾に展開しているイタリア海軍の艦艇と何度も共同訓練を行ってる。それらを考えると、そろそろイタリア海軍の軍艦のインド洋〜太平洋展開があってもお

かしくない……いや、イタリア海軍はやっぱり地中海がホームグラウンドだし、シリア情勢や北アフリカ情勢が気になるだろうから、NATOとしてアデン湾の海賊対処には行くとしても、それより遠くのインド洋や太平洋には軍艦を派遣するのは大変なんだろうな、と考えていた。

そんな矢先の2022年12月、SNSにイタリアの海軍/艦艇ファンらしい人の投稿があった。2022年10月に就役した新鋭の外洋警備艦フランチェスコ・モロシーニが、2023年にインド〜太平洋に展開する、というのだ。驚くとともに納得したのだが、どうもその後のイタリア海軍公式筋や外国の海軍情報サイトを見ても、続報がない。フランチェスコ・モロシーニの太平洋派遣は宙に浮いた噂なのか、それともまだ確定的な情報が出てないだけで、太平洋派遣の構想はあるのか、そこのところは判断のしようもない。でも確かにありうる話ではあるし、嬉しい話でもある。

というところで、ちょっとイタリア海軍と、このフランチェスコ・モロシーニについて復習してみよう。

イタリア海軍の現状と新型艦

イタリア海軍の現勢は人員1万8000人、水上艦船91隻、潜水艦6隻で、その中で主な戦闘艦艇は空母カヴールと退役近いヘリ空母ジュゼッペ・ガリバルディ、そのガリヴァルディの後継としてもう少しで就役する強襲揚陸艦トリエステが大型艦で、例のホライゾン計画の防空駆逐艦アンドレア・ドリア級2隻、1990年代前半就役で退役が近い駆逐艦ルイージ・デュランド・デ・ラ・ペンネ（イタリアの軍艦の艦名は人名が多くて、カタカナで書くと長くなる）、フランスとの協同FREMM計画のフリゲート、カルロ・ベルガミーニ級8隻+2隻建造中、退役が進むフリゲート

アンドレア・ドリア級：仏伊共同「ホライゾン」計画でフォルバン級とともに建造された、イタリア海軍の防空駆逐艦。2008〜09年に2隻が就役。満載排水量6,741t。

ホライゾン計画：1980年代後半にNATO諸国が共同でフリゲートを開発・建造しようとしたNFR90計画が1990年に各国の要求が揃わずに頓挫した後、イギリスとフランス、イタリアが1993年に合意した三国共同防空駆逐艦計画。しかしこれもまた広域防空を求めるか、短距離防空で済ますのか、装備レーダーをどうするかで折り合わなくなり、イギリスが脱退して独自にタイプ45駆逐艦を作り、フランスとイタリアだけが続行。EMPARレーダーと、アスター30/15対空ミサイルを用いるPAAMS防空システムを装備する駆逐艦を2隻ずつ建造した。これがフランスのフォルバン級とイタリアのアンドレア・ドリア級で、大きさも外形も比較的似ているが、兵装とその配置は両国で違いがある。

のマエストラーレ級が残り3隻、それらより小さいコルベット／警備艦がコマンダンテ・チガーラ・フルゴーシ（また長い艦名！）級4隻とシリオ級2隻、古いカシオペア級4隻、機雷掃討艇がガエタ級8隻とレリチ級2隻といったところだ。これにＡＩＰ潜水艦のサルヴァトーレ・トダロ級4隻と、それより古くて小さいサウロ級2隻が残っている。

これに今加わりつつあるのが、イタリア海軍の独特な構想の新型艦、パオロ・タオン・ディ・レヴェル級で、太平洋に来るという話が出たフランチェスコ・モロシーニはこのクラスの2番艦だ。

パオロ・タオン・ディ・レヴェル級の諸元とその特徴

パオロ・タオン・ディ・レヴェル級は「ＰＰＡ（多用途外洋警備艦）」という艦種とされ、ＰＰＡはイタリア語で「Pattugliatore Polivalente d'Altura（パットゥグリア・ポリヴァレンテ・ダルトゥア）」の略だ。艦種名もカタカナだと長いなあ。このクラスは、外洋警備艦とフリゲートを兼ねるもので、同じ基本設計で兵装やセンサーの違う3タイプが建造されることになっている。最も強力なタイプは多用途フリゲートといえるもので「ＰＰＡフル」と呼ばれ、最も兵装の少ないタイプは「ＰＰＡライト」、その中間が「ＰＰＡライト＋」と呼ばれる。就役した1番艦と2番艦はこの中の「ライト」というタイプで、今のところ建造が決定している7隻のうち、3、5、6番艦がライト＋、4、7番艦がフルになる予定だ。

満載排水量はライトが５８３０ｔ、ライト＋が５８８０ｔ、フルが６２７０ｔ、全長１４３ｍ、幅16・５ｍだから、海自の護衛艦でいうと「むらさめ」型と「たかなみ」型に近くて、ちょっと短いといったところだろうか。機関はディーゼルとガスタービン併用のＣＯＤＡＧで2軸、速力は

Francesco Morosini

イタリア海軍の「多用途外洋警備艦(PPA)」、フランチェスコ・モロシーニ。パオロ・タオン・ディ・レヴェル級の2番艦で、2022年10月に就役した。この艦が2023年にインド洋〜太平洋に展開して、日本にも来る、っていうのは本当なのかなあ。来て欲しいけどなあ。

PPAは排水量が約6000トンで、いわゆる外洋警備艦(OPV)としてはかなり大きい部類。PPAの重武装型「フル」だと、対空・対潜兵装も備えて、つまりフリゲイトになる。

P431

FRANCESCO MOROSINI

PPAの艦首はこういうカタチをしている。バルバスバウとは違う。

1番艦と、この2番艦フランチェスコ・モロシーニは軽武装型の「PPAライト」で、これだと外洋警備艦と呼ぶのがふさわしい。「ライト」でも後で兵装を増やすスペースは用意されてて、この1〜2番艦も改修して「フル」仕様にするという話が出てきてるようだ。

31・6ノットも出る。

このPPAで特徴的なのは艦首形状で、バルバスバウとも違い、一種の2段重ねのような形になっている。これは水線部分で船体を長くすることで抵抗を減らそう、というものなのだそうだ。

兵装はOTOメララ127㎜砲と76㎜砲各1門と25㎜機関砲2門は共通だ。後部にヘリコプター甲板と格納庫があって、EH101なら1機、SH90なら2機が搭載可能なのも共通だ。テゼオMk2対艦ミサイル8発を搭載するのも全タイプとも同じだが、そのキャニスター・ランチャーは少なくともライトでは常時装備はしないようだ。

ミサイルはフルだとシルヴァー70VLSを16セル設けて、アスター30中距離対空ミサイルとアスター15短距離対空ミサイル、それにSCALP-ナヴァル巡航ミサイルを搭載する。ライト＋とライトは、VLSの場所は用意するものの装備はせず、必要になったら装備するつもりだ。搭載ミサイルも短距離対空ミサイルCAMM（イギリス海軍がシーセプターと呼ぶものだ）の射程延伸型とSCALP-ナヴァルが搭載される。ほかに3連装対潜魚雷発射管もフルには装備されるが、ライト＋とライトでは場所のみが設けられる。つまりライトとライト＋では、竣工時に装備している兵装は砲と機関砲だけということになる。

レーダーはフルではCバンドとXバンドの2波長多用途レーダーを装備するが、ライト＋はそのうちのCバンドのみ、ライトは短距離用のXバンドのみが装備される。その他の水上捜索レーダーや航海レーダー、通信システム、指揮システムは3タイプとも同じだが、チャフ／フレア発射機はフルのみが装備して、ライト＋とライトでは場所だけだ。曳航アクティブ・ソナーや可変深度ソナー、対魚雷曳航ソナーといった対潜センサーはフルだけの装備で、他の2タイプでは装備は考えられていない。

キャニスター・ランチャー：ミサイルを納める格納筒（キャニスター）がそのまま発射装置（ランチャー）になるのがキャニスター・ランチャーで、水上戦闘艦の対艦ミサイルの装備方法をして広く用いられている。フランス製のエクゾセやアメリカ製ハープーンなどがキャニスター・ランチャー方式で搭載される。キャニスターは四角い断面や円筒形のものがあり、それを甲板上の架台に4連装にして斜めに搭載する。発射した後は空になったキャニスター・ランチャーごと、ミサイルの入った新しいキャニスター・ランチャーに交換する、というのが一般的。

「PPAフル」の装備はこうだ！

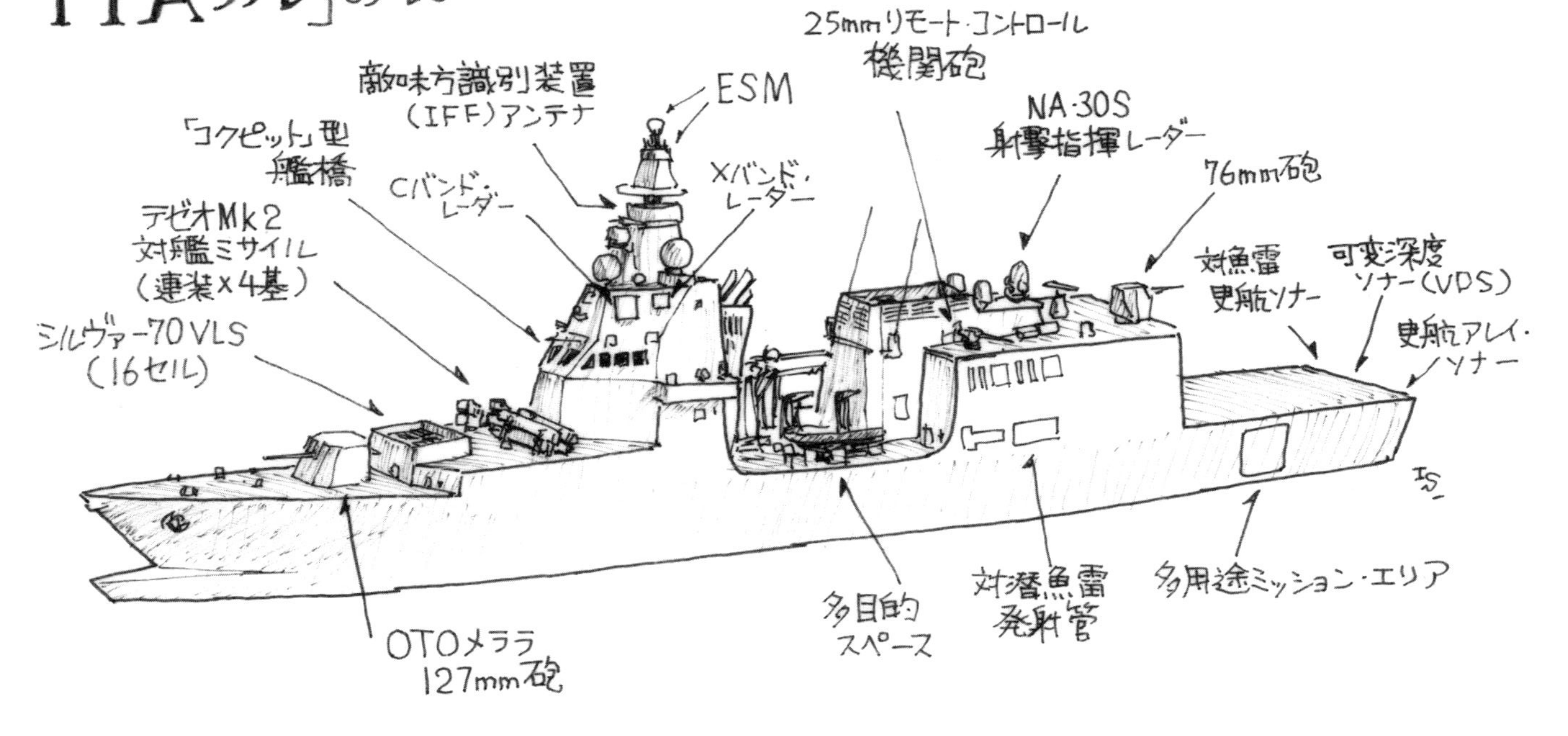

乗員数はフルで120名、ライト＋とライトは90名で、これに航空要員が加わる。かなり大きな艦なのに、ライト系2タイプの乗員数は日本の「もがみ」型ＦＦＭとほぼ同じになるというわけだ。

それとさらにＰＰＡで特徴的なのが、艦の中央部のスペースだ。洋上補給ポストやクレーンが置かれているが、ここにＲＨＩＢ艇や揚陸用舟艇などのボートを搭載したり、標準コンテナのサイズでモジュール化した指揮通信施設や医療施設、あるいは災害救援や人道支援のための物資コンテナを搭載する。ＰＰＡのフルはハイエンドな戦闘を意識しつつも、ライトやライト＋は災害救援や人道支援、法執行の支援、漁業保護や警備など「戦争以外の軍事行動」にも対応できる艦となる。むしろライトはそちらに軸足を置いた艦といった方が良さそうだ。

それともう一つＰＰＡの特徴はその「コクピット」と呼ばれる艦橋だ。コクピットはその名の通り飛行機の操縦席のようで、2名の航海手が並んで座って、旅客機の操縦ハンドルのような操舵器とジョイスティック、2人の間のコンソールにあるスロットルレバーで、操舵と速力の調節も行い、2人の前のディスプレイにさまざまな情報を表示し、艦の操縦の他に、各システムや装備の操作、戦闘システムの操作も行えるという。このコクピット方式で、カルロ・ベルガミーニ級では8人の艦橋当直を必要としたのが、2名で済むのだそうだ。

イタリア海軍は、1950～60年代からヘリコプター搭載巡洋艦やフリゲートで先進的な配置や装備の艦を建造してきており、その造船技術や設計能力には注目すべきものがある。

イタリアのフィンカンティエリ社のカルロ・ベルガミーニ級フリゲートの設計は、アメリカの新フリゲート、コンステレーション級の原設計としても採用されているくらいだ。このＰＰＡも、またもやイタリアが画期的な軍艦を作り出した、という意味でとても面白い。

シルヴァー70VLS：ホライゾン計画を脱退したイギリスも実はタイプ45駆逐艦に、フォルバン級やアンドレア・ドリア級と同じく射程120km＋のアスター30と射程30km＋のアスター15の高機動対空ミサイルを採用し、その発射装置として48セルのシルヴァー70VLSを装備している。その部分はホライゾン計画の三国共同の名残りとなっている。シルヴァーVLSはセルの長さ（つまり深さ）に応じて3.5mのシルヴァー35から、4.3mの43、5.0mの50、そして7.0mのシルヴァー70まで各種があり、シルヴァー70ではアメリカ製のSM-2対空ミサイルやトマホーク巡航ミサイル、フランス製のSCALPナヴァル巡航ミサイルも発射可能になっている。ただしシルヴァーVLSは今のところ、フランスとイタリア、イギリスの3ヶ国でしか採用されていない。

インド太平洋派遣に適したＰＰＡ日本への寄港なるか

ＰＰＡは1番艦パオロ・タオン・ディ・レヴェルが２０２２年3月に就役し、2番艦フランチェスコ・モロシーニが２０２２年10月に就役、7番艦ドメニコ・ミレリーレが２０２６年就役の予定と、かなり速いペースで建造が進んでいる。先に述べたように、ＰＰＡのライトとライト＋も各種兵装のスペースは用意されているため、後に兵装を強化することは可能で、ライトとして完成した1番艦と2番艦もフル仕様に改修される予定だという。

このＰＰＡの性格からしても、もしイタリア海軍が通例の行動範囲である地中海～アデン湾を越えて、インド洋や太平洋に艦艇を派遣するのであれば、その任務にふさわしい艦といえるだろう。ＰＰＡライトならば兵装も軽く威圧感も少ないので、親善訪問にも適している。それでいて捜索救難や災害救援などの任務での共同訓練も可能で、インド洋～南シナ海～太平洋の国々との、ハイエンドな戦闘の演習には踏み込まない種類の共同演習にも向いている。

ＰＰＡの2番艦フランチェスコ・モロシーニの太平洋展開が実現するかどうか、まだ分からないが、その展開はイタリアもイギリスやフランス、ドイツと並んでアジア～太平洋に積極的に関与する姿勢を改めて明らかにするものとなるだろう。そうなれば日本としても頼もしい展開となるのだが、ホンネを言ってしまうと、イタリアの軍艦、とくにこのクラスをぜひ見てみたいのだ。本当に日本に寄港してくれないかなあ。

Xバンド：やはり電波の波長帯で、ＳバンドやＣバンドよりもさらに周波数が高く、6.2～10.5ギガヘルツとなる。波長が短いので雨を捉えることができ、降雨レーダーがこの波長帯を使っている。また小さい目標の探知や捕捉にも適しているため、アメリカ海軍のSPQ-9Bレーダーのように、海面に出た潜望鏡や海面すれすれを飛来する巡航ミサイルを探知することもできる。

Cバンド：電波の波長帯の一つで、イージス・システムのSPY-1やSPY-6／-7のＳバンドの隣の、もっと周波数の高い3.9から6.2ギガヘルツ、波長では37～75ミリの電波。雨の影響を受けにくいという特徴があり、気象レーダーにも使われている。日本の海上自衛隊のFCS-3多機能レーダーや、フランスとイタリアのEMPARレーダーがこのＣバンドの電波を使っている。

アップデートコラム

ここで願っていたとおり、イタリアの軍艦は日本に来てくれた。２０２３年６月、フランチェスコ・モロシーニが横須賀に寄港したのだ。幸い乗艦見学する機会がもらえて、新機軸の「コクピット」型ブリッジも見られた。なるほどここですべての操艦や指揮ができてしまうのだな。そのブリッジの後方のパーティションの向こう、同じレベルにＣＩＣがあったんだが、ブリッジに被弾すると指揮能力が失われてしまいそうで、ちょっと心配になる。このクラスの艦はそんな激しい戦闘に臨むことは考えてないのかもしれない。艦の中部の多用途スペースは、甲板上に止め金具が設けてあって、ＲＨＩＢ艇の架台と揚収クレーンもそれで固定してある。指揮管制モジュールや医療モジュール、物資コンテナなど、任務に応じて積み込めるわけだ。それに独特な艦首形状も面白い。フランチェスコ・モロシーニは27日に横須賀を出港していったが、２０２５年にはイタリア海軍はＦ－35Ｂ搭載空母カヴールを日本に派遣するという。ありがとう、イタリア海軍！

曳航ソナー：曳航ソナーは自艦のエンジンなどの騒音を拾わないように、直線配列の音波受信装置を長くつなげ、後方に離して引きずって航行しながら運用する方式のソナー。ソナー列が長いため、潜水艦からの音が聞こえる方向の違いから、三角測量の要領で距離を割り出すこともできる。そのほかにも船体の底に装備される「ハルソナー」や、喫水線下の艦首に設けられる「バウソナー」などがある。バウソナーは球状の部分（バルバス・バウ）に装備されることが多い。

4章
世界の海を眺めてみれば

「ロシア軍艦、くたばれ」という題名のウクライナの切手。巡洋艦モスクワに対してウクライナ兵が中指を立てている。この切手は2022年4月12日に発売され、その2日後にモスクワが撃沈された。「ロシア軍艦、くたばれ」というのは、ズミイヌイ島の守備兵が、無線で降伏勧告をするモスクワに返した答え

第22考 訪日欧州艦とホルムズ海峡の意外な関係

軍艦ファンの間でも最も気がかりなニュースの一つに挙げられるだろうペルシャ湾・ホルムズ海峡の情勢。イラン次第ではさらなる緊迫化も避けられない遠く離れたホルムズ海峡だが、ここで起こった事件によって実は、日本の軍艦ファンも大きな影響を受けているのだ……。

ペルシャ湾で高まるイランと米英の緊張

ペルシャ湾の波がまたまた荒くなっている。そもそもは2015年当時にアメリカのオバマ政権がイランと結んだ核合意、つまりイランが核開発を制限する代わりに経済制裁を解除する、っていう約束を2018年にトランプ政権が破棄したところから波が立ち始めた。

そして2019年7月5日に、国連制裁に違反してシリアに原油を運ぼうとしていたとして、イギリス海兵隊がイランのタンカー「グレース1」にワイルドキャット・ヘリコプターで乗り込んで、ジブラルタル近海で拿捕、拘束した。その2週間後の7月19日、今度はイランの革命防衛隊がペルシャ湾のホルムズ海峡でイギリス籍のタンカー「ステナ・インペロ」を「国際海事規則」に違反したとして拿捕して、このタンカー拿捕の応酬でペルシャ湾の緊張は大きく高まることとなった。

まあ、結局「グレース1」は、イラン側がシリアに原油を運ばないと約束したことで8月15日に拘束を解かれ、イギリスのタンカーもイランから解放される見通しがついて、とりあえずタンカー拿捕事件は決着する方向になった。とはいえイランとアメリカの緊張は続いてるし、タンカー拿捕によってイギリスもイランとの間で緊張した関係になってきた。

そして『国際的な危機が発生したとき、ホワイトハウスのオペレーション・ルームで人々が『一番近い空母はどこだ!?』と叫ぶ』とかつてクリントン大統領が言ったという話があるが、このペルシャ湾の緊張でも、もちろん近くにアメリカ空母がいる。エイブラハム・リンカーンとその打撃群である。

イラン情勢を受けて予定を変更した英・西の艦

エイブラハム・リンカーンは2019年4月1日に母港ノーフォークを出港、大西洋〜地中海〜スエズ運河〜アラビア海〜インド洋〜太平洋と地球を半周して、新母港サンディエゴを目指す作戦展開に出た。エイブラハム・リンカーンは2017年5月に、49ヶ月にわたる原子炉燃料交換とオーバーホールを終えて、この展開で以前の太平洋艦隊に戻るのだ。

ちなみにエイブラハム・リンカーンが大西洋から太平洋に移るのと入れ替わりに、太平洋艦隊の空母ジョン・C.ステニスが原子炉燃料交換とオーバーホール準備のためにノーフォークに向かっていて、エイブラハム・リンカーンとは4月に地中海のリビア沖で会合してる。

しかし2019年5月、地中海を行動中にペルシャ湾の緊張の高まりとともにエイブラハム・リンカーンの航海はスケジュールが早まり、5月9日にはスエズ運河を南下して紅海に入り、5月中旬にはアラビア海北部に姿を現した。7月21日にはペルシャ湾のオマーンに寄港、休養と補給を行

ジョン・C.ステニス：アメリカ海軍のニミッツ級空母の7番艦。構造材の軽量化などにより6番艦までよりも軽量化されている。南沙諸島での中国の活動や、北朝鮮の行動の抑止として、たびたび西太平洋に展開している。

エイブラハム・リンカーン：ニミッツ級の5番艦で、1986年就役。エイブラハム・リンカーンは飛行甲板など防御力が強化されており、この艦以降を改ニミッツ級ということもある。満載排水量は10万tを超える。

って、8月下旬の時点でもペルシャ湾を睨むアラビア海北部海域を行動している。

エイブラハム・リンカーン打撃群の水上戦闘艦は、タイコンデロガ級巡洋艦レイテガルフとアーレイ・バーク級駆逐艦メイソン、ベインブリッジ、ニッツェ（いずれもフライトⅡA）で、これにスペイン海軍のアルヴァロ・デ・バサン級イージス・フリゲートのメンデス・ヌネスがノーフォーク出港時から編入されていた。メンデス・ヌネスはエイブラハム・リンカーンと一緒に世界を半周して、サンディエゴからは単独で母国を目指す、地球一周航海をすることになっていたのだ。

ところがスペインはアメリカとイランの対立に巻き込まれるのを恐れてか、メンデス・ヌネスは5月に打撃群がペルシャ湾に向かう以前にいったんエイブラハム・リンカーン打撃群から離れて別行動して、8月にはインド西海岸のゴアに入港している。

エイブラハム・リンカーン打撃群が4月に世界半周の展開に出た時には、「ひょっとすると時期が合えば10月に予定されている海上自衛隊の観艦式にエイブラハム・リンカーンが参加？ そこまで話がうまくなくても、メンデス・ヌネスは観艦式に来てくれるか、少なくとも日本に寄港するんじゃないか？」という期待があったものだ。

もしメンデス・ヌネスが日本に来るようなことがあれば、近年イギリス海軍やフランス海軍が艦艇をインド洋～アジア・太平洋に派遣して、南シナ海や日本周辺の東アジア地域への関与を示してるのに、スペインも加わることになるんじゃないか、と思っていたんだが。イギリスにフランス、それにスペインといったNATOやEU（イギリスは脱退するみたいだけど）のヨーロッパ諸国がこぞって『自由で開かれたインド太平洋』とこの地域の海洋における法の支配を守り、力による現状変更を認めない」という意志と行動を示してくれれば、日本の安全保障にとってもありがたいことになるんだけどなあ。

タイコンデロガ級：世界で初めてイージス・システムを搭載した実用艦。スプルーアンス級駆逐艦の船体をベースに、イージス・システムを組み込んで設計された。計画当時は「ミサイル駆逐艦」となるはずだったが、その能力の高さから駆逐艦よりも強力な艦として「巡洋艦」に格上げされた。1983年から1987年にかけて27隻が就役した。1番艦タイコンデロガ～5番艦トーマス・S.ゲイツは旋回式ミサイル発射機を装備していたが、SM-2ミサイルしか発射できず、VLS装備への改修は経費がかかるため、これらの5隻はすでに退役している。2023年12月時点で現役の艦は、近代化改修済みの10隻のみ。

スペイン海軍のイージス・フリゲイト、
アルヴァロ・デ・バサン級5隻のうちの4番艦、
メンデス・ヌネス。2006年就役。
満載排水量6250トン、全長146.4mで、
日本の「たかなみ」型と時期も大きさも近い。
でも、このクラスはイージス・システムを装備してて、
レーダーはSPY-1Dだ。

艦名は19世紀のスペイン海軍の提督で、
チリとペルーに対してスペインが戦った
戦争で活躍した、カスト・メンデス・ヌネスにちなむ。

アメリカのイージス艦や日本のイージス
護衛艦は、艦橋がSPY-1レーダーの
アレイの上にあるのに対して、アルヴァロ・
デ・バサン級は艦橋の上に、SPY-1
レーダー・アレイがある。艦の大きさが
小さくても、こうすればレーダーを高い
位置に置ける。

Mk41VLSは48セルで、
SM-2とESSMを装備する。

5インチ砲は砲身54口径で、
砲塔も非ステルス型の
Mk45Mod2。

メンデス・ヌネスが大西洋から太平洋までエイブラハム・リンカーン打撃群に加わって、
さらにその先、世界一周してスペインに帰るのは、15世紀にスペイン人のファン・セバスティアン・エルカーノが
初の世界一周航海を達成した500周年記念なのだそうだ。エルカーノはマゼランの部下で、マゼランが
途中で死んだ後、艦隊の指揮を引き継いで、スペインに帰り着いた。メンデス・ヌネス、日本に来て欲しいなあ。

　もちろんそれとともに、軍艦好きとしてはスペインのアルヴァロ・デ・バサン級の姿を日本の港で見たいじゃないですか。まあメンデス・ヌネスはインドのゴアまで来てるんだから、まだ日本に寄港する可能性がなくなったわけじゃないんで、希望を捨てることはないんだけど。

　そしてアメリカ海軍だけじゃなくて、タンカーを拿捕されたイギリスも、ペルシャ湾の海軍力を増強してる。そもそも２０１９年３月に日本に来て、東京の晴海で公開されて大人気だったタイプ23フリゲート モントローズは、その後南シナ海〜インド洋を経由して、4月11日にペルシャ湾のバーレーンに到着した。モントローズはこれ以後約2年半の予定でバーレーンに前方展開して、およそ4ヶ月ごとに他のタイプ23フリゲートが来て、乗員を入れ替えることになっている。

　そのモントローズに加えて、7月には同型艦ケントがペルシャ湾に派遣され、まあこれは乗員交代のための予定されていた行動だが、さらにモントローズが整備に入る間のペルシャ湾警備のために、タイプ45駆逐艦ダンカンが7月末にペルシャ湾入りしている。それだけじゃない、インド〜太平洋方面に展開するため8月にイギリスを出港したタイプ45駆逐艦ディフェンダーが、途中で行き先を変更、ペルシャ湾に向かうことになったのだ。ディフェンダーは、２０１８年の揚陸艦アルビオンと２０１９年３月のフリゲート モントローズに続いて、アジア〜太平洋に展開して、おそらくは日本に寄港することになるんじゃないかと大いに期待されたところだ。そうなったら、２０１３年にデアリングが東京に寄港して以来、久しぶりにタイプ45駆逐艦の姿を日本で見ることができるはずだった。それがペルシャ湾情勢の緊迫化のせいで、展開先が変更になってしまった。事態が変われればディフェンダーも再びアジア〜太平洋に来る可能性も否定できないが、どうもそううまくはいかなそうだ。

アルヴァロ・デ・バサン級：スペイン海軍のイージス・フリゲートで、2002年から2012年にかけて5隻が就役した。スペインはアメリカ海軍以外では日本に次いで3番目のイージス保有国となった。元はといえばスペインもNFR90計画に参加していたが、脱退してイージスを採用、このクラスが建造された。満載排水量6,250tと、それまでのイージス艦の中では最小で、SPY-1レーダーを艦橋の上に4面装備するという配置を採り、VLSも48セルと少ない。機関はディーゼルとガスタービン切り替えのCODOG方式で28ノット。オーストラリア海軍も採用し、ホバート級として3隻を建造した。

H.M.S. Defender

ディフェンダーの紋章のモチーフは赤地に盾とサーベル。モットーは「Fendendo vince（守リニヨリテ勝ツ）」というラテン語。

イギリス海軍のタイプ45駆逐艦HMSディフェンダー。アジア～太平洋展開で、日本にやって来たかもしれないのに、ペルシャ湾情勢のおかげで、そっちに展開先を切り替えてしまった。2019年8月末の時点で、状況によってはペルシャ湾から再びアジア～太平洋に向かう可能性もあるかもだけど……。

塔状のマストの頂部のサンプソン・レーダーのドームはくるくる回る。本当だよ。中にはアクティヴ・フェーズドアレイのアンテナ2面が背中合わせになってる。

サンプソン多機能レーダーとともに用いられるSMART-L対空捜索レーダー。

ガスタービンとディーゼルで発電する統合電気推進。

アスター15/30対空ミサイル用VLS。48セル。

ヘリコプターはワイルドキャットかマーリンを1機搭載する。

D36

中東やペルシャ湾でどうかなると、アメリカ海軍やヨーロッパ諸国の軍艦がそっちに行っちゃって、アジア～南シナ海～太平洋のプレゼンスがうすくなるんで、困ります。あっちであんまりモメないでください。

タイプ45駆逐艦は2010～13年に、ドーントレス、ダイアモンド、デアリング、ドラゴン、ディフェンダー、ダンカンの6隻が就役。満載排水量7570トン、全長152.4mで、日本の護衛艦「あきづき」型とほぼ同時期で、ちょっとだけ大きい。

輸送や保険コスト上昇 生活に直結する不安も

スペインのメンデス・ヌネス、イギリスのディフェンダーと、ペルシャ湾の緊張のおかげで外国艦を日本で見られる機会が2つもフイになってしまった。そんなのは「がっかり……」とため息をついて済ますこともできるのだが（済ませたくないが）、ペルシャ湾の状況は日本にとっても気がかりだ。

一つにはタンカーの拿捕でペルシャ湾に行き来する船舶の保険料が上がること。つまり石油の輸送コストが高くなることだ。石油は国内備蓄もあるし、すぐに日本でのガソリンなどの石油製品の小売り価格に影響が出るわけじゃないが、ペルシャ湾の航行の安全が危うい状況が長引けばどうなるかわからない。

それとももう一つは、アメリカがペルシャ湾の航行の安全を確保するために、軍艦を派遣して自国籍の船舶の護衛をするよう各国に働きかけていることだ。もし日本がすんなりアメリカのトランプ政権の言うことを聞くならば、日本も海上自衛隊の護衛艦をペルシャ湾にまで派遣しなければならないことになる。

そうなったらそうなったで、これまで比較的良好だったイランとの関係にも影響するだろうし、海上自衛隊の艦艇と乗員の負担が増えることになる。なんとかペルシャ湾の情勢が穏便に収まって欲しいものだし、そしてスペインとイギリスの軍艦に日本に来てほしいものだなあ。

タイプ45駆逐艦：イギリスの駆逐艦。1番艦デアリング（2009年就役）の名前からデアリング級、もしくはすべての姉妹艦がDから始まるためD級とも呼ばれる。防空システムPAAMSとアスター15/30対空ミサイルを搭載する。

タイプ23フリゲート：イギリス海軍の対潜フリゲートで、1990年から2002年にかけて16隻が建造された。うち3隻はチリ海軍に売却されて、イギリス海軍でも2隻が退役して、現在11隻が現役にある。満載排水量4,267t、速力28ノット。静粛性を重視して機関には巡航時にディーゼル電気推進、高速時にガスタービンを併用するCODLAG方式を採用している。現役艦は近代化改装を受け、32セルのVLSには従来のシーウルフに替えて、新型のシーセプター近距離対空ミサイルを装備している。タイプ23フリゲートは何度か日本に寄港している。

アップデートコラム

このときの期待も空しく、スペイン海軍のアルバロ・デ・バサン級の日本寄港はまだ実現していない。ペルシャ湾は１９７８年のイラン革命以来、イスラム共和国になってからのイランの強硬な反米姿勢のせいで常に緊張や紛争の場となって、もうそろそろ半世紀だ。

イラン-イラク戦争もあったし、湾岸戦争もあり、イラク戦争もあり、アメリカ海軍もＮＡＴＯ諸国海軍も恒常的に艦艇を派遣している。しかもイランはレバノンのヒズボラやイエメンのフーシ派といった武装勢力を支援して、反米つながりでロシアとも近しく、ウクライナ侵攻でもロシアに徘徊型自爆ドローンのシャヘドを供給、あるいはライセンス生産させている。２０２３年12月にはイラン南西のインド洋を航行していたケミカル・タンカーがイランからのものとみられる自爆ドローンの攻撃を受けた。紅海でのフーシ派の艦船攻撃が、インド洋でのイランの攻撃へと広がる様相が見えてきて、イラン周辺の海はいつまでたっても波が収まらないようだ。

第23考

コロナウイルス感染症への各国海軍の対応状況

2020年4月末時点、新型コロナウィルスの感染拡大は収束が見えない状況だ。このウィルスは当然、世界各国の艦艇にも大きな影響を与えており中でも集団感染が起きている複数の米空母への影響は大きい。果たして、太平洋におけるパワーバランスはどうなってしまうのだろうか……？

コロナウィルス感染拡大で各国海軍が支援活動

２０１９年12月に中国の武漢で最初の症例が報告された新型コロナウィルス感染症は、たちまちのうちに世界中に流行して、２０２０年４月下旬には全世界でおよそ２４０万人が感染、16万３０００人が死亡する事態となってしまった。このコロナウィルス感染症の発症者の隔離と治療、医療活動の支援のために、海軍の艦船を投入する国もあり、また軍艦の中での患者発生は海軍のパワーバランスにまで影響を及ぼしつつある。

日本では２０２０年２月、乗客などにコロナウィルスの集団感染が発生して横浜港で隔離されたクルーズ客船「ダイヤモンド・プリンセス」の医療支援のために、災害派遣として自衛隊の医官が派遣された。医官だけでなく自衛隊員は船内で隔離された乗客らの生活支援や医療活動の支援にあたった。これら自衛隊員の活動拠点と宿舎として、防衛省が民間からチャーターしている客船「は

ダイヤモンド・プリンセス号事件：2019年に始まった世界的な新型コロナウイルス感染症COVID-19が日本で大きく注目されるきっかけとなった事件。2020年1月25日に香港に寄港した日本のクルーズ客船ダイヤモンド・プリンセス号の乗客1人がCOVID-19を発症、2月3日にダイヤモンド・プリンセス号は横須賀に入港し、乗員乗客3,711人の検疫の結果、712人が感染していることが分かり、感染者は病院に搬送された。感染者のうち13人が死亡するという事態となり、感染が認められなかった乗員乗客も2週間にわたって船内に隔離された。また乗員や乗客の検査や治療にあたった医療関係者からも感染者が出るなど、COVID-19への対処について多くの教訓を与える事件となった。

くおう」が投入された。「はくおう」は横浜港の「ダイヤモンド・プリンセス」が停泊している埠頭の反対側に係留された。

派遣された自衛隊員は「はくおう」を拠点として「ダイヤモンド・プリンセス」の船内で医療活動とその支援にあたったが、隊員は厳重な感染防御態勢を取り、「はくおう」船内でも出入りする自衛隊員の通路を分けて動線を区別するなど厳しく防疫に務めた。その結果、「ダイヤモンド・プリンセス」での医療支援に従事した自衛隊員から一人の感染者も出さなかったことは見事だった。「はくおう」の総トン数は約1万７０００ｔ、全長は１９９ｍ、速力は29・４ノットと高速で、自衛隊の人員や車両を迅速に展開させられる。客室数は94室、そのうち24室はバスとトイレがついている。

アメリカではニューヨーク市をはじめ各地でコロナウィルス感染症が爆発的に広がって医療体制の能力を圧迫し、ニューヨーク市では多数の死者を出す事態となった。これに対しアメリカ政府は3月末、海軍（実際の所属はＭＳＣ＝軍事海上輸送コマンドだが）の病院船コンフォートとマーシーを急遽出動させ、民間の医療体制を助けることとした。

アメリカ東海岸バージニア州ノーフォークを母港とするコンフォートは整備中だったが、それを切り上げて海軍予備役の医療スタッフを乗せ、資材を積み込んで急遽出港、3月30日にニューヨーク市に到着した。西海岸サンディエゴからはマーシーがロサンゼルスに向かい、3月27日に到着している。

コンフォートとマーシーの派遣の目的は、これらの2都市でコロナウィルス感染症以外の患者を引き受けて、陸上の病院がコロナウィルス感染者の受け入れと治療により集中できるようにすることにあったが、コンフォートでは患者を隔離できるよう１０００床あるベッドを半分にして感染症

MSC（軍事海上輸送コマンド）：MSCはアメリカ海軍の傘下にある機関だが、それとともにアメリカ軍全体の輸送を統括する「アメリカ輸送コマンド」の指揮下にもある。「コマンド」は通常「司令部」と訳される。その名の通り、MSCはアメリカ軍全体の海上輸送を担当するが、その他にも各軍の支援任務にもあたる。MSCの艦船の多くは民間の船員によって運航され、海軍の士官が指揮を執り、任務に応じて各軍の将兵が乗り組む。MSCには各種の輸送船の他、給油艦や弾薬食料補給艦、潜水艦母艦も所属し、音響観測艦や弾道ミサイル追跡船、海洋観測船もMSCの所属である。

患者の受け入れ態勢を作り、4月6日にはコロナウィルス患者を受け入れた。しかしコンフォートが収容した感染者は120人と、その能力を十分に発揮しておらず、マーシーは乗員の中からコロナウィルス感染者を出してしまい、アメリカ海軍の病院船展開は期待した成果を挙げていないようで、病院船の展開は早期に終わることになるともいわれる。

ヨーロッパでもイギリス海軍は4月初め、補助船隊の「初期負傷者収容船」アーガスをカリブ海方面に展開させ、イギリス海外領でのコロナウィルス感染症に対処する医療体制の補完にあたらせている。アーガスは対テロリズム防御のために20㎜機関砲2門などの武装を持つため「病院船」ではなく、イギリス海軍ではこのような特殊な呼び方をしている。フランス海軍も3月末に、南インド洋にある海外領レユニオン島とマヨッテ島に強襲揚陸艦ミストラルを、カリブ海のフランス領アンティール諸島と南アメリカ北岸のフランス領ギアナに同型艦ディクスミュードを派遣し、コロナウィルス感染症の流行に備えることとした。

艦艇内でも感染者多数発生

このように各国海軍が医療活動の支援に艦船を動員している一方で、海軍艦艇の行動がコロナウィルス感染症で妨げられる事例も起きている。

アメリカ海軍の空母セオドア・ルーズヴェルトは2020年1月17日に母港サンディエゴを出港し、太平洋～インド洋方面への展開に向かった。セオドア・ルーズヴェルトは3月9日から5日間にわたって、ベトナムのダナンを訪問、しかしその15日後に艦内で最初のコロナウィルス感染者が発見された。艦内の感染者はたちまち数十人に増加し、セオドア・ルーズヴェルトは3月26日にグアム島に入港、乗員は艦内と岸壁に隔離されることとなった。この事態にセオドア・ルーズヴェル

はくおう

「はくおう」は防衛省がチャーターしているフェリー船。
民間船なのでフネの大きさは、軍艦みたいに重さ＝排水量じゃなくて、
フネの容積＝総トン数で
表わされて、「はくおう」は
約17000トン。全長は
199m。

後傾した煙突とマストがいかにも高速っぽい。
「はくおう」の速力は
最大29ノットという。

旅客507人が定員で客室数は94、バスとトイレのついてる部屋もある。トラック122台、乗用車80台を運べる。

「はくおう」は自衛隊の演習や部隊の移動で隊員や車両、装備を運んだり、災害の時には被災者の宿泊や入浴支援に働いて、実績がある。

「はくおう」の前身は、1996年に就航した新日本海フェリーの「すずらん」で、2012年に就航を終えた。
この年に防衛省が自衛隊の輸送力を補助するためチャーターして、船名も「はくおう」となった。漢字で書くと「白鴎＝白いカモメ」なんだろうな。船体を黒く塗ってるけど。
2016年に防衛省のチャーター船運航のための会社、「高速マリン・トランスポート株式会社」が購入、今はこの会社の所有となってる。「ナッチャンWORLD」もそうだ。

アメリカ海軍も自前の輸送船の他に、演習での部隊移動や基地の補給に民間のコンテナ船や車両運搬船、タンカーをチャーターして使ってる。
イギリス海軍には、民間船を徴用する「STUFT」という制度があって、1982年のフォークランド戦争でも民間船が兵員や物資の輸送、あるいは病院船として働いてる。

トの艦長ブレット・クロジア大佐は、3月20日に太平洋艦隊上層部などに書簡を送り、現状では乗員の感染を抑えることはできない、早急に乗員を収容して検疫、隔離、治療のできる態勢を整えて欲しいと要請した。ところがこの書簡が海軍部内だけでなく、外部に漏れてしまい、サンフランシスコ・クロニクル紙が31日に記事にしたのだった。

海軍はグアム政府と協力して、ホテルを借り上げ、医療スタッフをグアムに派遣するなどの対応を採り、4月1日にはセオドア・ルーズヴェルトのほとんどの乗員は陸上施設に移り、艦内には原子炉担当の将兵を含めてわずかな基幹乗員が残るのみとなった。しかしクロジア艦長が書簡を暗号化などの秘匿方法を採らずに直接の指揮系統以外にも送り、それが外部への情報漏洩を招いたことを「拙劣な判断」として、モドリー海軍長官代理はクロジア艦長を解任した。翌日、クロジア大佐は多くの乗員から感謝の声援を受けながら、艦を去っていったのだった。

しかしその後、モドリー長官代理はグアム島を訪れ、セオドア・ルーズヴェルトの乗員らに対する演説で、クロジア大佐が「書簡が外部に漏れることを予想できなかったのならば、あまりに愚かか、さもなければナイーブすぎる」と批判した。この発言はアメリカ議会で問題視され、モドリー長官代理は結局この発言を謝罪し、4月7日には長官代理を辞職することとなってしまった。

セオドア・ルーズヴェルトの乗員約5000人弱のうち、4月22日現在で4196人が陸上に移り、99%がコロナウィルスの検査を終え、感染者は777人、3919人は検査で陰性だった。感染者のうち6人はグアム海軍病院で治療を受けている。しかしグアム海軍病院に入院した乗員から、13日にはロバート・サッカー・Jr.航空兵装曹長が死亡し、アメリカ海軍の現役将兵の中で最初のコロナウィルス感染症の死者となってしまった。

セオドア・ルーズヴェルトはご存じのとおりニミッツ級原子力空母の1艦で、排水量は約9万

乗員が新型コロナウィルスに感染すると大変なことになるのは空母ばかりじゃない。
潜水艦は空母以上に密閉・密集・密接な環境だ。戦略ミサイル原潜だと、

感染者が発生したら、作戦航海を
中止したり、途中で受ち切ることになって、
戦略核抑止を揺るがす
ことにもつながってしまう……。

ロシア海軍の「オスカーII」型巡航ミサイル原潜オレルは、
乗員の中にコロナウィルス感染者が発生、3月26日に
全乗員が検疫隔離された、と報じられてる。
オレルはロシア北洋艦隊に所属してる。

オランダ海軍のワルラス級通常動力潜水艦、デルファインは、
58名の乗員のうち8人が新型コロナウィルスに感染したため、
スコットランド沖での演習を予定より2週間早く
切り上げて、3月末にオランダに帰ってる。

セイル後端のシュノーケル
（オランダ海軍が使い始めた）
のフェアリングが
かっこいい。

8000t、全長333mという巨大な艦だが、約5000人の乗員の居住区は3段ベッドで、一部屋に数名が暮らし、食堂も大きなテーブルに多数の乗員が並んで食べ、航海中はその生活が何ヶ月も続き、もちろん艦から離れることもできない。「密集」「密閉」「密接」のいわゆる「三密」そのものの生活となるので、コロナウィルス感染者が1人でも出れば、急速に艦内に蔓延することは避けられない。

クロジア艦長の苦境は察するに余りあるが、実は同じセオドア・ルーズヴェルトにいる直接の上司である空母打撃群司令には、この書簡を送っておらず、送ることも伝えていなかったといわれ、それが本当であればクロジア艦長の書簡の送り方は指揮系統を無視したものとして咎められても仕方ないかもしれない。

米空母不在の太平洋　即応性維持に影響も

なんにせよこれでセオドア・ルーズヴェルトは乗員の中に感染者がいないことが確認できるまでは動けないこととなる。同じアメリカ太平洋艦隊の空母、ロナルド・レーガンは横須賀に停泊中だが、乗員の中にコロナウィルス感染者が発生し、ワシントン州ブレマートンで整備中のカール・ヴィンソンにも感染者が出ている。サンディエゴを母港とするニミッツは展開前の準備段階に入ろうとしているが、やはり感染者が乗員の中に見つかり、これらの空母はセオドア・ルーズヴェルトの例があるので、乗員の健康が完全に確認されるまでは展開できないことになりそうだ。もう1隻、エイブラハム・リンカーンは長い展開の後に新母港サンディエゴに着いてまだ間もなく、とても次の展開には出られない。つまりアメリカ太平洋艦隊は展開に出せる空母が当面1隻もないことになる。

アップデートコラム

２０１９年に始まった全世界的な新型コロナウィルス感染症ＣＯＶＩＤ-19の蔓延は、我々の日常生活だけじゃなくて、世界の経済や文化、それにもちろん各国の海軍艦艇の行動にも大きな影響を与えた。筆者にとってもコロナ禍で横須賀のアメリカ海軍の取材の機会が激減してしまった。

以前なら前方展開する艦艇が横須賀を去ったり、あるいは新たに展開する艦が横須賀に到着するときはしばしば取材することができたのだが、コロナ禍のせいで横須賀に新たに来た駆逐艦を見ることができなかった。ヒギンズもハワードもシュープも、デューイーもジョン・フィンも、ラルフ・ジョンソンもラファエル・ペラルタも横須賀にやってくるのを迎えられなかったのがなんともくやしい。まあ、ラファエル・ペラルタは取材とは別の機会に乗艦見学させてもらったけど。何とか機会ができたら、他の艦も見に行きたいなあ。

第24考 スエズ運河再開で見えた 知られざるエジプト軍の力

座礁した超巨大コンテナ船がスエズ運河を塞いでわずか6日、エジプト軍は鮮やかな手並みでコンテナ船を離礁させた。実はエジプト軍は地域でも有数の新鋭艦を揃えた海軍を有し、その能力がこうした危機管理でもいかんなく発揮されたのだ。

スエズ運河封鎖さる!?

２０２１年３月23日、エジプトのスエズ運河が塞がってしまった。マレーシアのジョホール近くのコンテナ港からオランダのロッテルダムを目指して、スエズ運河を通過しようとした超大型コンテナ船、エヴァーギヴンが運河の南側、紅海側から入って10kmあまりのところで横向きになり、座礁してしまったのだ。このために運河は航行不能となって、北の地中海側と南の紅海側では３００隻以上の船舶が立ち往生することとなった。

スエズ運河はヨーロッパと中東～ペルシャ湾～アラビア海、アジア、太平洋を結ぶ世界の貿易の海上輸送路の要所であり、それが航行不能となったことは、世界経済にも深刻な打撃を与えかねない事態だった。またスエズ運河はエジプト政府のスエズ運河庁が管理と運営にあたり、運河を利用する船舶からの通行料はエジプト政府にとって重要な収入となっている。運河の航行が途絶えることはエジプト政府と経済にとっても痛手となってしまう。

座礁の原因は、エヴァーギヴンが航行中に強風に見舞われて流され、針路を修正しようとして誤ったものだ。スエズ運河は中央部では20ｍの深さがあるが、両岸にいくにつれ浅くなっており、エヴァーギヴンは船首を東側の側壁に、船尾を西側の浅瀬に突っ込んで航行できなくなったのだ。

エヴァーギヴンは総トン数21万９０７９ｔ、コンテナ搭載能力は20フィート（約６ｍ）の標準型コンテナ（ＴＥＵ）ならば２万１２４個が搭載でき、座礁時にも１万８３００個を搭載していたという。排水量では26万５８７６ｔ、全長３９９ｍ、幅58・８ｍ、喫水は最大で16ｍという巨大なコンテナ船だ。機関は７万９５００hpのディーゼル・エンジン１基、１軸で、最大速力は22・８ノットという。排水量でアメリカ海軍のニミッツ級原子力空母ロナルド・レーガンの満載排水量10万２０００ｔの２倍以上、全長でも７ｍほど上回るのだから、とてつもない大きさだ。

このエヴァーギヴンを再浮揚させるために、スエズ運河当局は砂堤にめり込んだ船首の周りを建設重機で掘るとともに、エヴァーギヴンの船内の燃料や９０００ｔにも及ぶ海水バラストを抜いて軽くし、強風や運河内の潮流など困難な条件の中、３月29日、ちょうど満月で大潮となって運河の水位が上がるタイミングを見計らった上で、14隻のタグボートを投入してエヴァーギヴンを曳航、離礁させることに成功した。エヴァーギヴンは間もなく座礁地点から北のビターレイク泊地に曳航され、運河は再開されたのだった。

スエズ運河の重要性とは

このエヴァーギヴン離礁と運河の再開には、オランダやイタリア、日本のサルベージ会社も協力したが、主体となったのはエジプト運河庁だった。実はエジプトの政治と経済にはエジプト軍が大きな権力を持っており、運河庁にも当然軍の影響力が及んでいて、２０１４年来のスエズ運河拡幅

バラスト：艦船は搭載物によって重量が変化するため、軽い時に重量を安定させるために錘（バラスト）として船内に海水を取り入れるためのタンクがある。バラストタンクに海水を注入することで、喫水を下げて、プロペラや舵を効率よく使うことができる。

改良計画にも軍が大きく関与している。その意味では、エヴァーギヴン離礁はエジプト軍の威信をかけた作戦でもあったといえる（これは中東専門家の池内恵東大教授のツイートの受け売りだが）。

このエヴァーギヴン座礁事件では、エジプトは各国のサルベージ会社などを雇っただけで、独力で事態を解決してみせた。これはエジプトと軍が十分に責任を果たす能力と意思を持っていることを、エジプト国内だけでなく、世界にも示したものといえる。

実は筆者も、エヴァーギヴン座礁のニュース映像を見たときに、これは周りを掘るだけじゃなくて、クレーン船と貨物船を近くに持ってきて、かなりの数のコンテナを下ろして軽くしなくちゃ離礁できないんじゃないか、おそらく3週間とか、1ヶ月とかかかるんじゃないか、と思ったものだ。それを1週間経たずに離礁に成功させたのには正直言って驚いた。お見それしました、スエズ運河庁。

そもそもスエズ運河は世界の海軍にとっても重要な通路で、スエズ運河が航行不能になることは世界の海軍にとっても一大事になるところだった。アメリカ海軍の空母打撃群が大西洋～地中海からペルシャ湾～アラビア海に進出する際にはスエズ運河を通らなくてはならない（もちろんアフリカ南端の喜望峰を回ってもいいのだが、それだと時間も距離も大きく増える）、ロシア海軍艦艇が黒海から地中海を通ってアデン湾～インド洋に向かうにもスエズ運河を通ることになる。もちろんヨーロッパの海軍のインド～太平洋への展開も、スエズ運河の通行が不可欠だ。

フランス海軍はちょうど「ミッシオン・ジャンヌダルク」で強襲揚陸艦トネールとフリゲートのシュルクフをインド～アジア方面に派遣、4月初めにはインド海軍やアメリカ海軍、オーストラリア海軍、それに海上自衛隊（護衛艦「あけぼの」と「ラ・ペルーズ」共同演習を行っているが、この艦隊もスエズ運河を通っている。

エヴァーギヴンとロナルド・レーガンをざっくり並べてみました。

エヴァーギヴンは満載排水量が265876トン、全長340m、幅58.8m、
コンテナ搭載量最大20124個。「世界最大の軍艦」たるニミッツ級原子力空母すらもしのぐ大きさだ！

ブリッジはここ。コンテナを山積みにしても前が見えるように、すごく高い。

エヴァーギヴンは、日本の今治造船で建造されて、2018年に竣工、船主は日本の正栄汽船だけど、台湾のエヴァーグリーン社（長栄海運）がチャーターして、実際の運航はドイツのベルンハルト・シュルテ社が行ってる。今日の海運の様態って複雑だなあ。

ニミッツ級原子力空母、ロナルド・レーガン。
満載排水量10200トン、全長333m。

新しいジェラルド・R.フォード級は、ロナルド・レーガンなどニミッツ級よりも、全長がほんのちょっとだけ短いことになってる。

ご存じのとおり、この夏にはイギリス海軍の空母クイーン・エリザベスが初の作戦展開として打撃群を編成してインド〜アジア〜太平洋方面に進出することになっている。この打撃群にはイギリス海軍のタイプ45駆逐艦ダイアモンドとディフェンダー、タイプ23フリゲートのケントとリッチモンド、補給艦フォート・ヴィクトリア、給油艦タイド・スプリング、それに攻撃型原潜1隻（アステュート級？）、さらにアメリカ海軍の駆逐艦ザ・サリヴァンスとオランダ海軍のデ・ゼーヴェン・プロヴィンシエン級フリゲートのエヴァーツェンが加わり、クイーン・エリザベスの母港ポーツマス出港は伝えられるところでは5月23日か24日の予定で、日本には横須賀に寄港するという。

エヴァーギヴンの座礁が長引くと、ひょっとするとこのクイーン・エリザベス打撃群の展開にも影響が出ていたかもしれない。その意味では「自由で開かれたインド太平洋」は、スエズ運河が通航できないと、行き止まりの袋小路になってしまうともいえる。

進化していたエジプト軍

そのスエズ運河を所有するエジプトは、１９９０年代頃には海軍も中国製のロメオ級改潜水艦4隻や、アメリカの中古のノックス級フリゲート2隻、オリヴァー・ハザード・ペリー級フリゲート4隻が主力だったものだが、２０１０年代の後半から様変わりしつつある。

２０１６年には、ロシアが発注したもののクリミア侵攻問題で引き渡しがキャンセルになったミストラル級強襲揚陸艦2隻をエジプトが購入、ガマル・アブドゥル・ナセルとアンワル・エル・サダトという艦名で就役させ、中東〜アフリカ大陸で初の全通甲板を持つ艦を保有することとなった。

その前年２０１５年にはフランスから就役前のアキテーヌ級ＦＲＥＭＭ型フリゲートのノルマンディを購入、ターヤ・ミスルとして就役させ、２０１６年からはドイツ製タイプ２０９／１４００

ミストラル級強襲揚陸艦：フランス海軍が2006年から2012年に3隻を建造した強襲揚陸艦。満載排水量21,947t、全長199mで、速力19ノット。兵員450名が搭乗し、装甲車両60両、ヘリコプター16機以上を搭載、後部のウェルドックに中型揚陸艇4隻または双胴揚陸艇EDA-R 2隻を収容する。ミストラル級はフランス海軍の長距離展開にしばしば参加し、これまでにも何度か日本にも来航している。このミストラル級を、ロシアが2隻発注して、当時のフランスのサルコジ政権との間で2011年に建造契約が結ばれたのだが……。

エジプト海軍の新鋭艦の一つ、ゴーウィンド2500型コルヴェット4隻の1番艦エル・ファテー。2番艦ポートサイド以降の3隻はエジプトで建造される。排水量2600トン、全長102m、幅16m、機関はディーゼル(CODAD)で速力28ノット、乗員65名+特殊部隊15名。

姿や配置は日本の「もがみ」型FFMに似てるが、こちらの方が一回り小さく、砲の口径も76mmと小さいし、対空ミサイルも近接防空用のMICAだ。

「ゴーウィンド」はフランスのナヴァルネ社の輸出型水上艦シリーズで、1000〜3100トンのいろいろなタイプが用意されていて、警備艦からコルヴェット、フリゲイトまで、要求に応じて性能や装備もさまざまに作ることができる。

このエジプトの2500型やマレーシアの3100型、アルゼンチンの1000型(1450トンの警備艦型)が、すでに就役を開始していて、他にもルーマニアやアラブ首長国連邦が採用を決めている。

砲はOTOメララ76mm砲、その後ろに、MICA近接対空ミサイルのVLS16セルがある。

塔型マストの中にSMART-S 3次元対空捜索レーダーが入っている。対艦ミサイルはエグゾセMM40が8発。

ヘリコプター1機とシーベル・カムコプターUAVを搭載。格納庫の上に20mm機関砲を置いている。

971

型潜水艦4隻の導入を開始してすでに3隻が就役した。2017年からはフランスのナヴァル社製ゴーウィンド2500型コルベット4隻の就役を開始、こちらも現在2隻が就役している。さらにイタリアのフィンカンティエリ社からも、就役前のカルロ・ベルガミーニ級FREMM型フリゲート2隻を購入、1隻目のスパルタコ・スケルガートは2020年にアル・ガララとして、2隻目のエミリオ・ビアンキも2021年4月にベルネースとして就役した。これらに加えて、エジプト海軍はドイツにもMEKO200型フリゲート4隻を発注している。

エジプトはこうして海軍力の増強と近代化を進めていて、中東〜東地中海ではトルコやイスラエル、それにシリアへの関与を足がかりとするロシアやイランとともに、メジャープレイヤーとなっている。とくにこれまでアメリカ製の中古艦だったエジプト海軍の主力艦が、かつてのスエズ動乱で戦った相手のフランスやイタリアから、新造同然の「新古艦」を持つようになってきているのが注目だ。強襲揚陸艦の搭載航空機もロシア製の攻撃ヘリコプター、カモフKa‐52Kを採用している。Ka‐52は「アリゲイター」と呼ばれるが、このエジプト向けの機体は「ナイル・クロコダイル」とのあだ名があるとか。とにかく日本も「自由で開かれたインド太平洋」を目指して、イギリスやフランス、ドイツなどのNATO諸国との関係強化を求めるなら、エジプトを忘れちゃいけなそうだぞ。

クリミア侵攻問題で引き渡しがキャンセル：ロシアのミストラル級購入についてはアメリカ議会でも懸念を持つ声があり、また1隻が千島列島方面に配備されるといわれたことから日本にとっても気がかりだった。2隻は2012年と2013年に起工され、2013年と2014年に進水した。しかし2014年にロシアがウクライナのクリミア半島を制圧、併合したことから、フランスのオランド大統領は制裁としてロシアに対する武器の輸出を禁じ、ミストラル級2隻は完成させるが引き渡しは停止するとした。これに対してロシアは建造費の返還と賠償を要求、結局2015年に2隻はフランスが保持し、建造費をロシアに返すこととなった。エジプトはこの2隻の購入を申し出て、さまざまな仕様変更などの後に、2016年にエジプト海軍のサファガとアレクサンドリアとして就役した。

アップデートコラム

この事件でも痛感されたように、スエズ運河は海軍艦艇の往来だけでなく、世界経済にとって重要な物流の通路だ。スエズ運河は地中海と紅海をつないでいて、ヨーロッパと中東、インド、東南アジア、日本をつなぐ海上輸送はほとんどがスエズ運河を利用している。スエズ運河の先の紅海は細長く、しかもアデン湾への出口近くにはバブ・エル・マンデブ海峡という狭隘部（きょうあいぶ）がある。ここの通航を妨げられると、スエズ運河を通れてもやはり世界経済の物流は大きく滞ることになる。それが２０２３年の12月に起きているのだ。イエメンのフーシ派による艦船攻撃だ。

イスラム教武装組織のフーシ派は、イスラエルとガザの戦闘で、イスラエルに関わる船舶はすべて攻撃目標とすると宣言している。「自由で開かれたインド太平洋」は、実はスエズ運河につながっていなくてはならないのだが、それにはまず紅海の航行の安全が確保されなくちゃならないのだ。スエズ運河の通行止めが大過なく解決したと思ったら、次は紅海でこれだ。

第25考 イギリス駆逐艦ディフェンダー 黒海に波風を立てる！

2021年6月23日、新鋭の英空母クイーン・エリザベスを中核とするイギリス・オランダの多国籍艦隊が黒海のクリミア半島沖を航行、ロシア軍から強硬な警告を受けるという〝事件〟が勃発した。老練な英海軍は、この一件で世界にロシアの無法を印象付けたのである。

QE打撃群CSG21初の作戦展開開始

イギリス海軍の空母、クイーン・エリザベスが5月22日に母港ポーツマスを出港して、初めての作戦展開を開始した。クイーン・エリザベスは当然だが空母打撃群を編成し、この打撃群「CSG21」は、イギリス海軍のタイプ45駆逐艦ディフェンダーとダイアモンド、タイプ23フリゲートのケントとリッチモンド、補給艦フォート・ヴィクトリア、給油艦タイドスプリング、それに艦名未公表のアステュート級攻撃型原潜、アメリカ海軍のアーレイ・バーク級フライトI駆逐艦ザ・サリヴァンズ、オランダ海軍のデ・ゼーヴェン・プロヴィンシェン級フリゲートのエヴァーツェンという多国籍の編成となっている。

このクイーン・エリザベス打撃群は6月に地中海に入った。空母打撃群の展開前から、地中海で2隻が分離して黒海に向かい、2週間の予定で黒海を行動、ウクライナとルーマニア、ジョージア

ウクライナ国境周辺へのロシア軍の兵力配備：ロシアとウクライナの緊張は2014年のロシアのクリミア半島併合と、それに続くドンバス地方の親ロシア勢力による騒乱以来高まっていたが、2021年3月から4月に、ロシアはウクライナ東部国境に10万人以上の兵力を集結させて、ウクライナへの侵攻が強く懸念される事態となった。この兵力集結は、ロシア軍の即応態勢の抜き打ち検証の体裁を取り、ほどなくロシア軍はその一部を撤退させて、この時の危機は去ったように見えた……あくまでも去ったように見えただけだったが。

を訪問、交流する予定と報じられていた。そのとおり6月9日にディフェンダーとオランダのエヴァーツェンが14日にボスポラス海峡を通過して黒海に入っている。

しかし黒海では2014年にロシアがウクライナ領だったクリミア半島に侵攻して併合してしまい、NATOなど西側諸国との関係が悪化しており、しかも2021年4月にはウクライナ東部国境周辺にロシア軍が大規模な兵力を配備して緊張が高まっていた。4月末にはロシアは兵力の一部を撤収したが、緊張はなおも残っている。黒海東側のジョージアも2008年に北部の南オセチアを巡ってロシアと戦争して負けている。ウクライナもジョージアもロシアに対抗するためNATOや西側諸国との関係を強めることを望んでいる。

そんな黒海情勢の中にディフェンダーとエヴァーツェンが入っていくのだから、どうもただでは済まなそうな雰囲気はあった。ディフェンダーとエヴァーツェンは18日にウクライナのオデッサに入港し、ここから物事はやはりただでは済まなくなった。

6月22日、ディフェンダーの艦上で、イギリスがウクライナへの海軍力増強支援を提供するという覚え書きの調印が行われたのだ。イギリスは中古のサンダウン級機雷掃討艇2隻をウクライナに提供、さらにイギリスのバブコック社がウクライナ海軍力増強に参加し、新型艦の建造や既存艦の改良・強化などを行うこととされた。

サンダウン級機雷掃討艇はグラスファイバー船体で排水量600t、1980年代末から1990年代にかけてイギリス海軍向けに12隻が建造され、現在は8隻が現役に残っている。ウクライナ向けにバブコック社が建造するのは、イギリス海軍が計画中のタイプ31フリゲートの輸出型とも、あるいはカタール海軍向けに1990年代後半に建造した580tのバルザン級ミサイル艇ではないかとも見られている。ミサイル艇の場合、ウクライナが希望するのは8隻で、そのうち2

南オセチア紛争：2008年にジョージア（旧呼称グルジア）とロシアの間で戦われた紛争。ソ連崩壊に伴って1991年に独立したジョージアでは、北部のロシアとの国境沿いの南オセチアとアブハジアがジョージア政府と離反状態にあった。オセット人の居住地域オセチアの北半分はロシア領だったのである。2008年8月7日、ジョージア軍は南オセチアに侵攻。それに対してロシア軍が介入し、アブハジアにも軍を送り、現地人の軍とともにジョージア軍を攻撃した。結局フランスの仲裁で8月16日にジョージアとロシアは停戦し、ジョージアは南オセチアとアブハジアを失ったが、その後もジョージアとロシアの緊張状態は続いている。

隻はイギリスで建造されるかもしれないという予想もある。

もちろんイギリスとウクライナとの話し合いは以前から進められていて、ディフェンダーのウクライナ寄港には事前にこういう仕掛けがしてあったのだ。ウクライナと西側諸国がより緊密な関係を結ぶこの調印が、ロシアにとって面白かろうはずがない。ディフェンダーとエヴァーツェンの寄港中、艦船の現在位置や針路を示すインターネットのＡＩＳに、ディフェンダーとエヴァーツェンがまっすぐにクリミア半島の（今や）ロシア海軍の基地となったセバストポリに向かっているという情報が現れた。もちろんニセ情報であることは一目瞭然だった。犯人は不明だが、ロシアの工作ではないかと強く疑われることとなった。

戦いの舞台はクリミア半島沖

ディフェンダーとエヴァーツェンは6月22日にオデッサを出港、ディフェンダーは次の寄港地、ジョージアのバトゥミへと黒海を南東方向に進んでいった。問題はここからだ。

6月23日、ロシアは領海を侵犯したイギリス軍艦に対して、沿岸警備隊の警備艦からの警告射撃を行い、航空機が当該イギリス艦の針路上に警告の爆弾を投下したと発表した。これに対してイギリス国防省は「ディフェンダーに向かって警告射撃は行われていない。我が国の軍艦はウクライナの領海を国際法に基づいて無害通航している」とツイッターで延べ、さらに「ロシアは演習を行うことを事前に予告していて、我が方は（ロシアが）射撃演習を行っていたものと信じている。ディフェンダーに向けての射撃はなく、針路上に爆弾を投下したとの主張も認識していない」とロシア側の主張を否定してみせた。

これにロシア側はスホーイSu‐27戦闘機と思われる航空機から撮影したディフェンダーや、その

2021年6月23日，クリミア半島フィオレント岬沖10海里を「無害通航」していたイギリス駆逐艦ディフェンダーに，ロシア沿岸警備隊のルービン級警備艦が「ロシア領海」からの退去を求め，警告射撃を行なった。ディフェンダーから撮影された影像では，ルービン級は2隻，「362」と「364」の番号が見られたが，艦名はわからない。

ルービン級というのは1番艦の名前に基づく呼び名で，タイプとしては「プロイェクト22460オホートニク」というんだそうだ。

30mm6砲身機関砲AK-630M。これでディフェンダーから遠い方向に警告射撃を行った。

艦橋後方の左右に12.7mm機関銃がある。

ヘリコプター甲板があって，S-100ゴリゾント無人ヘリコプター1機を搭載する。もちろんカモフKa-226有人ヘリコプターも発着可能。

COAST GUARD

362

БЕРЕГОВАЯ ОХРАНА

ルービン級は2009年に1番艦が就役して，現在13番艦までが就役，さらに1隻が建造中。黒海に6隻，太平洋に3隻，北方艦隊に2隻，バルト海とカスピ海に各1隻が配備されている。

ルービン級は基準排水量685トン，満載750トン，全長62.4m，幅10.9m，吃水2.8mで，機関はディーゼル4基約16000hp，2軸，最大速力27ノット，乗員20名+14名が搭乗可能。兵装は上に示したものに加えて，イグラ携行式対空ミサイル8発とKh-35対艦ミサイル4発を装備できるという。

側を低空で飛ぶスホーイSu‐24攻撃機、それに沿岸警備隊のルービン級警備艦からのディフェンダーと、前部のAK‐630M30ミリ6砲身CIWSを、まっすぐ前方に大きな仰角をつけて発射する（つまりディフェンダーを狙っていない）映像を公表した。イギリス側もディフェンダーから撮影した至近距離を低空飛行するロシア海軍航空隊のSu‐27やSu‐24、それにルービン級警備艦の写真を公表した。

またディフェンダーに乗艦していたBBC放送局のジョナサン・ビール記者は、ルービン級警備艦からの『針路を変えなければ発砲する』という無線による警告と発砲の音をリポートし、超低空を飛ぶSu‐24を撮影、ディフェンダーのブリッジの要員が、万一に備えて防火マスクと手袋を着用する様子を報じている。イギリス政府は平然と対応しているが、実際ディフェンダーに対してロシア側は、危険を及ぼすことはないにしても強硬な警告を行い、ディフェンダー側もそれを認識していたことは明らかだ。

そもそもこのときにディフェンダーが航行していたのは、クリミア半島南西部フィオレント岬沖10海里のところだった。クリミア半島は2014年にロシアが併合して、つまりその周囲12海里はロシアの領海だ、とロシアは主張していて、そうだとするとディフェンダーは2海里ほどロシア領海に入り込んだことになる。しかしイギリスを含む西側諸国をはじめ多くの国々はロシアのクリミア併合をそもそも認めておらず、それに基づけば当然クリミア半島周囲12海里は「ウクライナ領海」となる。ディフェンダーもそれに基づいて「ウクライナ領海」を航行していて、おまけにこの海域は国際的な航路として認められているとイギリス側は主張している。それによしんばそこがロシア領海だとしても、ディフェンダーは無害通航していたので、警告を受けたり威嚇されたりする謂われはない、ということになる。

Su-24：ソ連（現ロシア）のスホーイ設計局が開発した超音速攻撃機。可変後退翼を備え、低空を超音速で侵攻し、多様な兵装を搭載できる。1975年に運用開始され、外国にも輸出された。NATO名「フェンサー」。

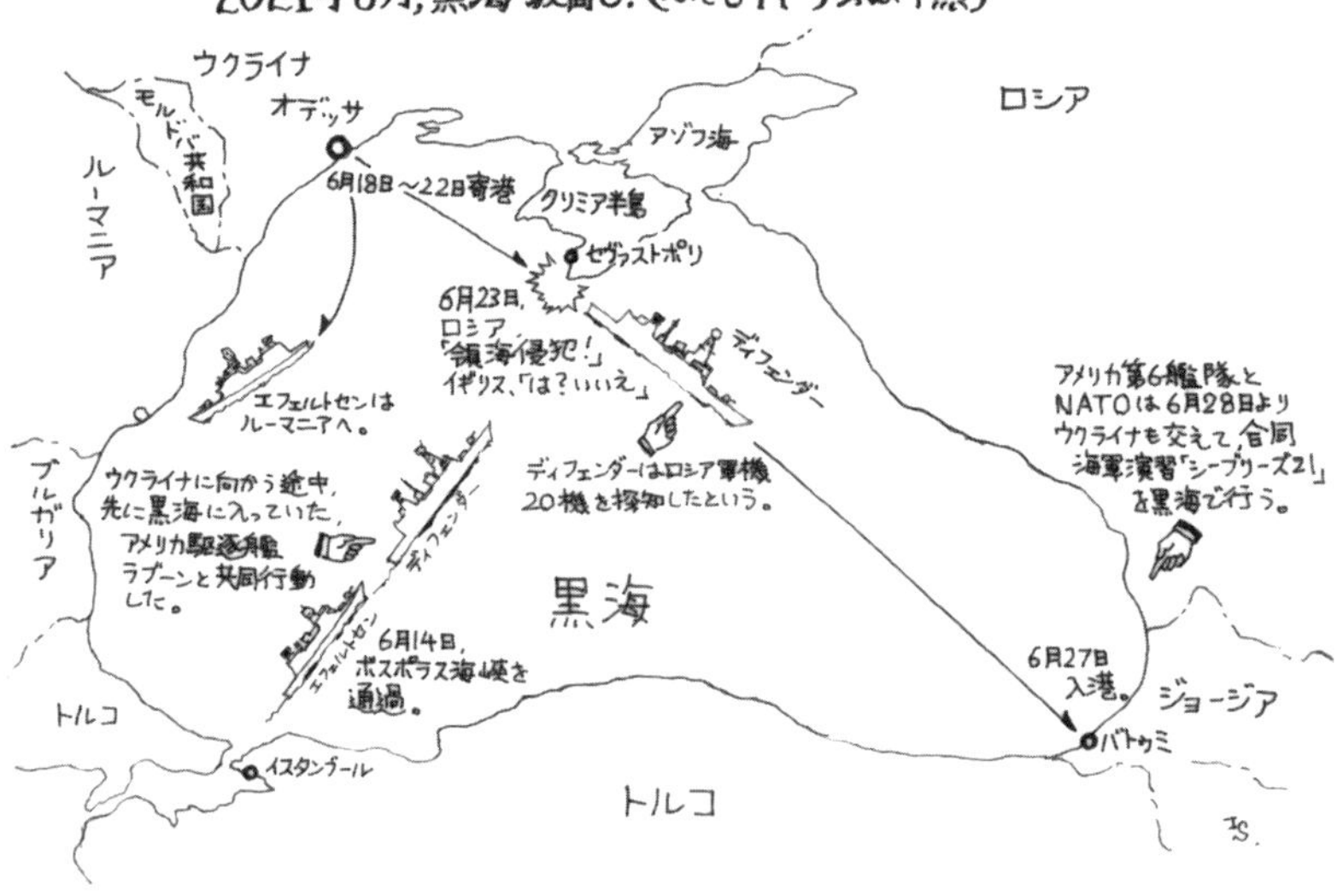

老練な英海軍　場外でロシアを圧倒

しかしロシア側にしてみれば、ディフェンダーがロシア領海を航行したのは、そこがウクライナ領海だというデモンストレーションを目的にしていて、その時点で国際海洋法の「無害通航」を逸脱してるじゃないか、領海からの退去を求めて必要な措置を取ったのは当然だという理屈がある。

駐イギリスのロシア大使館は「HMSディフェンダー（守護者）はHMSプロヴォケイター（挑発者）になってロシアの領海を侵犯した。厳密に〝通常の航行〟とはいえないだろう」とツイートを返している。しかしクリミア併合を多くの国が認めていないので、ロシアの言い分はほとんど支持されていない。

つまりイギリスはオランダのフリゲートを引き連れて、ロシアと対立しているウクライナを訪れ、軍事面で協力する方針を明確にした上で、ロシアのクリミア併合を認めないことを見せつけるためにクリミア半島沖10海里を「無害通航」してのけた。ロシア側の対応は当然予想していただろうが、公式にはそれを気にもとめない平然とした反応を見せながら、BBC記者の報道で、ロシアが国際海洋法で認められる根拠もなしに強硬で威嚇的な行動をとったことを伝え、ロシアがいかに無法で強引かということを世界中に印象づけた。

イギリスはたった1隻の駆逐艦で、ロシアに対してこれだけの外交的なダメージを与えたことになる。このあたりがイギリスの海軍力の使い方の巧妙さというか、長年の海軍国としての経験の深さというか、ロシアに対する底意地の悪さというか、まあとにかくイギリス海軍の凄いところだ。

ディフェンダーは6月27日、ジョージアのバトゥミに入港した。黒海でこれだけ波風を立てたクイーン・エリザベス打撃群は、この後南シナ海で「航行の自由作戦」を行う予定だという。さて、どんなことをするつもりなのやら。ちなみに6月27日、ディフェンダーの黒海での行動を計画したイギリス国防省の「極秘文書」が、ケント州のバス停で一般人に拾われたという。なんでこの時期に、そんな文書が衆目に触れることになったのやら。

アップデートコラム

イギリスが駆逐艦ディフェンダーを黒海に送り込んで、ロシアのウクライナへの侵略を牽制したのも空しく、結局ロシアは2022年2月にウクライナへの全面侵攻を始めてしまった。そのためイギリスのウクライナへの掃海艇供与は延期となり、もちろんウクライナも新たな海軍艦艇の建造どころではなくなった。

ロシアのウクライナ侵攻に対して、ボスポラス海峡とダーダネルス海峡を管理するトルコは、2022年3月に黒海に面した国の軍艦も含めて、すべての軍艦の通過を制限した。これによりロシアの軍艦も、トルコ以外のNATOの軍艦も黒海に出入りできなくなった。つまりその時点までに黒海にいなかったロシア艦は黒海には入れず、黒海から地中海に出ていた艦も戻れなくなった。ということは黒海のロシア艦には増援は送れないことになる。ロシア黒海艦隊にしてみれば、ウクライナ海軍の戦力はないも同然なので、それでも別に困ることもないはずだったのだが……。

第26考 データを基に再現する巡洋艦モスクワ撃沈の状況

ロシアによるウクライナ侵略はその終わりが見えず、その善戦は軍事専門家をも驚かせたことだろう。そしてさらに驚くべきニュースが世界に発信された。現役で世界最大級の巡洋艦、モスクワが撃沈されたのだ。

巡洋艦モスクワ撃沈！

巡洋艦が沈んだ。２０２２年4月14日、ロシアのウクライナ侵攻で黒海を作戦行動中だったロシア海軍のスラヴァ級巡洋艦モスクワが、ウクライナ南岸沖で沈没したのだ。

巡洋艦モスクワについてはウクライナ大統領顧問とオデーサ州知事が4月13日夕方に、ウクライナが発射した対艦ミサイル2発が命中、火災が発生したと発言し、翌4月14日にモスクワは転覆したと発表した。ロシア側は14日にモスクワで搭載兵器が爆発して火災が起きたと発表したが、ウクライナの攻撃によるものとは認めなかった。

しかしロシア側もこの日の後に、モスクワは曳航中に嵐に遭い、沈没したと発表、モスクワの沈没を認めている。ロシア側はウクライナ対艦ミサイルについては全く言及していなかったが、アメリカ国防省も14日にはウクライナ軍のR‐３６０ネプチューン地対艦ミサイル2発が命中したと、ウクライナの主張を裏付ける発表を行った。

またロシア側の発表に反して、4月14日の黒海北西部に嵐はなく、風速は7m程度、波の高さも1mほどの平穏な海面だったことが、当時の気象状況から示された。

さらに4月18日、傾斜して煙を上げているモスクワを左舷側から撮影した写真と映像がウクライナ筋からインターネットに現れた。その写真から見ると、煙が出ているのはモスクワの煙突とその後方の艦の中央部で、艦の前部に左右4基ずつ配置されたP‐1000大型対艦巡航ミサイルの連装発射機や、後部のS‐300長距離対空ミサイルの8連装垂直発射装置8基の部分には爆発した様子はなく、ロシアのいう搭載兵器の爆発はなかったと判断できる。海面も穏やかだ。

その他中央部より後の左舷の舷窓からは等間隔に火の手が上がって煤がついたように見える黒い部分があり、その後方の魚雷発射管装備位置の舷側ハッチ周辺や、後部の9K33オサーM対空ミサイルの隠顕式連装発射機の周りも黒くなっており、かなり広範な艦内火災があった可能性をうかがわせる。また後部のヘリコプター格納庫の扉が開き、ヘリコプターも甲板上の人影もなく、格納庫脇に装備されていた膨張式救命イカダのカプセルもなくなっていることから、すでに乗員の多くは艦を退去していたようだ。

写真をよく見るとモスクワの右舷側で放水が行われており、マストも見えることから、曳船が接近してモスクワを救助しようとしていたことが分かる。このような状況から、やはりモスクワにはウクライナ軍のR‐360ネプチューン対艦ミサイルが少なくとも1発、あるいは2発が命中し、モスクワは浸水して艦内に火災が発生、傾斜して、転覆して沈没したと考えられる。

モスクワの乗員数や死傷者についての正確な数字は不明だが、バルト三国の一つリトアニアの国防大臣は485人が乗り組んでいたと述べている。ロシアの独立系メディアは、乗員生存者の母親の話として、約40名が死亡、100名が負傷したと伝えており、ロシア国防省も4月22日に1名死亡、行方不明27名、396名が救助されたとしている。

強力だったスラヴァ級の兵装

モスクワはロシア海軍に3隻あったスラヴァ級巡洋艦の1番艦で、冷戦時代の1983年にソ連海軍のスラヴァとして就役、ソ連崩壊後の1995年にモスクワへと改名した。排水量は満載で1万1674t、全長186・4m、幅20・8mで、今日の水上戦闘艦としては世界最大級の一つである。その巡洋艦モスクワが戦闘により沈んだことは、非常に注目すべき事件だ。

また「巡洋艦」という艦種の戦没艦は、1982年のフォークランド紛争でアルゼンチン海軍の巡洋艦ヘネラル・ベルグラーノ（旧アメリカ海軍のブルックリン級軽巡フィニクス、1938年就役）が沈んで以来のことだ。

モスクワを含むスラヴァ級巡洋艦は、1980年代にソ連海軍がアメリカ空母部隊に対する攻撃を主な任務として建造した。主兵装は16発のP-1000ヴァルカン超音速対艦ミサイル（NATO名SS-N-12サンドボックス）で、射程550km、飛翔速度マッハ2・5、全長12m、重量4・8tという大型のミサイルだ。

対空兵装も強力で、射程90kmといわれるS-300F長射程対空ミサイル（SA-N-6グランブル）を中央部後方に8連装回転式VLS　8基に合計64発搭載、さらに射程約10kmの短距離対空ミサイル9K33オサーM（SA-N-4ゲッコー）の隠顕式連装発射機をヘリコプター格納庫の左右に1基ずつ装備している。近接防御としては6砲身30mm自動機関砲AK-630を艦の前部に2基、艦の中央部左右に4基ずつ配備している。対空捜索レーダーは艦橋上のMP-710フレガートM（トップスティア）3次元レーダーと、中央のマスト上のMP-800フラーグ（トップペア）

3次元レーダー: 対空捜索レーダーで、目標の距離、方位、仰角を同時に検知できるもの。

回転式VLS: 西側のVLSは全てセルを長方形に並べた固定式だが、ロシア（ソ連）では80年代には回転式のVLSが作られた。たとえば巡洋艦モスクワなどスラヴァ級のNATO名SA-N-6対空ミサイルでは、甲板下に8連装の円筒形のミサイル弾倉があり、弾倉が回転してミサイルを発射口の位置に合わせて発射する。発射は、ガス発生装置からの高圧ガスでミサイルを打ち上げ、それからミサイルのロケットモーターに点火するという「コールド・ローンチ」方式である。このガス発生装置が大がかりなので発射口1ヶ所にしか取り付けられず、回転式を用いているといわれる。近年ではガス発生装置も小型化され、ロシア海軍も固定式VLSを採用している。

である。

モスクワはイージスの登場やステルス概念が広まる以前の設計で、１９９０年に改修を受けたが、ソ連崩壊の混乱などから艦隊復帰は２０００年となった。２０１６年には近代化改装される予定だったが、予算不足で手が付けられないままだった。モスクワは黒海艦隊に配備され、その旗艦を務めていた。

大金星のネプチューン

ウクライナの地上発射対艦ミサイル、R－３６０ネプチューンは、ロシアのKh－35Uのウクライナ版で、Kh－35の開発はソ連崩壊以前から始まり、その技術はウクライナにも流れていた。ネプチューンの本体は全長４・４m、ブースターも含めて５・０m、直径40cm、重量８７０kg、高性能炸薬の弾頭重量１５０kgで、誘導は慣性航法と終末段階でアクティブ・レーダーホーミングを用いる。ターボファン・エンジンで飛行し、飛翔速度は約１０００km／hの亜音速で、射程は３００km、飛行高度は巡航時は10～15ｍで、終末段階では３～10ｍに降下する。車載の4連装発射機から発射され、ウクライナ軍では２０２１年から実戦配備になったばかりだった。

このネプチューン・ミサイルでウクライナ軍はどのようにモスクワを攻撃したのだろうか。モスクワは2月24日の侵攻初日、ウクライナのオデーサ沖の小島、ズミイヌイ島攻略に参加し、砲撃でウクライナの守備隊を降伏させたが、その降伏勧告にウクライナ守備隊が「ロシアの軍艦は失せやがれ！」と応答したことが報じられ、ウクライナの不屈の防戦を世界に宣伝する結果となってしまった。その後もモスクワはオデーサ近海を行動していたとみられ、探知距離３００kmというトップスティア・レーダーや同じく５００kmのトップペア・レーダーでウクライナ南部の対空監視と防空

ズミイヌイ島攻略：ロシアによるウクライナ侵攻が始まった2022年2月24日、黒海西部の小島ズミイヌイ島はウクライナ南西部の主要港であるオデーサを扼する戦略的に重要な位置にあり、ロシア軍の攻略対象となった。ロシア軍は巡洋艦モスクワとコルベットのワシーリー・ブイコフを送り、ウクライナ守備隊に降伏を呼びかけた。このときウクライナ兵はロシア艦に対して「くたばれ」と返答し、その後ロシア艦の艦砲射撃を浴びて守備隊は排除され、ズミイヌイ島はロシア軍に占領された。このときウクライナ側は島の守備隊は最後まで戦ったとしたが、実際には守備隊は砲撃後に降伏している。モスクワ沈没後の2022年5月、ウクライナ軍はズミイヌイ島のロシア軍と補給のロシア艦艇をドローンや航空機、ミサイルで攻撃。ロシア軍は撤退し、同島は7月にウクライナの手に戻っている。

МОСКВА

2022年4月14日、ウクライナ南西部オデーサ沖の黒海に沈んだ、ロシア海軍のスラヴァ級ミサイル巡洋艦モスクワ。満載排水量11674トン。ロシア海軍のキーロフ級原子力ミサイル巡洋艦に次ぎ、アメリカ海軍のズムウォルト級駆逐艦、中国海軍の055型駆逐艦と並ぶ、世界最大級の水上戦闘艦の1隻だった。

こうして見ると、艦首の砲からP-1000対艦ミサイル、機関室、S-300F対空ミサイル、魚雷発射管にオサーM対空ミサイル、艦尾のヘリコプター格納庫まで、被弾したら誘爆や火災につながるか、あるいは行動不能になるような装備と区画が、艦のほぼ全長にわたって並んでる。スラヴァ級巡洋艦は重武装とともに大きな脆弱性を抱えた艦なんじゃないか？しかも近代化改装の機会を逃して、能力は古いまま……とくに超低空を飛ぶ対艦ミサイルへの対処能力が不十分だった……。

今や珍しい連装砲、というより2砲身の130mm AK-130砲。

P-1000ミサイルの追尾/中間誘導レーダー、MR-1164アルゴン。NATO名「フロント・ドア」

30mm6砲身CIWS AK-630が2基。

背中合わせの3次元対空捜索レーダー、MP-710Mフレガート M。NATO名「トップステア」。

巨大な対空捜索レーダー、MP-800フラーグ、「トップペア」。こちらもアンテナが背中合わせ。

その下にはESMとECM装置、側方のAK-630（片側2基）が並ぶ。

S-300Fミサイルの VLS8基。

S-300Fミサイル誘導用の3R41ヴォルナ・レーダー、「トップドーム」。その下方にはオサーM誘導用レーダー、MPZ-301バザ、「ポップグループ」がある。

Ka-27ヘリコプター1機を納める格納庫。

片側4基ずつ、ずらりと並んだP-1000ミサイル連装発射機。対空ミサイルでアメリカ機をはねのけ、このミサイルの射程までアメリカ空母に接近、ミサイルをたたき込むのが、このクラスの仕事だった。

ネプチューンが命中したのはこのあたりだったろうか。煙突の下の艦内には前後のガスタービン室があり、その付近には発電機室や、機関の操縦室/ダメージコントロール指揮所などの重要区画がある。

533mm 5連装魚雷発射管のハッチ。

オサーM対空ミサイルの連装発射機はこのあたり。

任務にあたっていたと考えられる。

モスクワが被弾したのは4月13日の夕方～夜で、ロシア側が火災発生の場所として発表したのはオデーサの東方沖約100km。ネプチューンの射程に十分収まり、ネプチューンが屈曲した飛翔コースをたどるようにプログラムされていたとしても、目標に到達することは可能と思われる。ロシア海軍もネプチューンの存在とその性能は知っていたはずで、その射程内に数隻のコルベットやフリゲートを随伴させていたとはいえ、モスクワを行動させていたのは、やはりウクライナ側の能力と戦術を過小評価していたのだろうか。

一説では、ウクライナ側はモスクワに対してネプチューンを発射する前に、トルコ製バイラクタルTB2偵察／攻撃ドローン3機を飛行させ、モスクワの対空レーダーの注意を引きつけたともいう。しかしモスクワがバイラクタルTB2の捕捉と追尾ばかりに専念していたとは考えにくい。ウクライナ側もバイラクタルTB2を積極的に囮として使うよりも、むしろバイラクタルの赤外線画像センサーでモスクワを捕捉し、その目標情報を基にネプチューンを発射したと考える方が筋が通る。そもそもウクライナ軍が沖合100kmにいるロシア艦へのターゲティングを安全に行う手段はバイラクタルTB2以外にない。

モスクワの対空レーダーは、どちらもある程度の高度を飛行する航空機の探知を主な目的としたもので、もちろん水平線より下の目標は探知できない。そのため高度10m程度を飛ぶネプチューンをモスクワが発見したのは、ミサイルが水平線より手前に現れた時だったろう。その距離は大ざっぱに考えて40km、ネプチューンが1000km／hで接近してくれば2分半弱で目標に命中する。

モスクワの対空捜索レーダーが直径40cmのミサイルを海面すれすれの高度で探知できるかは不明だが、探知したとしてもモスクワは2分半のうちにネプチューンを迎撃しなくてはならない。S-

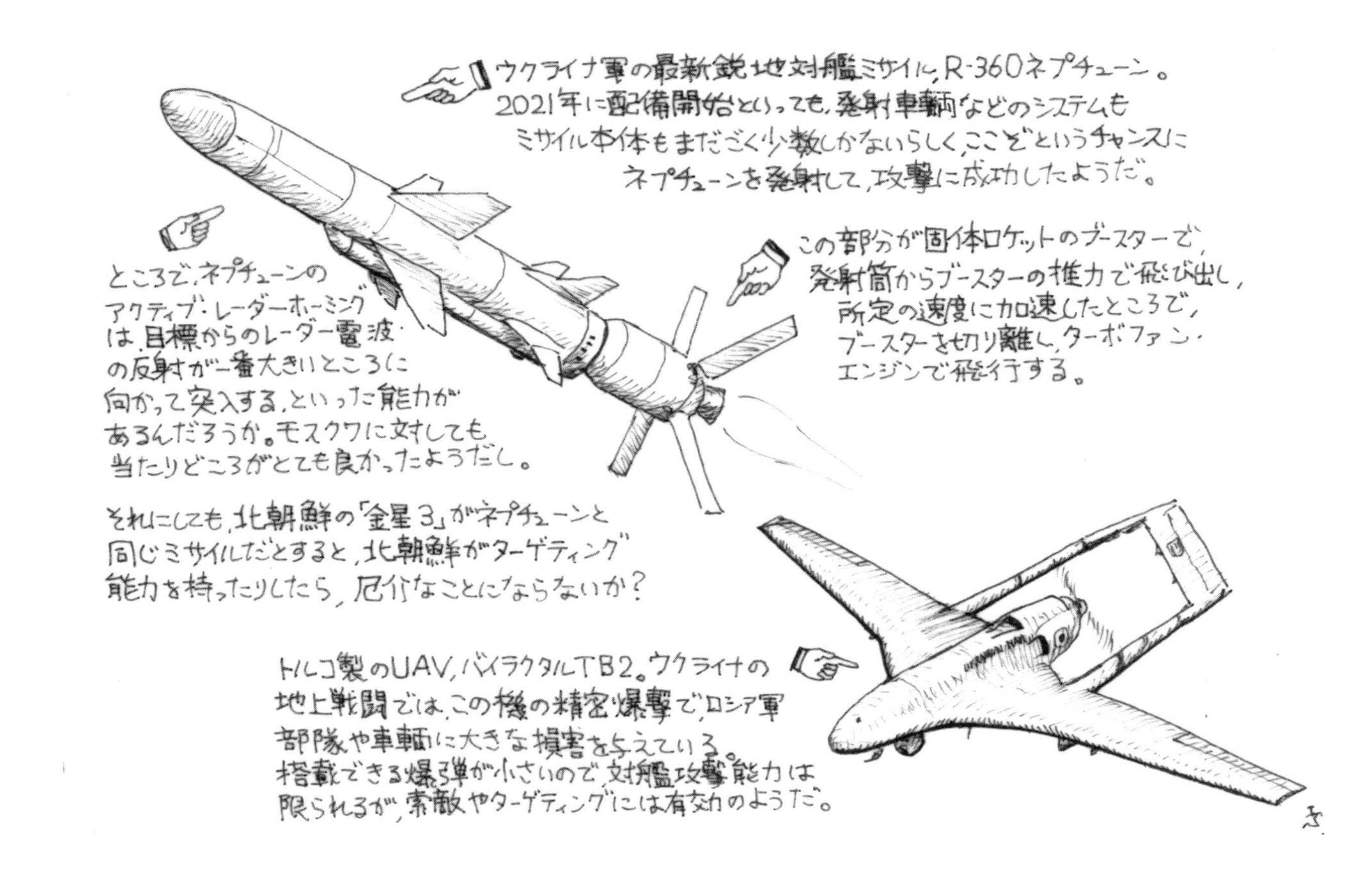
ウクライナ軍の最新鋭地対艦ミサイル、R-360ネプチューン。
2021年に配備開始といっても、発射車輌などのシステムも
ミサイル本体もまだごく少数しかないらしく、ここぞというチャンスに
ネプチューンを発射して、攻撃に成功したようだ。
この部分が固体ロケットのブースターで、
発射筒からブースターの推力で飛び出し、
所定の速度に加速したところで、
ブースターを切り離し、ターボファン・
エンジンで飛行する。
ところで、ネプチューンの
アクティブ・レーダーホーミング
は、目標からのレーダー電波
の反射が一番大きいところに
向かって突入する、といった能力が
あるんだろうか。モスクワに対しても
当たりどころがとても良かったようだし。
それにしても、北朝鮮の「金星3」がネプチューンと
同じミサイルだとすると、北朝鮮がターゲティング
能力を持ったりしたら、厄介なことにならないか？
トルコ製のUAV、バイラクタルTB2。ウクライナの
地上戦闘では、この機の精密爆撃で、ロシア軍
部隊や車輌に大きな損害を与えている。
搭載できる爆弾が小さいので、対艦攻撃能力は
限られるが、索敵やターゲティングには有効のようだ。
き.

３００Ｆ対空ミサイルは、後部の大きな３Ｒ41ヴォルナ（トップドーム）レーダーにより誘導され、同時に6目標への対処が可能とされるが、最低射撃高度は25ｍといわれ、ネプチューンが終末段階で高度を10ｍ以下に下げていれば迎撃は不可能となる。

ＭＰＺ‐３０１バザ（ポップグループ）レーダーで射撃指揮を行う短距離防空用のオサーＭミサイルも最低射撃高度は60ｍといわれ、やはり超低空目標には対処できない。最後の頼みの綱のＡＫ‐６３０ＣＩＷＳは、立ち上がりが遅かったのか、目標捕捉に失敗したのか、射撃精度が足りなかったのか、とにかくネプチューンの迎撃に失敗したことは結果から見て間違いない。

モスクワ沈没の最終局面

炎上して傾斜しているモスクワの写真から見て、被弾場所は煙突の直前のあたりと考えられる。ＳＮＳへの外国のアナリストの投稿で指摘されていたのだが、スラヴァ級の艦内配置ではこの部分には、前後2つのガスタービン機関室と、その上に発電機室があり、さらに機関室の中間には機関操縦室／ダメージコントロール指揮所がある。ネプチューンがおそらく左舷に命中して、艦内で弾頭が爆発、残っていたジェット燃料が飛散すれば火災となる。おそらく機関室の船体が破られて浸水も起き、発電機室も損傷したのではないだろうか。それとともに機関操縦室／ダメージコントロール室の機能が失われ、消火のための電力も足りないとなれば、火災と浸水を防ぐのはもはや困難だったろう。

モスクワの艦内写真として、木張りの士官食堂や居住区の木目の調度類がＳＮＳに上げられていたが、実際のモスクワの被弾状況の写真からは、それらが火災延焼の大きな要因になったとは考えにくい。ロシア艦艇の艦内の防火／耐火／難燃措置がどのような水準なのか、消火やダメージコントロール資材やその配置、乗員の訓練がどの程度のものだったか、それらの不備や怠慢があって損害を大きくしたのかもしれない。

こうして黒海艦隊の旗艦にして、有数の大型艦であるモスクワはウクライナ軍の地対艦ミサイルに撃沈されてしまった。ロシアにとっては首都キーウの攻略失敗とともに、その威信や士気にとって重い打撃となったのではないだろうか。

アップデートコラム

大した艦艇もなく、事実上壊滅したはずのウクライナ海軍はこうしてロシア黒海艦隊の主力、巡洋艦モスクワを沈めてしまった。それ以前からウクライナはロシア黒海艦隊に打撃を与えており、２０２２年３月に停泊中のロシアのアリゲーター級ＬＳＴサラトフを弾道ミサイルで撃沈、６月にはハープーン対艦ミサイルで航洋曳船ワシーリー・ベクを沈めている。またウクライナは水上自爆無人艇も活用し、ロシアの情報収集艦などを損傷させており、２０２３年８月にはケルチ大橋に重大な損傷を与えている。

ウクライナにとってはイギリスからのストームシャドウやフランスからのＳＣＡＬＰ-ＥＧといった対地巡航ミサイルも有効な兵器で、２０２３年９月にはセバストポリで整備中のキロ級潜水艦ロストフ・ナ・ドヌーを大破させ、ロプチャ級揚陸艦ミンスクを全損させている。２０２３年12月にもフェオドーサに停泊していたロプチャ級ノヴォチェルカスクがストームシャドウの命中により、積んでいた弾薬が誘爆して沈没している。まともな海軍を失ってしまったウクライナによって、ロシア黒海艦隊はやられる一方だ。

第27考

日英同盟締結120周年に思うイギリスとの友誼

近代日本にとって大きな意義のあった日英同盟締結から、2022年はなんと120周年という記念すべき年に当たる。2隻の外洋警備艦とともに太平洋に戻ってきたイギリスと、かつての同盟国日本は、どんな関係を築いていくのだろう。

英海軍の太平洋への関与

2022年の2月24日、ロシアのウクライナ侵攻が始まり、ヨーロッパはもちろん世界に激震が走った。それに比べるとアジア～太平洋の状況は平穏で波静かなように見える。いやいや、実はそれ以前から大して変わっていないというだけで、たとえば2月26日にはアメリカ駆逐艦ラルフ・ジョンソンが台湾海峡を航行して、いつもどおりの波風は立っているのだ。

そんな太平洋に目立たないが興味深い動きがある。イギリス軍艦の太平洋配備だ。イギリス海軍は2021年に空母クイーン・エリザベスを中心に、オランダ海軍のフリゲートやアメリカ海軍の駆逐艦も加えた打撃群「CSG21」をインド～太平洋に派遣して、日本にも寄港した。CSG21は日本の海上自衛隊はもちろん、オーストラリアやインドなど、各国と何度も共同訓練を重ね、その空母戦力と展開能力、他国との共同作戦能力と、インド洋からアジア、太平洋に及ぶ地域へのイギリスのコミットメントを示している。それに続いてイギリスはさらにアジア～太平洋へ軍艦を常駐させることにした。

ＣＳＧ21のような大編成の艦隊を遠く太平洋まで派遣することは、空母11隻を保有するアメリカ海軍ならいざ知らず、空母たった2隻のイギリス海軍にとっては継続的に行えるものじゃない。しかし何年かに一度、空母部隊を展開させるだけでは、アジア〜太平洋のプレゼンスを十分に示せることにならない。そこでイギリス海軍は軍艦をアジア〜太平洋に常駐させて、プレゼンスとコミットメントを維持することにしたのだ。

とはいえイギリス海軍の主要な水上戦闘艦はタイプ45駆逐艦6隻とタイプ23フリゲートが13隻。これを遠いアジア〜太平洋に貼り付けにしておくだけの余裕はない。もちろん経費もかかる。そこでイギリス海軍が送り出したのは外洋警備艦2隻だ。

この外洋警備艦はリヴァー級バッチ2の5隻のうちの2隻、テイマーとスペイで、2隻は2021年9月初めに母港、イギリス南部のポーツマスを出港、パナマ運河を通過して太平洋に入り、10月半ばにカリフォルニアのサンディエゴ基地に入港した。11月にはハワイのパールハーバーに到着。テイマーとスペイは今後5年間アジア〜太平洋で行動し、その間に乗員は順次交代していくことになっている。2隻はアジア〜太平洋での特定の定係港を持たず、補給や休養、整備は各地で行う。

アジア〜太平洋での2隻の任務は「イギリスにとっての目となり耳となること」、つまりこの地域の各国との共同訓練や親善訪問などを通じての情報収集、情勢把握を助けることにある。それだけでなく麻薬や密輸、違法行為の取り締まり、それに災害救援や人道援助なども行い、「イギリスの旗を翻す」、いわゆる「ショウ・ザ・フラッグ」を行うことにも務める。

そして実際、2隻はすでにその実績を挙げている。年が明けて2022年になった1月中旬、テイマーは東シナ海から日本周辺海域にかけて北朝鮮船舶による国連安保理決議に違反する「瀬取り」などの行為に対する警戒監視を行った。このような瀬取り監視は、２０２１年9月にＣＳＧ21の構成艦の1隻、イギリス海軍フリゲート リッチモンドも行っているが、この種の任務はまさに外洋警備艦の仕事だといえる。

南洋の災害に緊急援助

ちょうどその頃の1月15日、南太平洋ではトンガのフンガトンガ／フンガハアパイ海底火山が爆発し、トンガの島々は津波と火山灰などの降下物によって大きな被害を受けた。この災害に対して、太平洋で行動していたスペイは急遽フランス領タヒチに向かい、まず救援物資の飲料水3万リットルと応急手当キット４００個を積み込んで、19日にタヒチを出港、26日にトンガの首都トンガタプ島のヌクアロファに到着、物資を陸揚げした。コロナ感染症がトンガに拡大するのを防ぐために、スペイの乗員はほとんど上陸できなかったが、それでも救援物資を届けたのだった。

このトンガ救援に、オーストラリア海軍は強襲揚陸艦アデレードを、ニュージーランド海軍は補給艦アオテアロアを送り、これら両艦の方が物資搭載量はスペイよりも圧倒的に多いのだが、とにかくスペイはイギリスが太平洋での災害救援や人道支援を行うことができ、実際に行うことを示して見せたのだった。

太平洋に前方展開して早速働いているこの2隻の外洋警備艦のうち、テイマーは2月14日から22日まで横須賀に寄港した。国連旗を掲げていたので、朝鮮戦争の国連軍参加国の軍艦という立場での寄港で、アメリカ海軍の岸壁に停泊した。残念ながら入港取材などの機会はなかったが、読者の方々の中には実際にご覧になったり写真を撮影された方もいらっしゃることだろう。いいなあ、見

トンガ救援：南太平洋ポリネシアの島国、トンガ王国の火山災害に対して、イギリス海軍のスペイやオーストラリア海軍のアデレードをはじめ、各国が艦艇に救援物資や人員を乗せて、救援に派遣した。トンガは1970年まで長らくイギリスの保護領で、現在も英語が公用語になっていて、イギリスやオーストラリアとは縁が深い。その意味でもイギリス海軍がスペイを太平洋に展開させていたことが功を奏したことになる。日本もトンガとは関係が深く、航空自衛隊のC-130輸送機でオーストラリア経由で飲料水を運び、海上自衛隊の輸送艦「おおすみ」に陸上自衛隊のCH-47ヘリコプター2機を搭載、援助物資を輸送している。

H.M.S. Spey

本国イギリスから、遠く地球を半周してやってきて、姉妹艦テイマーとともに、これから5年間にわたって、アジア〜太平洋にイギリスの旗を翻す、外洋警備艦スペイ。

スペイの紋章のモチーフ。スペイという川は美味しい鮭が釣れるので名高いそうだ。紋章は、上が青で下が緑、境は金色の波。上には6つの真珠、下には銀の鮭という絵柄。

装備でも性能でも、この種の外洋警備艦の中でも特に目立ったところはない。イギリスじゃ「もっと大きくて兵装の多いフネじゃないと、有事の役に立たない！」という声もあったようだ……しかし。

……このぐらいの大きさなら、駆逐艦やフリゲイトが入れない小さくて浅い港にも寄港できるし、武装が少くて脅威を感じさせないので、アジア〜太平洋での友好的な任務を、きめ細かく行えるので、好都合なのだともいう。

P234

スペイとテイマーで目立つのは、このグレー3色と黒の直線的な塗り分けの迷彩塗装だ。まるで第2次大戦のイギリス軍艦みたいでかっこいいぞ。同じような警備の仕事をする、日本の海上保安庁の巡視船やアメリカ沿岸警備隊のカッターなどは、白を主に目立つ塗装にして、パトカーみたいに法執行機関のフネであることを示してるのとは対照的で、「軍艦」を強調してる、っていうことなのかもしれないな。

たかったなあ。

リヴァー級の概要

テイマーとスペイは排水量２０００ｔ、全長90・５ｍ、幅13・５ｍ、機関はディーゼルで出力１万９７００hp、２軸で速力25ノット、航続期間35日、乗員58名で、兵員50名を搭乗させることができる。レーダーは航海レーダーと水上警戒レーダーで、兵装は30㎜機関砲１門と、近接戦闘用の７・７㎜多銃身機関銃ミニガン２門、７・７㎜機関銃２門。後部の作業甲板にはヘリコプターを発着させることができる。ＲＨＩＢ艇２隻を搭載し、艦の中央部にはクレーンが装備されている。

このようにイギリスの軍艦とはいいながら水上戦闘艦としては低速で、武装も少ない。必要となれば対艦ミサイルのキャニスター／ランチャーを追加搭載することも考えられている、という話もあるのだが、もちろん公式にそんな計画はなく、見たところ後部作業甲板以外にミサイルの載せ場所はなさそうだ。

大きさといい、性能や装備といい、もちろん海上自衛隊の護衛艦にこれに近い艦はなく、計画されている「哨戒艦」はこのリヴァー級よりはずっと小さな艦となるはずで、リヴァー級外洋警備艦はむしろ海上保安庁の巡視船「くにさき」型が近いかもしれない。「くにさき」型は総トン数（排水量じゃないよ）１７００ｔ、全長96ｍ、ディーゼル２軸で23ノット、20㎜多砲身機関砲１門を装備して、やはり後部にヘリコプター甲板を持っている。

テイマーとスペイはそれぞれ２０２０年12月と２０２１年６月に就役した、このクラスの中でも新鋭艦だ。同型艦はフォース、メドウェイ、トレントで、フォースは南大西洋、つまりフォークランド諸島に配備、メドウェイはイギリス領や英連邦諸国のあるカリブ海に配備されて、トレントは

リヴァー級の1番艦、HMSタイン。
これがバッチ1で、排水量1700トン、
全長79.5m。後部の甲板には
ヘリコプターは降りられなくて、
見た目にもきゅうくつそうだ。
やはり、遠隔地での長期の
警備任務となると、大きな
バッチ2が必要になったのも
わかるな。

ちなみに、タインという川は、
イングランド北部を東に流れて
北海に注ぐ川。川沿いには
ニューカスル・アポン・タインという
都市がある。イギリスじゃ、町の
名前に「〇〇川の〜」という感じで、
「〜・アポン〇〇」というのがよくある。
ストラトフォード・アポン・エイヴォンとか。

P281

乗員数は30人。海上自衛隊が計画してる
「哨戒艦」も乗員30人というから、人数はほぼ
同じだけど、「哨戒艦」は1000トンぐらいに
なる。もっと小さいわけだ。

船体は直線的で
カクカクしてる。

本国に残っている。

これらがリヴァー級バッチ2というからには、バッチ1というのがあって、2003年にタイン、セヴァーン、マーシーの3隻が就役した。バッチ1は1700t、全長79・5mと小さく、速力も20ノットだ。実はもう1隻、クライドが2007年に就役して、フォークランド諸島配備となっていたのだが、これは2019年に退役して、バーレーンに売却、アル・ズバラという艦名になった。バッチ1は本来はイギリス周辺海域での警備にあたるものだったが、それ以外の遠い海域での警備任務には小さすぎたため、2015年からほぼ新しい設計のバッチ2が計画された。バッチ1はイギリス近海、とくに漁業保護などに従事している。

リヴァー級というくらいだから、これらバッチ1とバッチ2には川の名がつけられている。川の名前というと海上自衛隊では護衛艦のDEとFFM、旧海軍ならば軽巡の名前で、イギリス海軍では第2次世界大戦で船団護衛用に建造されたフリゲートにリヴァー級というのがあった。太平洋に前方展開している2隻の、スペイはスコットランドの川、テイマーはイングランド西部、デヴォン州とコーンウォール州の境に流れる川の名だ。Tamarというスペルだが、発音は「テイマー」だ。

日英同盟から120年

リヴァー級外洋警備艦2隻という小さな規模ながら、イギリス海軍は空母部隊の長距離展開をフォローする形で、アジア～太平洋でのプレゼンスとコミットメントを維持している。日本にとってはこれほどイギリス海軍との関係が近くなったのは、日英同盟の頃以来じゃないだろうか。思い返せば日英同盟が結ばれたのが1902年1月30日、ちょうど100年前のことだ。

日英同盟の助けで日本は日露戦争を乗り切れたし、戦艦「三笠」や巡洋戦艦「金剛」、センピル派遣団による海軍航空の発達など、日本はずいぶんお世話になった。日英同盟は1923年に失効して、それから幾時代かがありまして、第二次世界大戦がありました。

そんな歴史もあるんだけど、今はこうして良好な防衛協力関係を築いて、トンガ救援に日本が「おおすみ」を送ったように、アジア～太平洋でイギリスと日本は一緒に働くようになった。同盟関係じゃないけど、こういう協力関係を多くの国々と結んでいくことがこれからますます大事になっていくんだろうな。

アップデートコラム

テイマーとスペイの2隻は2022年以来頻繁に太平洋～南シナ海と広く活動し、小さな艦ながらイギリス海軍のプレゼンスを示す大きな働きを示していて、2024年の年明けにはその展開も丸2年を過ぎることになる。イギリス海軍は2025年にはクイーン・エリザベス級空母の2番艦プリンス・オブ・ウェールズを中心とする打撃群をアジア～太平洋に展開させることとしていて、日本にも寄港する予定だ。

クイーン・エリザベス打撃群の日本寄港が2021年9月だから、予定どおりにプリンス・オブ・ウェールズが来れば4年ぶりということになる。クイーン・エリザベス来日のときはまだコロナ禍の最中で乗艦取材も許されなかったが、ちゃんとワクチンも打ったし、手洗いもしてマスクもしてるから、プリンス・オブ・ウェールズが来たら、是非乗せてもらいたいぞ。

２０２２年の夏は２年ぶりのリムパックが開催されたが、その演習のハイライトでもあるＳＩＮＫＥＸでは、日本にもなじみのある懐かしいフネが戻ってきた。さまざまな攻撃を一身に受け、沈められるために――。

標的は退役艦撃沈演習ＳＩＮＫＥＸ

２０２２年の６月は、日本の周りでは特に波の荒い時期だった。波といっても自然天然の波ではなくて、海軍力が蹴立てる波のことで、なにしろ中国海軍とロシア海軍の艦艇部隊が〝まるで呼応するように〟日本列島を回ってみせたのだ。

それと時期を同じくして、アメリカ太平洋軍は西太平洋のグアム周辺とパラオで、海軍と海兵隊、陸軍と空軍の統合演習「ヴァリアント・シールド」を行った。「ヴァリアント・シールド」は各軍種統合のハイ・エンドなシナリオでの実戦能力のテストやデモンストレーションが行われ、アメリカ太平洋軍のさまざまな新しい兵力展開や攻撃能力が試された。そのクライマックスが、退役した旧フリゲートのヴァンデグリフトを標的とした、駆逐艦からのＳＭ‐６をはじめ、海軍と海兵隊の戦闘攻撃機や、空軍の爆撃機からの爆弾やミサイル、潜水艦の魚雷による実艦標的撃沈演習ＳＩＮＫＥＸだった。

この6月の中ロの艦隊行動とアメリカ軍の演習で波だった西太平洋だが、その後の6月22日からは今度はハワイ近海で環太平洋諸国海軍演習「リムパック2022」が8月3日まで行われた。演習の詳細については立ち入らないが、実はリムパックでもアメリカ海軍は撃沈演習SINKEXを行っている。それも2回も。

SINKEX（「シンケックス」と読む）とは「沈める（Sink）」と「演習（Exercise）」を合わせた略語で、実艦を標的としてさまざまな兵器の実弾を発射して、沈めるまで攻撃するというものだ。SINKEXではミサイルや爆弾、砲、魚雷などの兵器の性能や威力を確認するとともに、その発射や誘導の技量の訓練が行われるが、それだけではなく、目標の捜索から発見、捕捉、艦艇や航空機との連携や協調、攻撃の調整などの連携や手順のテストの場ともなる。とくにリムパックのような多国間演習では、日ごろはあまり共同演習の機会のない国の海軍同士が、SINKEXで同じ標的を攻撃することで、相互の理解や協調を深める機会でもある。

もちろん実艦を標的として攻撃して沈めるという機会はそうあるものではない。なにしろ経費がかかる。まず標的として処分できるフネがなくてはならない。アメリカ海軍は退役した艦をしばらく保管しておいて、その中から適当な艦を標的として沈めることで処分するのだが、そのままミサイルや爆弾、魚雷で攻撃して穴だらけにして沈めてしまえばよいというものではない。艦の中に燃料や潤滑油、有害物質が残っていれば、沈んだ後に海中に溶け出して海洋環境を汚染する恐れがあるので、それらは標的にする前に除去しておかなくてはならない。兵装やレーダーなども撤去しておく。それに確実に沈むように、艦内の防水扉やハッチなどは開けた状態に固定するか取り外しておく必要がある。実艦を標的にするには手間と費用がかかるのだ。

沈める場所も、十分に深くて航行の邪魔にならず、環境に影響の少ない場所を選ばなくてはならない。このリムパックでもＳＩＮＫＥＸは最寄りの陸地、つまりハワイ諸島西部のカウアイ島から50カイリ（約90㎞）離れた海域で行われた。

　リムパックではそんな実艦標的を2隻も沈めたのだから、アメリカ軍のこの演習への力の入り具合もうかがえるというものだ。

爆弾とＳＳＭが炸裂　ＳＩＮＫＥＸ その1

　まず第1回目のＳＩＮＫＥＸは、7月12日に行われた。標的になったのはオリバー・ハザード・ペリー級フリゲートのロドニー・Ｍ.デイヴィス（ＦＦＧ60）だ。この艦に対して、空母エイブラハム・リンカーンからの海兵隊ＶＭＦＡ‐３１４のＦ‐35Ｃや、海軍ＶＦＡ‐14のＦ／Ａ‐18Ｅ、ＶＦＡ‐41のＦ／Ａ‐18Ｆがレーザー誘導爆弾を投下、カナダ海軍のフリゲートウィニペグがハープーン2発、マレーシア海軍のコルベットレキールがエクゾセＭＭ40を1発発射して、ロドニー・Ｍ.デイヴィスを沈めた。

　このＳＩＮＫＥＸはカナダ、マレーシア海軍の戦闘艦が参加しているが、この両国海軍はアメリカ海軍と違って、実艦標的に対する射撃訓練の機会は滅多にないので、このＳＩＮＫＥＸは貴重な機会となったことだろう。ハープーンやエクゾセといった、性能も発射手順も異なる対艦ミサイルを、同一の目標に対して発射するというのも、外国海軍との連携や協調のよい訓練となったはずで、リムパックのような大規模な多国間演習でなければこういった機会もなかなか得られない。

　ロドニー・Ｍ.デイヴィスは１９８７年5月に就役し、２０１５年1月に退役した。先のヴァアリアント・シールド演習のＳＩＮＫＥＸで沈められたヴァンデグリフトの同型艦で、こちらの方が3

VMFA：VMFAはアメリカ海兵隊の戦闘攻撃飛行隊を示す記号。アメリカ海兵隊は歩兵や砲兵や工兵、輸送部隊、通信部隊などに加え、自前の航空部隊も有していて、自立して戦う能力を持っている。海兵隊航空部隊には14個の実戦戦闘攻撃飛行隊があり、F/A-18C/Dホーネット戦闘攻撃機からステルス戦闘機F-35B/Cへの機種更新が進められている。2024年1月でF/A-18C部隊5個、F/A-18D部隊1個、F-35B部隊7個、F-35C部隊2個となっている。このうちF-35CのVMFAは海軍の空母航空団に組み込まれて、空母に搭載される。日本の岩国基地にもF-35BのVMFA-121が展開している。

2022年7月12日、リムパック2022演習の実艦標的撃沈演習SINKEXで、ハワイ・カウアイ島の北約50カイリで沈められた、元オリヴァー・ハザード・ペリー級フリゲイトのロドニー・M.デイヴィス。

アメリカ国防省が公開している動画を参考に描いたんだけど、これは2発目の対艦ミサイル（ハープーン？）が命中した直後の光景。

スタンダード・ミサイル用のMk.13単装発射機は2003年に撤去されてる。

オリヴァー・ハザード・ペリー級は51隻が建造されて、今は全艦アメリカ海軍から退役してる。その中でこれまでに9隻が実艦標的として沈められていて、リムパックでも2016年のクロメリン、2018年のマクラスキー、2020年のカーツ、そしてこのロドニー・M.デイヴィスと、4隻が標的になった。

1発目（ハープーン？）も同じく後部の格納庫付近に右舷から命中してる。3発目（エグゾセ？）は中央部マスト付根の前方あたりに命中してる。

動画によると、アメリカ海軍のP-8Aポセイドン哨戒機もハープーン1発を発射したようだ。

年新しい。このロドニー・M.デイヴィスもヴァンデグリフトもともに1980年代末から1990年代に日本の横須賀に前方配備になっていた艦だ。そういえば横須賀で姿を見たような憶えがある。満載排水量約4000tで、今日の水上戦闘艦としても普通の、あるいはちょっと小さめの大きさだ。SINKEXで沈めることで、このような艦がどのような攻撃でどう破壊されて、どう沈むのかの検証ともなっただろう。

ちなみにこのSINKEXに参加したマレーシア海軍のコルベットレキールは、ドイツのHDW社で建造されたカストゥリ級2隻の2番艦で、満載排水量1880t、28ノット、57mm砲とエクゾセ8発を備え、小さいながらリンクス・ヘリコプターを1機搭載する。就役は1984年8月だから、標的になったロドニー・M.デイヴィスよりも3年ほど古い。

盛りだくさんな攻撃 SINKEX その2

2回目のSINKEXは7月12日に行われた。今度の標的は元ドック型揚陸輸送艦のデンヴァー(LPD9)だった。このデンヴァーに対して射撃を行ったのは、日本の陸上自衛隊の12式対艦ミサイルとアメリカ陸軍のHIMARSからのM30あるいはM31シリーズのGPS誘導ロケット弾GMLRS、さらにアメリカ陸軍のAH-64攻撃ヘリコプターからのヘルファイア対地/対水上ミサイルと30mm機関砲、アメリカ海兵隊VMFA-232のF/A-18CとDからのハープーン対艦ミサイル、HARM対レーダーミサイル、GPS誘導爆弾JDAM、アメリカ海軍VFA-41のF/A-18FからのLRASM長距離対艦ミサイル(空母エイブラハム・リンカーンからの発進ではなく、ハワイのヒッカム基地から発進したようだ)、それにアメリカ海軍駆逐艦チェイフィー

VFA:アメリカ海軍の戦闘攻撃飛行隊を示す記号。実戦VFAは現在33個あり、そのうちF/A-18Eスーパーホーネット装備飛行隊が21個、F/A-18Fスーパーホーネット飛行隊が9個、F-35C飛行隊は2個あるが、F/A-18EからF-35Cへの機種転換も進みつつある。アメリカ海軍は各空母に搭載する9個の空母航空団に4個の戦闘攻撃飛行隊を配していて、海兵隊の戦闘攻撃飛行隊が加わっている空母航空団もある。日本に前方展開している空母ロナルド・レーガン搭載の第5空母航空団には、F/A-18EのVFA-27、115、195と、F/A-18FのVFA-102が所属して、岩国基地を陸上基地としている。

古いSPS-40B対空捜索レーダーのアンテナが残されてる。動画を見ると、ここにミサイルが命中してるんだが、HARM対レーダーミサイル発射のときはこのアンテナから電波を出したんだろうか。

こちらはリムパック2022の2回目のSINKEXで標的を務めるため、7月20日、サルベージ船グラスプに曳航されてパールハーバーを出て行く、ドック型揚陸輸送艦(LPD)デンヴァー。かつては日本の佐世保に前方展開していた、馴染み深いこの艦の、最後の出港だ。

そのデンヴァーが、日本の陸上自衛隊の対艦ミサイルの標的となって沈んだのも、何かの縁というものなのかしらねえ。

しかしどちらのSINKEXも、どんな兵器を使ったかよりも、目標の探知・捕捉、識別や、目標情報の伝達や配分、各攻撃手段の協調を、どうやったのかの方が気になるな。そっちの情報はほとんど出てこないけど。

（DDG90）からの5インチ砲だった。

ずいぶん盛りだくさんな攻撃だが、標的のデンヴァーはドック型揚陸輸送艦だけに、満載排水量約1万7000t（軽荷排水量でも9130t）、全長173・4mという大きな艦で、それだけさまざまな攻撃手段を試せたのだろう。

この中でも注目すべきは、日本の陸上自衛隊の対艦ミサイルが参加していることで、陸自のリムパックでの対艦ミサイル射撃訓練はこれが初めてではないが、一度だけの特別なイベントとしてではなく、こうして何度も実艦に対する射撃の経験を重ねることは大きな意義がある。

HIMARSはヴァリアント・シールド演習で海兵隊の車両が州空軍のC-130輸送機で島嶼に急速展開する訓練を行ったが、このリムパックでは陸軍が対水上射撃を行って、二つの演習で島嶼への急速進出と対艦射撃を試したことになる。

航空機の攻撃では1回目のSINKEXがレーザー誘導爆弾を主体としたのとは異なり、この2回目ではミサイル攻撃が主となった。スーパーホーネットがLRASMミサイルを発射、海兵隊のホーネットはハープーンだけでなく、対レーダーミサイルHARMも使用しており、これらの各種ミサイルの使い方をテストし、確認したのだろう。

さらには陸軍の攻撃ヘリコプターも参加して、ヘルファイア・ミサイルや30mm機関砲で標的を攻撃した。ヘルファイアの射程は大体11km程度、つまりAH-64は洋上を飛行してそこまで標的に接近してから射撃したことになる。

デンヴァーに対する射撃の動画がインターネットに上がっているが、それを見ると、ヘルファイアと見られる飛翔体がデンヴァーの舷側の水線のすぐ上に命中、その隣にまた次の飛翔体が命中、大きくなった破孔にも飛び込んでいっており、かなりの精度で誘導されているようだ。それとも

ヘルファイア：AGM-114ヘルファイアはアメリカが開発した対戦車ミサイル。AH-64アパッチやAH-1コブラなどの攻撃ヘリコプターが装備する。セミアクティブレーザー誘導による簡略な撃ち放し能力があるAGM-114Lは「ロングボウ・ヘルファイア」と呼ばれる。アメリカ海軍ではLCSの対小型艇攻撃用兵器としてロングボウ・ヘルファイアを採用、VLSから発射することとしている。

に時おり30㎜機関砲弾が舷側を掃くように命中している。また、マストの頂部にミサイルが命中している場面もあり、マストに何かレーダー波に似せた電波発信装置を置いて、HARMで対レーダー攻撃の訓練を行ったのだろうか、断定はできないけど。

デンヴァーはオースチン級LPD 11隻の6番艦で、1968年10月に就役した。退役したのは2014年8月で、艦齢は46年に達していた。デンヴァーはその時点で、アメリカ海軍最古参の現役艦（記念艦コンスティテューションを除く）で、デンヴァーの退役により指揮艦ブルーリッジが最古参となっている。このデンヴァーも2008年から2014年まで日本の佐世保に前方展開していた。そういえばデンヴァーが横須賀に来たときに、取材で乗艦したような記憶がある。

この2回目のSINKEXでは、島に展開した日米の地対艦ミサイル部隊が射撃して、陸上基地からの戦闘攻撃機が対艦ミサイルで攻撃、さらには陸軍の攻撃ヘリコプターも至近距離からミサイルや機関砲で攻撃している。駆逐艦の砲による射撃も加わってはいるが、どうも海上の目標に対して陸から攻撃している構図が見える。その標的が大型の揚陸艦で、しかも2回目のSINKEXは日本とアメリカしか参加していない。日本とアメリカが共に戦って、揚陸艦を沈めるということは島嶼防衛のシナリオなのか？　となると、その場合の戦闘海域は日本の南西諸島とその周辺――？

などという想像が広がってしまうのだが、もちろんこれは想像でしかない。しかしこのリムパックのSINKEXを見たどこかの国が日本の南西諸島（と、その先の台湾）への上陸や侵攻が容易でないと考えて、思いとどまってくれれば、このSINKEXは抑止のためのデモンストレーションという意味を持つことになるだろう。

ヴァリアント・シールドやリムパックのSINKEXで沈んだ艦は、どれも日本にはなじみ深い、縁のある艦だったが、このSINKEXが西太平洋での抑止を強化するものとなるのなら、最期のご奉公を立派に務めたということになるのだろう。

アップデートコラム

環太平洋諸国合同海軍演習リムパック（ＲＩＭＰＡＣ）は2年に一度の開催だから、２０２４年はその開催年にあたる。よほどのことがないかぎり、おそらく２０２４年にもハワイにアジアから南半球から南米から多くの国々の艦艇が集結することだろう。アメリカ海軍が２０２２年に引き続いて無人水上艦を参加させるなら、ＲＩＭＰＡＣで何をするかが注目だ。日本は「もがみ」型ＦＦＭを参加させるだろうか？　あるいは改装なった「かが」は？　参加するにしても航空自衛隊のＦ‐35Ｂの搭載はＲＩＭＰＡＣに間に合いそうもないが、アメリカ海兵隊のＦ‐35Ｂが「かが」に発着するクロスデッキならできそうだ。そしてまた実艦標的の撃沈演習ＳＩＮＫＥＸもやるのだろうか？　２０２４年のＲＩＭＰＡＣもいろいろ注目すべき点が多くなることは間違いなさそうだ。

２０２３年12月、ウクライナ、パレスチナ、シリアなど各地で戦火が交えられ、あるいは火種がくすぶっている。アメリカはこれらの事態への牽制や警戒のため欧州・中東方面へと空母打撃群を展開中だ。日本からすると遠い国の出来事で縁遠いように思えるが、実は無関係ではいられないのだった……。

米海軍の新世代原子力空母海外展開へ

ジェラルド・R.フォードはまだ海にいる。アメリカ海軍の原子力空母ジェラルド・R.フォードは２０２３年５月２日に母港ヴァージニア州ノーフォークを出港、初めての長期作戦展開を開始した。それから７ヶ月、２０２３年も終わろうという12月末現在で、ジェラルド・R.フォードはなおも東地中海を行動している。

ジェラルド・R.フォードはご存知のとおり、アメリカ海軍の新世代原子力空母の１番艦だ。いわゆるスーパーキャリアーの一つの完成形ともいえるニミッツ級の後継として、ジェラルド・R.フォードは飛行甲板の配置やアイランドの位置、形状を改め、新型の原子炉をはじめ電磁カタパルトＥＭＡＬＳや電磁式着艦拘束装置ＡＡＧなど新しい装備を採り入れて、搭載機の発着の効率を高め、乗員数とライフサイクルコストの低減を目指したものだ。

ジェラルド・R.フォードは２００９年11月に起工、建造には8年を要して２０１７年7月に就役した。それから各種のテストや認証訓練に入ったが、初めて採用されたＥＭＡＬＳとＡＡＧは新装備だけにトラブルが多く、十分な信頼性を示すことができず、問題点の解消には長い時間がかかってしまった。そしてやっと最初の展開に出たのが２０２２年10月のことで、就役から実に5年後のことだった。

この初展開ではジェラルド・R.フォードは巡洋艦ノルマンディと駆逐艦ラメージ（フライトⅠ）、マクフォール（フライトⅡ）、トーマス・ハドナー（フライトⅡA）から成る打撃群を編成、これに沿岸警備隊の警備艦ハミルトンも付属して、10月28日には初めての外国寄港としてカナダのハリファックスに入港した。その後、大西洋を横断して打撃群にはドイツ海軍フリゲートのヘッセンも加わり、11月には北大西洋でのフランス、オランダ、カナダ、スペイン、デンマーク、ドイツのＮＡＴＯ諸国6ヶ国との共同演習「サイレント・ウルヴァリン」に参加した。演習後にはイギリスのポーツマスの沖合に停泊、11月26日に母港ノーフォークに帰港した。

この初展開は約1ヶ月半の短いものだったが、ジェラルド・R.フォードにとっては初めてアメリカ近海を離れて外国の海域まで進出し、作戦能力を実証するものとなった。また「サイレント・ウルヴァリン」演習は、本格的な洋上戦闘、いわゆる「ハイエンド（高烈度）」の実戦シナリオに基づくもので、ＮＡＴＯ海軍の即応態勢と練度、連携を確認するものでもあった。２０２２年11月は、もちろんウクライナへのロシアの武力侵攻が続いており、ウクライナの東部での反攻が一段落した時期でもあり、その状況でのＮＡＴＯ海軍の即応実戦演習にアメリカ最新の空母ジェラルド・R.フォードが参加したのだった。

入れ代わり立ち代わりの空母展開
地中海には2個空母打撃群が

２０２２年２月にウクライナへのロシアの違法でいわれのない侵攻が始まったとき、ウクライナに近く黒海に通じる地中海に、アメリカ海軍は空母ハリー・S.トルーマンを展開させていた。トルーマン打撃群は前年の２０２１年12月にノーフォークを出港し、通常の作戦展開に出て、スエズ運河を通ってアラビア海方面に進出する予定だった。ところがロシアのウクライナ侵攻が起きたために、引き続き地中海中部に留まることとなった。このトルーマン打撃群は展開期間を９ヶ月に延長して２０２２年９月に帰還した。

これと入れ替わりに２０２２年８月にノーフォークを出発したのが空母ジョージ・H.W.ブッシュ打撃群で、ウクライナ情勢を監視しつつ、シリアでのシーア派武装勢力の動静にも注視して、地中海を行動した。ジョージ・H.W.ブッシュも当初７ヶ月だった展開予定が、シリア情勢に備えて２ヶ月延長されて、２０２３年５月にやっと母港に戻った。

そして次の出番となったがジェラルド・R.フォードだった。ジェラルド・R.フォードは５月２日にノーフォークを発った後、５月末にはノルウェーのオスロに寄港、北ヨーロッパ方面を行動し、６月にはＮＡＴＯ司令部の指揮下に入ってノルウェー中部沖のロフォーテン諸島近海に進出した。その後大西洋を南下したジェラルド・R.フォード打撃群は６月15日にジブラルタル海峡を通過して地中海に入り、２週間後にはクロアチアのスプリトに入港した。このころにはジェラルド・R.フォードと交代して地中海展開する予定の空母ドワイト・D.アイゼンハワーが航空団を搭載しての合同錬成訓練ＣＯＭＰＵＴＥＸを開始していた。

そのドワイト・D.アイゼンハワー打撃群がノーフォークを出港したのは10月14日のことだったが、その1週間前の10月7日、イスラエル占領下パレスチナのガザ地区のイスラム教武装勢力ハマスが、イスラエルに対してロケット弾と侵入部隊による攻撃を行い、イスラエル側に民間人を中心におよそ1400人死亡という損害を与えた。イスラエルは即座にガザ地区に対して反撃を行い、空軍による爆撃に加えて陸軍も侵攻した。イスラエル軍の呵責ない攻撃でガザ地区のパレスチナ人の多くが死傷し、2023年12月の時点で死者の数は、こちらも民間人を中心に人口の1%にあたる2万人にのぼっている。

この事態と、強硬な反イスラエル姿勢を見せるイランに対する警戒のため、アメリカはジェラルド・R.フォードとドワイト・D.アイゼンハワーの2個空母打撃群を地中海に展開させることとした。アイゼンハワー打撃群はフォード打撃群の交代ではなくなったのだ。

こうしてジェラルド・R.フォード打撃群は地中海での行動を続けることとなり、一方ドワイト・D.アイゼンハワー打撃群はイラン警戒とサウジアラビアやペルシャ湾岸の友好国、同盟国へのプレゼンスとしてスエズ運河を通ってペルシャ湾方面へと進出していった。

先行きが見えない長期展開
日本への影響は？

実は10月19日、イランの息のかかったイエメンの反政府武装勢力フーシ派がイスラエルに向けて発射したとみられる巡航ミサイルを、紅海を行動中のアメリカ海軍駆逐艦カーニー（アーレイ・バーク級フライトI）が撃墜するという事件が起こった。それに続いてフーシ派による民間商船の乗っ取りや、イエメンのフーシ派支配地域からのミサイルやドローンによる民間商船や軍艦に対する

USS Gerald R.Ford CVN-78

アメリカ海軍の新世代原子力空母の1番艦，ジェラルド・R．フォード。2009年に起工し，8年にわたる建造工事の後，2017年に就役した。しかし数々の新装備のテストと問題点の解消，運用の確立には長い時間を要し，初めて約1カ月間の短期展開を行なったのは就役から5年後の2022年10月のことだった。そして2023年5月，ジェラルド・R．フォードは第1回目の長期作戦展開の途に着いた。しかし2022年2月以来のウクライナ情勢に加え，2023年10月にはイスラエル情勢も急変，地中海東部で行動するジェラルド．R．フォードは展開開始から8カ月近い，2023年12月末現在も，未だ帰国できずにいる。

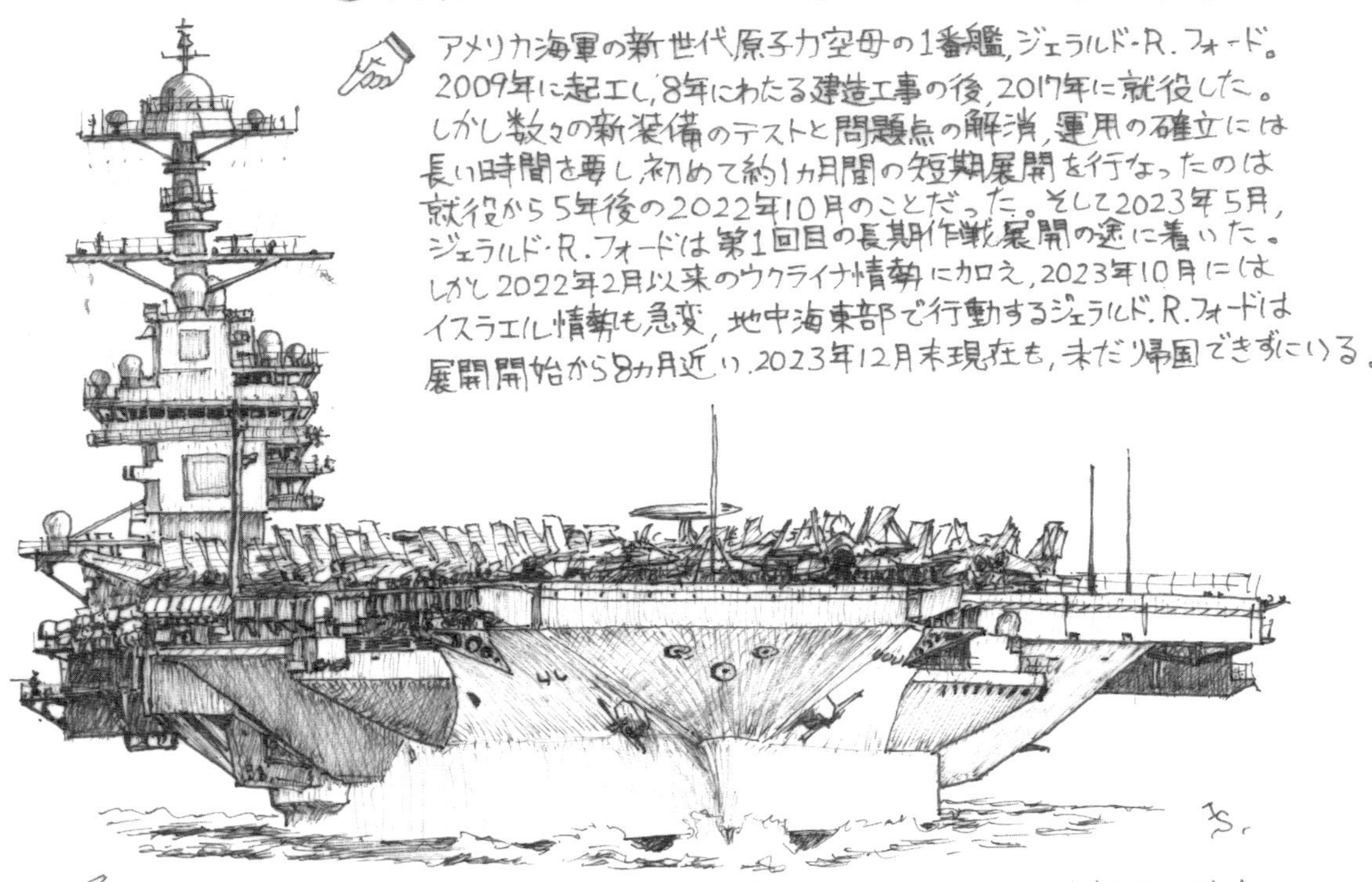

ジェラルド・R．フォードの展開が長期に及び，さらに延長されている，ということは，信頼性の確立に手間取った電磁カタパルトや電磁式着艦拘束装置，兵装エレベーターが，とりあえず問題なく働いている，ということなのかな……？

攻撃が続発するようになった。ドワイト・D.アイゼンハワー打撃群はペルシャ湾を離れてアデン湾や紅海を警戒しなければならなくなった。

そしてもちろんウクライナでは戦闘が続き、地中海のジェラルド・R.フォード打撃群は事態の急変に備えていなければならず、イスラエルのガザ侵攻も終わらず、アメリカは同盟国であるイスラエルの保護のためにもフォード打撃群を東地中海から引き離すわけにはいかなくなった。

こうしてジェラルド・R.フォードの最初の長期展開は先行きが見えない状況の中で、すでに7ヶ月を過ぎている。このところアメリカの大西洋艦隊である艦隊総軍の空母は9ヶ月展開が常態となってしまっているので、フォードもあと2ヶ月かそれ以上行動を続けることになるのだろう。

しかしそこで問題なのは、ではジェラルド・R.フォードに代わって展開に出られる空母があるのか、というところだ。艦隊総軍の指揮下にある空母は、ジェラルド・R.フォードとドワイト・D.アイゼンハワーの他に、ハリー・S.トルーマンとジョージ・H.W.ブッシュ、それにジョージ・ワシントンとジョン・C.ステニスの6隻だ。

ところがこのうちジョージ・ワシントンは原子炉燃料交換オーバーホールを終えて2025年には太平洋艦隊に復帰し、日本に前方展開する予定になっていて、艦隊総軍の下で作戦展開に出るわけにはいかない。ジョン・C.ステニスも原子炉燃料交換オーバーホールに入るための準備中で、これも展開には出られない。艦隊総軍の空母6隻中、実動可能なのは4隻しかないのだ。

しかもそのうちの2隻、ジョージ・H.W.ブッシュとハリー・S.トルーマンは先に記したようにどちらも長期展開から帰ったところで、まだまだ整備や改修、それに乗員の休養が必要で、当分は展開に出すわけにはいかない。たとえ整備や休養、補給が終わっても展開に出るまでには乗員の訓練や搭載航空団の訓練も必要で、つまり短くても半年以上、あるいは1年近くは展開には出られ

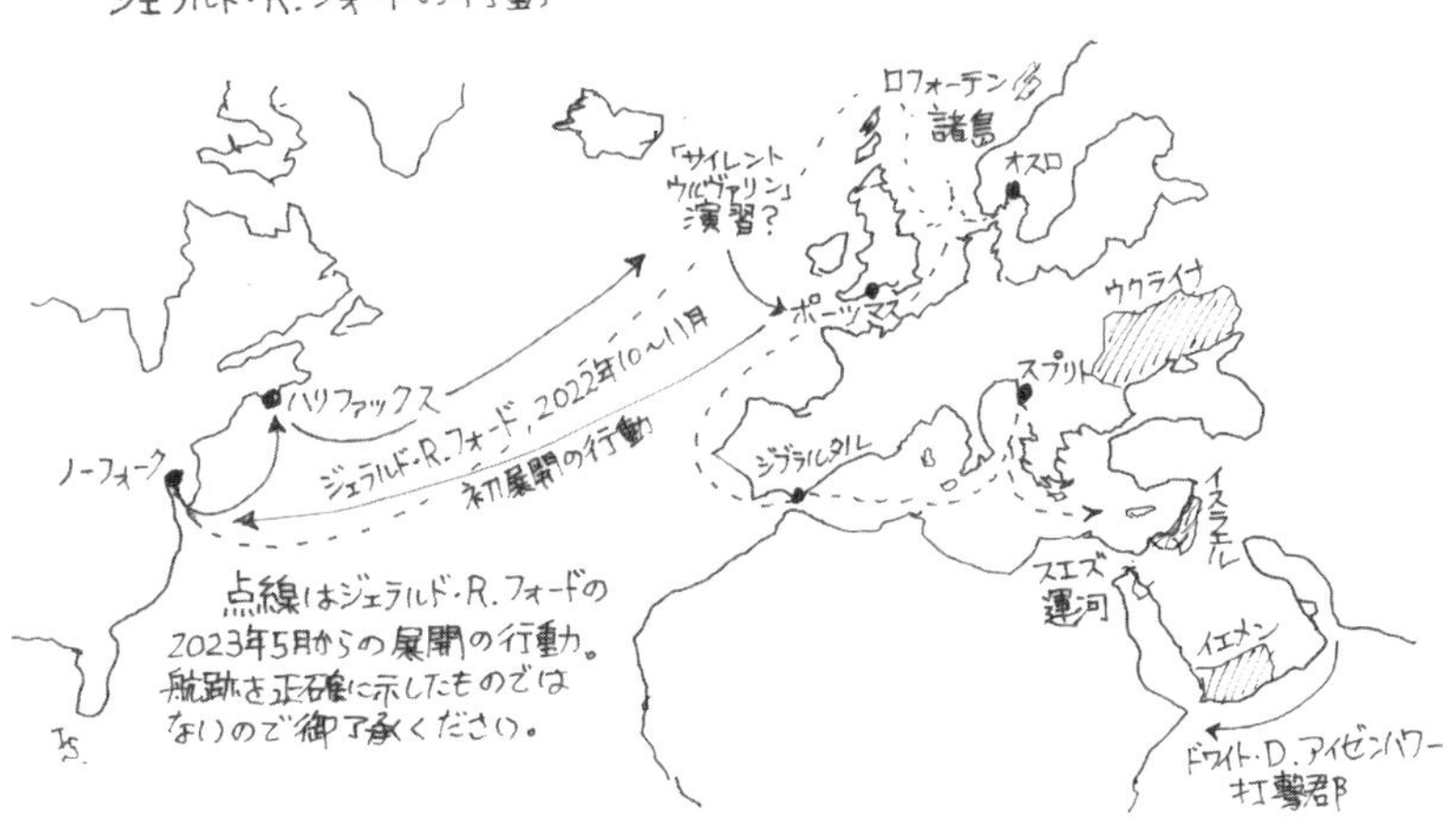

ないということになる。
　ジョージ・ワシントンを艦隊総軍指揮下で展開に出すと、展開９ヶ月にその後の整備や休養も含めると、太平洋への回航が１年半から2年ぐらい遅れることになるだろう。アメリカ海軍は艦艇の前方展開の期間は10年まで、と法律で定められているので、横須賀のロナルド・レーガンの２０１５年の本国帰還を動かすわけにはいかない。ということはジョージ・ワシントンの太平洋行きも遅らせられないのだ。
　その状況を見ると、ジェラルド・R・フォードの初展開は９ヶ月どころか10ヶ月ぐらいにまで伸びるかもしれない。１年以上も展開に出しておくのは艦の整備や乗員の疲労もあって無理だろうから、２０２４年の２月か３月までには何とかしなくてはならない。ペルシャ湾方面が手薄になるのを承知でアイゼンハワー打撃群を地中海に戻すか、あるいはブッシュかトルーマンのどちらかを十分な整備と休養なしに展開に出すか……、はたまたイギリスのクイーン・エリザベス級空母2隻のどちらか、フランスのシャルル・ドゴールに地中海展開を代わってもらうか（そもそもそれら両国の空母が展開に出られるのか?）、それとも太平洋艦隊の空母をペルシャ湾方面に展開させるか——。

ここまで考えると、ジェラルド・R.フォード打撃群の地中海展開の延長は、実は日本にとって遠い場所の関係ない話ではないことが分かってくる。太平洋艦隊の空母をペルシャ湾に出せば、太平洋での空母のスケジュールが厳しくなる。日本や台湾周辺で空母が必要になったときに出せる空母がないという事態は避けてもらいたい。さらにはこの艦隊総軍の空母のやりくりの苦しさを見て、アメリカ海軍や政府、議会の中で「それ見たことか、やはりヨーロッパや中東で手を抜くわけにはいかない、これまでのアジア～太平洋重視を見直すべきだ、大西洋側への空母や海軍力の配分をもっと強化するべきだ」という声が出てくるのはもっと困る。

そうならないためにも、日本は自衛隊とアメリカ軍、防衛省と国防総省、政府と政府とさまざまなチャンネルを使って、アメリカにとってのアジア～太平洋防衛の意義と必要性、日本との同盟関係の重要性をいろんな言い方でくり返し説得していく方がいいんじゃないか、と思うのだ。

巻末資料

――続・いさくの艦艇モデルノロヂオ 関連年表――

関連年表

1955年	6月	防衛庁設置
		海上自衛隊へアメリカ海軍キャノン級駆逐艦を2隻貸与、あさひ型警備艦(「あさひ」「はつひ」)となる
1960年	2月	護衛艦あきづき型(初代)1番艦「あきづき」2番艦「てるづき」竣工
	10月	海上自衛隊の艦種改定 警備艦から護衛艦に呼称変更
1965年	6月	日韓基本条約署名
1967年	3月	護衛艦たかつき型1番艦「たかつき」竣工
1967年	6月	情報収集艦リバティがイスラエルの攻撃を受け大破
1968年	1月	プエブロ号拿捕事件
1972年	5月	沖縄返還
1973年	3月	アメリカ軍のベトナム撤兵完了
	10月	アメリカ海軍最初となる日本配備空母ミッドウェー横須賀前方展開
1976年	9月	中国北京市天安門広場で群衆と警察隊が衝突
1977年	12月	アメリカ海軍フリゲート オリバー・ハザード・ペリー就役
1978年	8月	日中平和友好条約署名
1980年	2月	海上自衛隊リムパックに初参加
		「あさひ」「はつひ」の2隻がフリゲート ダトゥ・シカトゥナ、ラジャ・フマボンとしてフィリピン海軍に就役
1983年	1月	初のイージス艦となるアメリカ海軍巡洋艦タイコンデロガ就役
1985年	8月	日航機墜落事故
	11月	アルゼンチン海軍潜水艦サンフアン就役
1989年	1月	昭和天皇崩御
		フィリピン海軍フリゲート ダトゥ・シカトゥナ退役
1990年	10月	ドイツ統一
1991年	9月	アメリカ海軍空母ミッドウェーに代わり空母インディペンデンスが横須賀に
1992年	4月	防大に初の女子学生入校
1995年	1月	阪神・淡路大震災
	3月	地下鉄サリン事件
1996年	7月	オーストラリア潜水艦コリンズ竣工
1998年	8月	アメリカ海軍空母インディペンデンスに代わり空母キティホークが横須賀に
1999年	3月	能登半島沖不審船事案発生
2001年	9月	アメリカ同時多発テロ
2002年	10月	北朝鮮による拉致被害者5人が帰国
2003年	2月	オーストラリア潜水艦デュシェヌー配管事故
	6月	イラク人道復興支援特別措置法案閣議決定
	12月	弾道ミサイル防衛システムの導入決定
2004年	11月	中国海軍潜水艦091/091G型が石垣島付近で潜航したまま日本の領海に侵入
		中国海軍潜水艦が日本の領海を航行
2006年	12月	アメリカ海軍とミサイル防衛庁の試験にオランダ海軍参加

1967年に撮影された護衛艦「はつひ」

1988年に撮影された空母キティ・ホーク(左)とインディペンデンス(右)

2007年	1月	防衛庁設置法等の一部改正法(防衛庁の防衛省への移行など)
	4月	初の日米印共同3国間訓練
2007年	11月	中国海軍艦艇の初訪日
2008年	6月	護衛艦「さざなみ」が海自艦艇として初めて中国を訪問
	9月	アメリカ海軍空母キティホークに代わり空母ジョージ・ワシントンが横須賀に
2009年	1月	アメリカ海軍ドック型揚陸艦グリーン・ベイ就役
	3月	ソマリア沖・アデン湾における海賊対処行動のため、海上における警備行動に関する自衛隊行動命令発令
	4月	北朝鮮が日本上空を超える弾道ミサイルを発射
2010年	2月	オーストラリア潜水艦ファーンコム発電機故障
	10月	尖閣諸島周辺で中国漁船が海保巡視船に接触
2011年	3月	東日本大震災発生
	8月	中国系企業がウクライナより購入した空母ワリヤーグの改装工事完了
	12月	アメリカとルーマニアがイージス・アショア建設に合意
2012年	3月	護衛艦あきづき型(二代)1番艦「あきづき」竣工
	4月	中国艦艇3隻が大隅海峡を通過して太平洋に進出
	9月	中国海軍空母「遼寧」就役
2013年	3月	アメリカ海軍巡洋艦チャンセラーズヴィルがベース・ライン9装備艦となる
	8月	アメリカ海軍巡洋艦チャンセラーズヴィルがNIFC-CAを実証
	12月	イギリス海軍駆逐艦デアリング東京寄港。護衛艦あきづき型(二代)「てるづき」がホストシップとなる
2014年	2月	アメリカ海軍のヨーロッパ前方展開開始
		ロシア クリミア侵攻
	3月	護衛艦あきづき型(二代)3番艦「すずつき」4番艦「ふゆづき」竣工
	4月	防衛装備移転三原則の閣議決定
	5月	マレーシア・オーストラリア合同演習「ベルサマ・シールド」
	6月	リムパック環太平洋諸国海軍合同演習に中国海軍が正式招待されて参加
		サマール島沖にオーストラリア海軍潜水艦浮上
		オーストラリアと日本 防衛装備品の協同開発や技術協力に関する政府間協定を結ぶことで大筋合意
		ISILによる「イスラム国」の樹立宣言
	7月	インド艦隊佐世保寄港
		日米印共同演習「マラバール14」
		北朝鮮による弾道ミサイル発射実験頻発
	8月	アメリカ海軍巡洋艦チャンセラーズヴィルがベースライン9Aにアップデート
	10月	アメリカ海軍巡洋艦チャンセラーズヴィルがNIFC-CAによるエンゲージ・オン・リモートに成功
	11月	アメリカ海軍沿海域戦闘艦フォートワースがシンガポール展開開始
		オーストラリア海軍強襲揚陸艦キャンベラ就役
2015年	5月	アメリカ海軍遠征支援ドック型輸送艦モントフォード・ポイントがIOC獲得
		中国による南沙諸島の人工島建設判明

2012年に進水式が行われた海上自衛隊のあきづき型護衛艦の4番艦「ふゆづき」

東京の海を航行するイギリス海軍のタイプ45駆逐艦デアリング。塔型マストと丸いレーダーが特徴的

2015年	7月	アメリカ太平洋艦隊最後のフリゲート ゲイリー退役
		中国 海南島三亜基地に700mの岸壁建設
	9月	アメリカ海軍艦隊総軍最後のフリゲートとなるオリバー・ハザード・ペリー級2隻退役
	10月	アメリカ海軍空母ジョージ・ワシントンに代わり、空母ロナルド・レーガンが横須賀に
		大西洋での弾道ミサイル迎撃テストにオランダ海軍も参加
		アメリカ海軍駆逐艦ラッセンが南シナ海で「航行の自由作戦」実行
	12月	アメリカ海軍沿海域戦闘艦ミルウォーキーのギアボックス損傷
		アメリカによるルーマニアへのイージス・アショア施設設置
2016年	1月	アメリカ海軍の原子力潜水艦7隻が1月から4月にかけて日本寄港。寄港回数は延べ9回
		アメリカ海軍沿海域戦闘艦フォートワースが整備ミスで機関故障
	2月	中国海軍ドンディアオ級情報収集艦が房総半島沖で行動
	3月	北朝鮮のヨノ級潜水艦が行方不明との報道
	4月	北朝鮮の水中発射弾道ミサイル実験用潜水艦が出港
		アメリカ海軍水上打撃群が第3艦隊指揮下のまま太平洋西部で行動
	6月	リムパック環太平洋諸国海軍合同演習に中国海軍参加
		日米印共同演習「マラバール2016」
		中国海軍ドンディアオ級情報収集艦が日本領海に侵入
	8月	アメリカ海軍 沿海域戦闘艦(LCS)の行動を一時停止
		アメリカ海軍沿海域戦闘艦フリーダムがエンジン損傷
		アメリカ海軍沿海域戦闘艦コロナドの機関接続機構故障
		フィリピンに日本から巡視船供与
		中国海軍が日本海で訓練を行った模様 軍艦・軍用機が日本周辺各地に出没
	9月	アメリカ海軍モンゴメリーの機関故障
	10月	イギリス空軍戦闘機タイフーン来日
		海上幕僚長、アメリカ海軍作戦部長、イギリス海軍第1海軍卿「3ヶ国海洋対話」文書署名
		アメリカ海軍沿海域戦闘艦コロナドがシンガポールに展開開始
	12月	アメリカ駐在イギリス大使がイギリス空母の展開は太平洋になるだろうと述べる
		イギリス国防事務次官、インド海軍総司令官、オランダ国防大臣来日
		中国海軍空母「遼寧」が太平洋に初進出し、その後海南島三亜基地に入港
2017年	1月	アメリカ海軍カール・ヴィンソン打撃群 第3艦隊指揮下のまま太平洋西部へ
	2月	アメリカ海軍カール・ヴィンソン打撃群 南シナ海進出
	3月	アメリカ海軍カール・ヴィンソン打撃群と海上自衛隊の共同訓練
		アメリカ海軍カール・ヴィンソン打撃群が第7艦隊指揮下の駆逐艦や韓国海軍と訓練実施
	4月	アメリカ太平洋軍司令官がアメリカ海軍カール・ヴィンソン打撃群へ西太平洋へ向かうよう指示
		アメリカ海軍カール・ヴィンソン打撃群 日本やオーストラリア、韓国と共同訓練
		アメリカ海軍カール・ヴィンソン打撃群 セレベス海で訓練中F/A-18Eの墜落事故
	6月	イギリス海軍空母クイーン・エリザベスが初公試
		中国海軍055型駆逐艦1番艦進水
	9月	インド-パシフィック・エンデヴァー2017開催
	7月	米豪合同演習「タリスマン・セイバー17」
	8月	アメリカ海軍強襲揚陸艦ワスプが佐世保配備のため ノーフォークを出港
	9月	オーストラリア海軍潜水艦デシェヌー横須賀寄港
		日米豪共同訓練
		オーストラリア海軍初のイージス艦ホバート就役

2017年に就役したオーストラリア海軍のイージス艦ホバート

年	月	出来事
2017年	10月	オーストラリア海軍艦艇が佐世保・横須賀に寄港
	11月	アルゼンチン海軍潜水艦サンフアンが消息を絶つ
	12月	日本でイージス・アショアの導入を閣議決定(第1考)
2018年	1月	アメリカ海軍ワスプ遠征打撃群(ESG)がアップガンドESGを編成
		中国海軍攻撃型原子力潜水艦093A型が尖閣諸島周辺の接続水域に侵入し、浮上
	3月	フィリピン海軍フリゲート ラジャ・フマボン退役
		F-35B戦闘機がアメリカ海軍強襲揚陸艦ワスプに遠征部隊として初着艦
	6月	オーストラリア海軍が次世代フリゲートハンター級の設計案を選定(第19考)
	7月	西日本豪雨災害
	9月	潜水艦「くろしお」が南シナ海で訓練を行ったと海上自衛隊が発表(第9考)
	10月	中国海軍とASEAN諸国による多国間合同海軍演習
	12月	いずも型護衛艦のF-35B搭載計画が明らかになる
		閣議決定された防衛大綱と中期防に「哨戒艦」が記される(第2考)
2019年	4月	フランス海軍フリゲートのヴァンデミエールが佐世保に寄港(第6考)
	5月	日米豪韓共同演習「パシフィック・ヴァンガード19」が開催(第5考)
	7月	イギリス海兵隊がイランのタンカー グレース1を拿捕(第22考)
		イラン革命防衛隊がイギリス籍のタンカーステナ・インペロを拿捕(第22考)
	10月	10月14日に予定されていた海上自衛隊観艦式が中止に(第10考)
		中国駆逐艦「太原」が横須賀・東京に寄港(第10考)
	12月	武漢で最初の新型コロナウィルス感染症が報告される(第23考)
		強襲揚陸艦アメリカが佐世保に配備(第3/4考)
		中国空母「山東」が就役(第11考)
		岡部いさく氏がアメリカのムーアズタウンでロッキード・マーチンのレーダー工場を見学(第20考)
2020年	2月	客船「ダイヤモンド・プリンセス」でコロナウィルスの集団感染が発生して横浜港で隔離される(第23考)
	3月	アメリカ海軍の病院船コンフォートとマーシーが新型コロナ感染症対策のため急遽出動(第23考)
		フランス海軍が海外領での新型コロナ感染症対策のため強襲揚陸艦ミストラルとディクスミュードを派遣(第23考)
		アメリカ海軍の空母セオドア・ルーズヴェルトでコロナウィルスの集団感染が発生(第23考)
	4月	イギリス海軍が海外領での新型コロナ感染症対策のため初期負傷者収容船アーガスをカリブ海方面に展開(第23考)
		中国空母「遼寧」打撃群が宮古海峡から台湾へと行動(第11考)
	7月	アメリカ海軍の強襲揚陸艦ボノム・リシャールに火災発生(第15考)
	8月	多国間演習「リムパック2020」が開催(第12考)
	9月	日米豪韓共同演習「パシフィック・ヴァンガード20」が開催(第12考)

2018年末、いずも型護衛艦へのF-35Bの運用力を獲得するための改装予定が発表された

日本に寄港した052D型駆逐艦「太原」。来日時で艦歴1年未満の最新艦だった

宮古島付近を航行する中国海軍の空母「遼寧」と052C型駆逐艦。写真は2018年4月20-21日に撮影されたもの

年	月	出来事
2020年	10月	アメリカ海軍が新フリゲートの艦名をコンステレーションとすることを発表(第16考)
2021年	3月	エジプトのスエズ運河でコンテナ船エヴァーギヴンが座礁し運河が塞がる(第24考)
	4月	アメリカ海軍の強襲揚陸艦ボノム・リシャールが除籍(第15考)
	6月	沖縄のアメリカ海軍ホワイトビーチ基地にインディペンデンス級LCS タルサが寄港(第17考)
		イギリス海軍の駆逐艦ディフェンダーがクリミア半島沖を航行、ロシア艦から警告射撃を受ける(第25考)
		ヘリコプター搭載護衛艦「いずも」の第1次空母化改修が完了
	7月	アメリカ海軍のLCSインディペンデンスが退役。インディペンデンス級の退役が始まる(第17考)
	9月	クイーン・エリザベス空母打撃群「CSG21」が日本寄港(第8考)
		アメリカ海軍のLCSフリーダムが退役。フリーダム級の退役が始まる(第17考)
	10月	オーストラリア海軍の駆逐艦ブリスベーンが横須賀の米海軍基地に寄港(第8考)
		アメリカ海軍の遠征洋上基地艦ミゲル・キースが沖縄のホワイトビーチと岩国基地に寄港(第8考)
		中ロ合同艦隊が日本列島の周辺を一周(第13考)
	11月	オーストラリア海軍のフリゲート ワーラムンガが呉に寄港(第8考)
		カナダ海軍フリゲートのウィニペグが佐世保に寄港(第8考)
		ドイツ海軍フリゲートのバイエルンが東京に寄港(第8考)
		アメリカ海軍の潜水艦母艦フランク・ケーブルが呉に寄港(第8考)
2022年	1月	イギリス海軍の外洋警備艦スペイがトンガ沖海底火山噴火の災害救援のためトンガへ寄港(第27考)
	2月	ロシアによるウクライナへの武力侵攻が開始
	3月	新型潜水艦「たいげい」が就役
		ヘリコプター搭載護衛艦「かが」の第1次空母化改修が開始
	4月	ロシア海軍の巡洋艦モスクワが撃沈される(第26考)
		新型護衛艦「もがみ」が就役
	6月	アメリカ軍の統合演習「ヴァリアント・シールド2022」開催(第14考)
		中国艦隊とロシア艦隊が相次いで日本列島を周回(第14考)
		環太平洋諸国海軍演習「リムパック2022」が8月まで行われる(第28考)
	8月	アメリカ海軍の空母ジョージ・H.W.ブッシュが地中海へ出発(特別考)
	9月	アメリカ海軍の駆逐艦ズムウォルトが横須賀に寄港(第18考)
		地中海に展開していたアメリカ海軍の空母ハリー・S.トルーマンが帰港(特別考)
	10月	アメリカ海軍の空母ジェラルド・R.フォードが最初の展開に出発(特別考)
2023年	5月	アメリカ海軍の空母ジェラルド・R.フォードが初の長期作戦展開を開始、地中海へ(特別考)
		地中海に展開していたアメリカ海軍の空母ジョージ・H.W.ブッシュが帰港(特別考)
	6月	イタリア海軍の外洋警備艦フランチェスコ・モロシーニが横須賀に寄港(第21考)
	10月	アメリカ海軍の空母ドワイト・D.アイゼンハワーが地中海へ出発(特別考)
		ガザ地区のイスラム教武装勢力ハマスがイスラエルを攻撃
		ヘリコプター搭載護衛艦「かが」の第1次空母化改修が完了

ロシア海軍巡洋艦モスクワが沈没する様子。僚艦が記録したと見られるもので、世界中に衝撃を与えた

第一次改修を終えて海上公試を行う「かが」。台形をしていた艦首が拡張され、長方形のシルエットになっている

2023年	12月	紅海でイスラム教武装組織フーシ派による艦船攻撃が相次ぐ
2024年	1月	アメリカ海軍の空母ジェラルド・R.フォードが強襲揚陸艦バターンの揚陸即応群と交代して帰国の途に（特別考）

アメリカへの帰途にてジブラルタル海峡を通過する空母ジェラルド・R・フォード。2024年1月5日撮影

初出一覧

第1考　新たな防衛重要拠点イージス・アショア ―― Jシップス2018年8月号（Vol.81）
第2考　防衛大綱に記された海自の新艦種 哨戒艦 ―― Jシップス2019年2月号（Vol.84）
第3考　今年も変わる佐世保の強襲揚陸艦事情 ―― Jシップス2019年4月号（Vol.85）
第4考　強襲揚陸艦アメリカ F-35Bとともに海へ ―― Jシップス2020年4月号（Vol.91）
第5考　日韓の心も一つに？ 共同演習パシフィック・ヴァンガード ―― Jシップス2019年8月号（Vol.87）
第6考　欧州軍艦は東アジアで存在感を示せるか？ ―― Jシップス2019年6月号（Vol.86）
第7考　インド～太平洋に欧州艦が続々派遣 ―― Jシップス2021年4月号（Vol.97）
第8考　各国艦艇の寄港相次いだ2021年のあれこれ ―― Jシップス2022年2月号（Vol.102）
第9考　潜水艦「くろしお」が南シナ海に――その意味を探る ―― Jシップス2018年12月号（Vol.83）
第10考　観艦式は中止になったけど　中国駆逐艦が見せたもの ―― Jシップス2019年12月号（Vol.89）
第11考　“一石三鳥”を狙う中国の思惑　遼寧打撃群 宮古海峡から台湾へ ―― Jシップス2020年8月号（Vol.93）
第12考　対中国で牽制強める各国海軍と自衛隊 ―― Jシップス2020年12月号（Vol.95）
第13考　2021年秋――西太平洋波高し ―― Jシップス2021年12月号（Vol.101）
第14考　日本近海に波風立てる中国・ロシア艦隊の遊弋 ―― Jシップス2022年8月号（Vol.105）
第15考　ボノム・リシャールが大火災――艦隊復帰への可能性は？ ―― Jシップス2020年10月号（Vol.94）
第16考　米海軍にフリゲートが復活!? ―― Jシップス2021年2月号（Vol.96）
第17考　バッドニュースとグッドニュース――LCSはどうなる？ ―― Jシップス2021年10月号（Vol.100）
第18考　「来るべき未来」を夢見るズムウォルトの憂鬱と希望 ―― Jシップス2022年12月号（Vol.107）
第19考　塔型マストの新型イージス艦「ハンター級」豪州に誕生 ―― Jシップス2018年10月号（Vol.82）
第20考　“ムーアズタウン”レーダー工場見学記 SPY-1と未来のレーダー ―― Jシップス2020年2月号（Vol.90）
第21考　2023年、イタリア艦が日本に来る？ ―― Jシップス2023年2月号（Vol.108）
第22考　訪日欧州艦とホルムズ海峡の意外な関係 ―― Jシップス2019年10月号（Vol.88）
第23考　コロナウイルス感染症への各国海軍の対応状況 ―― Jシップス2020年6月号（Vol.92）
第24考　スエズ運河再開で見えた 知られざるエジプト軍の力 ―― Jシップス2021年6月号（Vol.98）
第25考　イギリス駆逐艦ディフェンダー 黒海に波風を立てる！ ―― Jシップス2021年8月号（Vol.99）
第26考　データを基に再現する巡洋艦モスクワ撃沈の状況 ―― Jシップス2022年6月号（Vol.104）
第27考　日英同盟締結120周年に思うイギリスとの友誼 ―― Jシップス2022年4月号（Vol.103）
第28考　懐かしきフネたち最後のご奉公 ―― Jシップス2022年10月号（Vol.106）

※特別考は本書のための書下ろし

あとがき

「いさくの艦艇モデルノロヂオ」、おかげさまで続巻も発刊することができました。ありがとうございます。初めてこの本をご覧になった方のために説明いたしますと、隔月刊Jシップスの連載コラム、2018年8月号から2023年2月号掲載分までをまとめたもので、「モデルノロヂオ」というのは「考現学」のエスペラント語なのだそうです。Jシップス編集部による命名です。

そもそものこのコラムが、日本の港に姿を見せる軍艦や、世界の軍艦の動き、新型の軍艦を通して、世界で何が起きているか、世界がどう動くかを考えてみよう、というつもりで書いています。つまり書いているうちにどんどん世界は動いていってしまうわけで、それぞれの末尾に、その後どうなったか、を追記いたしました。

本書のための書き下ろしで、アメリカ新型空母ジェラルド・R.フォードの初展開と、その延長について書きましたが、こちらも書き上がったそばから事態が動いています。ジェラルド・R.フォード打撃群は2024年1月1日に、強襲揚陸艦バターンの揚陸即応群（他にドック型揚陸輸送艦メサ・ヴァーデ、ドック型揚陸艦カーター・ホール）と交代して、帰国の途に就いたというニュースがありました。展開8ヶ月にしてやっと帰れるわけで、とんでもない初展開になりました。しかしこれでジェラルド・R.フォードは帰還するとしても、大西洋側のアメリカ空母のローテーションがきついことには変わりはありません。これが巡り巡って日本周辺の海軍力バランスに影響しなければいいのですが。

本書では序文を小泉悠さんにお願いいたしました。東京大学先端科学技術研究センター准教授の小泉悠さんは、2022年2月のロシアのウクライナ侵攻開始以来、さまざまな会議やシンポジウム、ご研究やご執筆、連日のTV番組出演とご多忙を極めながらも素晴らしい序文をお寄せくださいました。もし本書に褒めるべき部分があるとしたら、この小泉さんの序文ですべて言い尽くしていただきました。大変光栄です。

思えばかつての湾岸戦争やイラク戦争では、私もTVのニュース番組にしゃしゃり出て、それらしいことをまことしやかに〝解説〟していたものです。当時は私のような軍事オタク上がりの素人が解説者になりおおせていたのですが、今般のロシアのウクライナ侵攻では、小泉悠さんをはじめ本物の国際政治学や安全保障、防衛戦略の研究者や学者の方々がTVやインターネット配信番組で貴重な知見や分析をお話しくださっています。やっと本物の人たちがこうして解説してくれるようになった、と心からほっとしています。

それとともにイデオロギーに偏らず、軍事問題や安全保障についても正しい知識に基づいて、中立で冷静な立場から的確な分析と解説を行える、新しい世代の専門家が現れ、活発に発言するようになったことがとても嬉しいです。私が〝師匠〟と呼んではおこがましいのですが、惜しくも早世された江畑謙介さんも、このような状況を願って道を切り開いてこられました。きっと今日の研究者の方々の活躍を喜んでおられるだろうと思います。

というわけで、今や私はもうエラそうな〝軍事評論家〟のフリをやめて、単なる軍艦ファンとしての本性を露わにしても良さそうな時代となりました。ところが本書に収録したコラムの執筆時期は、ほとんどが例の新型コロナウィルス感染症の蔓延と重なってしまい、その間はいろいろな軍艦の取材の機会が全くありませんでした。横須賀に新たに前方展開になったアメリカ駆逐艦の入港を見ることもできませんでしたし、イギリス海軍の外洋警備艦テイマーとスペイも見ていません。軍艦ファンとしてはとてもフラストレーションのたまる年月でした。

それでもイギリス空母クイーン・エリザベスの横須賀寄港は取材に行くことができましたし、その打撃群の1隻としてやはり横須賀に寄港した、オランダ海軍のフリゲート、エヴァーツエンも海自基地の外からたっぷり見ることができました。追記に書いたようにイタリア海軍は特徴的な外洋警備艦というかフリゲートのフランチェスコ・モロシーニを予想どおり日本に派遣し、念願のイタリア艦を乗艦見学できました。そんな機会がこれからもっと増えてくれることを願うばかりですが、そう思っていたら、自分がトシを取ってきて足腰がおぼつかなくなりそうな気配もしています。イタリア空母カヴールやイギリス空母プリンス・オブ・ウエールズとか見たい軍艦は沢山ありますから、なんとか元気でいたいものです。

今回、続巻としてまとめるにあたり、読み返してみて気がついたのは、この巻にはイギリス駆逐艦ディフェンダーの黒海での行動と、ロシア巡洋艦モスクワの撃沈がともに収録されていることです。ロシアとウクライナの緊張状態の中、西側諸国がロシアをしきりに牽制し、ウクライナへのさらなる軍事力での圧迫を抑止しようとしていた状況と、西側の抑止は失敗して、ロシアはウクライナへの全面侵攻を始め、そのロシアの海軍が、もはや海軍力を失ったと思われたウクライナに痛撃をくらうという状況が、この一冊に収まってしまいました。やはり世界の波は常に動いているのです。

他にも中国海軍は着実に行動を拡げていますし、もちろん新型艦艇の建造も進んでいます。ヨーロッパの国々もアジア〜太平洋の情勢に強い関心を持ち、それが各国軍艦の日本寄港となって現れています。軍艦ファンの気持ちで書いたつもりが、思いのほかに〝軍事評論家〟っぽく軍事情勢を描き出してしまったようです。

そうそう、最後になりましたが、筆者のズボラさ加減のせいで。本書の制作にあたって担当のイカロス出版鈴木達也さんにいろいろ大変なご苦労をおかけしてしまいました。この本を手に取られたら、「担当さん、お疲れ様。岡部ってしょーがないな」と思ってください。

では、この続きはJシップスの連載でお楽しみいただきたいと思います。あるいはひょっとしたら「続々・いさくの艦艇モデルノロヂオ」もいつか出るかもしれません。そのときは担当の編集者にご苦労をかけないようにいたします。

2024年1月　岡部いさく

◉著者紹介

岡部いさく（おかべ いさく）

1954年埼玉県出身。航空雑誌、艦艇雑誌の編集者、編集長を経て、フリーの軍事評論家として幅広いジャンルで活躍。テレビでの軽妙な語りや、初心者にも分かりやすい解説には定評がある。『世界の駄っ作機』（大日本絵画刊）などの著書、翻訳書も多数。

続・いさくの
艦艇モデルノロヂオ

2024年1月31日発行

著　者――――岡部いさく

発行人――――山手章弘
発行所――――イカロス出版
〒101-0051　東京都千代田区神田神保町 1-105
［電話］出版営業部　03-6837-4661
［URL］https://www.ikaros.jp/
印刷所――――図書印刷
Printed in Japan